园林工程概预算与施工组织管理

董三孝　主编

中国林业出版社

图书在版编目（CIP）数据

园林工程概预算与施工组织管理/董三孝主编. —北京：中国林业出版社，2002. 12 （2017.4 重印）

ISBN 978-7-5038-3296-3

Ⅰ. 园… Ⅱ. 董… Ⅲ. ①园林—工程施工—建筑经济定额 ②—园林—工程施工—施工管理 Ⅳ. TU986.3

中国版本图书馆 CIP 数据核字（2002）第 094416 号

出版: 中国林业出版社（100009 北京西城区刘海胡同 7 号）
E-mail: cfphz@public. bta. net. cn 电话: 83224477
发行: 新华书店北京发行所
印刷: 北京市昌平百善印刷厂
版次: 2003 年 1 月第 1 版
印次: 2017 年 4 月第 11 次
开本: 787mm×960mm 1/16
印张: 19.75
字数: 365 千字
印数: 46 001~51 000 册

主　　编　董三孝
副 主 编　刘卫斌　陈　祺　周景斌　张　舟
编写人员（以姓氏笔画为序）
刘新燕　刘卫斌
李仲民　陈　祺
张青杉　周景斌
董三孝
主　　审　褚泓阳

序

随着我国国民经济快速发展，综合国力有了明显的提高，人民的物质文化生活水平有了显著改善，但随之而来的却是生态平衡受到威胁，环境质量日益下降，致使国民经济可持续发展战略的顺利实施遇到严重障碍。当前保护环境、强化生态系统建设，提高环境质量，已成为摆在人们面前的一项不容回避而又艰巨的任务。江总书记高瞻远瞩，提出“再造一个山川秀美的西北地区”的伟大号召，党中央和国务院也为此作出相应的重大决策和具体部署，一个规模宏大而又切实可行的整治山河、改善生态条件、美化人民生活和工作环境的园林工程建设事业的春天已经到来。

由于城镇建设的不断发展和工业化规模的不断扩大，城镇绿化建设越来越受到人们的广泛重视。高水平、高质量的园林工程建设，既是改善生态环境和投资环境的需要，也是两个文明建设成果的体现，还是人民高质量生活、工作环境建设的基础。通过园林工程建设，植树造林、栽花种草，产生园林艺术精品，构成完整的绿地系统和优美的园林小品艺术景观，达到净化空气、防治污染、调节气候、改善生态、美化环境的目的。丰富多彩的乔木、灌木、花卉、地被和草坪，实现立体绿化、复式布局和精巧配置，可以为人们创造出清爽、优美、典雅、舒朗的四维空间。通过园林工程的艺术性建筑小品的点缀和补充，从而构成富有广泛意境的五维空间，以满足人们现代生活的审美要求，成为 21 世纪人们追求的新时尚。因而不仅园林建设工程项目越来越多，而且精品、样本工程层出不穷，积累了丰富的经验，这些均有待于从理论高度系统总结，以便更好地指导今后的实践工作。

园林工程建设是集建筑科学、生物科学、艺术科学和经济管理科学于一体的一项事业。园林工程建设学科已发展成为多学科交叉的一门学科，其建设者必须具备多学科知识。而在我国从事这一工作的人们要么是土建专业的而缺乏生物知识和艺术知识，要么是园林专业的而缺乏建筑知识和艺术知识，要么是艺术专业的缺乏建筑和生物知识。园林工程的经济管理方面人才的缺乏，直接影响园林工程的质量和经济效益的提高，影响我国园林工程建设向全球化、市场化方向的发展。鉴于此，杨凌农科城的杨凌职业技术学院董三孝副教授组织了一批具有科研、教学和生产经验的骨干教师、设计和施工管理人员，从2000年开始，着手准备并组织编著了《园林工程概预算与施工组织管理》一书，经过两年的艰辛劳动近期将与读者见面。

著作者以现代社会多学科相互交叉的思想为指导，以社会主义市场经济理论为依托，学习借鉴国内、外园林工程建设的科学理论，结合我国现阶段园林工程建设的实际和加入WTO后园林工程事业的国际化、全球化发展要求，科学地把传统教材《园林工程施工组织与管理》和《园林工程概预算》两个截然分开的部分有机地结合在一起，顺应了目前园林工程招标（包括商务标、技术标）的需求。其二是，上下两篇均按园林工程中的设计、施工和管理的自然程序编写，紧紧与实际工作相吻合，因而，使其具有很强的可操作性。其三是，该书从内容编排上立足西北面向全国，不仅可作为高等院校相关专业的教材和各级各类园林工程职业教育与技术培训需求，又可满足从事第一线园林工程经济技术管理人员的需求，有较强的适应性。其四是，该书图文并茂，各种生产实用表格齐全，书后还附有典型的实例，富有实用性。另外，该书深入浅出、通俗易懂，尤其是著作者结合多年教学生产管理实践经验，举出实例进行评析。

相信这本书的出版，将有助于园林工程建设水平的提高，有益于古老的中国园林艺术。

中国林学会理事长
中国林业教育学会理事长 刘于鹤 研究员

2002年8月2日

前　言

“园林工程概预算”与“园林工程施工组织管理”两门课程是园林工程专业必修课程，也是园林建筑学的基础内容。鉴于两门课程的特点和内在联系，根据高等职业教育的特点，我们将其合编为《园林工程概预算与施工组织管理》一书，以满足各类高等职业教育院校园林工程专业及其相关、相近专业教学的需要，同时也满足日益发展的社会园林工程建设技术管理人员的需要，为园林工程事业培养出更多的符合要求的高级应用型技术人员。

《园林工程概预算与施工组织管理》一书分为上篇“园林工程概预算”和下篇“园林工程施工组织管理”及附录。上篇又分为：园林工程概预算基础、园林工程概预算定额、园林工程量计算方法、园林工程施工图预算的编制、园林工程预算审查与竣工结算和园林工程预算经济管理等部分内容。下篇又分为园林工程施工概述、园林建设工程施工的招标与投标、园林工程施工合同管理体系、园林工程施工组织设计、园林工程施工管理、园林建设工程的施工监理和园林工程竣工验收与养护期管理等部分内容。附录中主要有实例、常用指标等内容。

为了达到既能作为高等职业教育的教材，又能满足园林工程建设者的实际工作需要，在编写过程中，我们既注重理论的系统性，又兼顾了实用性的要求，不仅较为系统地阐述了有关理论，同时又参照和选录了国家和地方的有关规定和资料，努力结合我国园林工程建设的实际，突出实际能力的培养，尽可能便于实际工作中的使用和阅读，力求达到既全面系统，又简明扼要、通俗易懂、简便实用的目的。

本书由董三孝副教授任主编，刘卫斌、陈祺、周景斌任副主编。其中董三孝负责组织制定编写大纲，并编写第七、九、十章，刘卫斌编写第一、四章，陈祺编写第三、十一、十三章，周景斌编写第八章和附录部分。另外，李仲明编写第六章，张青杉编写第二章，刘新燕编写第十二章。全书由董三孝同志统稿，周景斌在全书校对等方面做了大量工作。

西北农林科技大学教授褚泓阳在百忙中审阅了全稿，并提出了许多宝贵的意见和建议，在此表示衷心的感谢。

在整个编写过程中得到了各方面的大力支持和帮助，同时我们也参考了有关方面同仁的著作和资料，在此向有关作者和同仁表示谢意。

由于时间仓促和编写者的水平有限，书中疏漏和谬误之处在所难免，恳请使用者提出宝贵意见，以便修订时改正。

董三孝

2002年8月10日

目　录

下　篇

园林工程施工组织管理

上　　篇

园林工程概预算

第一章

园林工程概预算基础

园林建设工程需要投入一定数量的人力、物力，经过工程施工创造出园林产品，如园林建筑、园林小品、园路、假山、绿化工程等。对于任何一项工程，我们都可以根据设计图纸在施工前确定工程所需要的人工、机械和材料的数量、规格和费用，预先计算出该项工程的全部造价。这正是园林工程概预算所要研究的内容。园林工程概预算涉及很多方面的知识，如阅读图纸，了解施工工序及技术，熟悉预算定额和材料价格，掌握工程量计算方法和取费标准等。

第一节 概 述

一、园林工程概预算的概念、意义及作用

（一）园林工程概预算的概念

园林工程概预算是指在工程建设过程中，根据不同的设计阶段设计文件的具体内容和有关定额、指标及取费标准，预先计算和确定建设项目的全部工程费用的技术经济文件。

（二）园林工程概预算的意义

园林工程不同于一般的工业、民用建筑等工程，具有一定的艺术性，由于每项工程各具特色，风格各异，工艺要求不尽相同，且项目零星，地点分散，工程量小，工作面大，花样繁多，形式各异，且受气候条件的影响较大，因此，不可能用简单、统一的的价格对园林产品进行精确的核算，必须根据设计文件的要求、园林产品的特点，对园林工程事先从经济上加以计算，以便获得合理的工程造价，保证工程质量。

（三）园林工程概预算的作用

（1）园林工程概预算是确定园林建设工程造价的依据。

（2）园林工程概预算是建设单位与施工单位进行工程投标的依据，也是双方签定施工合同，办理工程竣工结算的依据。

（3）园林工程概预算是建设银行拨付工程款或贷款的依据。

（4）园林工程概预算是施工企业组织生产、编制计划、统计工作量和实物量指标的依据。

（5）园林工程概预算是施工企业考核工程成本的依据。

（6）园林工程概预算是设计单位对设计方案进行技术经济分析比较的依据。

二、园林工程概预算的种类及其作用

园林工程概预算按不同的设计阶段和所起的作用及编制依据的不同，一般可分为设计概算、施工图预算和施工预算三种。

（一）设计概算

设计概算是初步设计文件的重要组成部分。它是由设计单位在初步设计阶段，根据初步设计图纸，按照有关工程概算定额（或概算指标）、各项费用定额（或取费标准）等有关资料，预先计算和确定工程费用的文件。

其作用如下：

（1）是编制建设工程计划的依据。

（2）是控制工程建设投资的依据。

（3）是鉴别设计方案经济合理性、考核园林产品成本的依据。

（4）是控制工程建设拨款的依据。

（5）是进行建设投资包干的依据。

（二）施工图预算

施工图预算是指在施工图设计阶段，当工程设计完成后，在工程开工之前，由施工单位根据已批准的施工图纸，在既定的施工方案前提下，按照国家颁布的各类工程预算定额、单位估价表及各项费用的取费标准等有关资料，预先计算和确定工程造价的文件。

其作用如下：

（1）是确定园林工程造价的依据。

（2）是办理工程竣工结算及工程招投标的依据。

（3）是建设单位与施工单位签订施工合同的主要依据。

（4）是建设银行拨付工程款或贷款的依据。

（5）是施工企业考核工程成本的依据。

（6）是设计单位对设计方案进行技术经济分析比较的依据。

（7）是施工企业组织生产、编制计划、统计工作量和实物量指标的依据。

（三）施工预算

施工预算是施工单位内部编制的一种预算。是指施工阶段在施工图预算的控制下，施工企业根据施工图计算的工程量、施工定额、单位工程施工组织设计等资料，通过工料分析，预先计算和确定工程所需的人工、材料、机械台班消耗量及其相应费用的文件。施工预算数字，不应突破施工图预算数字。

其作用如下：

（1）是施工企业编制施工作业计划的依据。

（2）是施工企业签发施工任务单、限额领料的依据。

（3）是开展定额经济包干、实行按劳分配的依据。

（4）是劳动力、材料和机具调度管理的依据。

（5）是施工企业开展经济活动分析和进行施工预算与施工图预算对比的依据。

（6）是施工企业控制成本的依据。

（四）竣工决算

工程竣工决算分为施工单位竣工决算和建设单位的竣工决算两种。

施工企业内部的单位工程竣工决算，它是以单位工程为对象，以单位工程竣工结算为依据，核算一个单位工程的预算成本，实际成本和成本降低额，所以又称为单位工程竣工成本决算。它是由施工企业的财会部门进行编制的。通过决算，施工企业内部可以进行实际成本分析，反映经营效果，总结经验教训，以利提高企业经营管理水平。

建设单位竣工决算，是在新建、改建和扩建工程建设项目竣工验收移交后，由建设单位组织有关部门，以竣工结算等资料为基础编制的，一般是建设单位财务支出情况，是整个建设项目从筹建到全部竣工的建设费用的文件，它包括建筑工程费用，安装工程费用，设备、工器具购置费用和其他费用等。

竣工决算的主要作用是：用以核定新增固定资产价值，办理交付使用；考核建设成本，分析投资效果；总结经验，积累资料，促进深化改革，提高投资效果。

设计概算、施工图预算和竣工决算简称“三算’。

设计概算是在初步设计阶段由设计单位主编的。单位工程开工前，由施工单位编制施工图预算。建设项目或单项工程竣工后，由建设单位（施工单位内部也编制）编制竣工决算。它们之间的关系是：概算价值不得超过计划任务书的投资额，施工图预算和竣工决算不得超过概算价值。三者都有独立的功能，在工程建设的不同阶段发挥各自的作用。

鉴于目前国内的园林定额和实际生产情况的要求，本书重点介绍园林工程施工图预算。

第二节　园林工程概预算编制的依据和程序

一、园林工程概预算的编制依据

为了提高概预算的准确性，保证概预算的质量，在编制概预算时，主要依据下列技术资料和有关规定：

（一）施工图纸

施工图纸是指经过会审的施工图，包括所附的设计说明书、选用的通用图集和标准图集或施工手册、设计变更文件等，它是编制预算的基本资料。

（二）施工组织设计

施工组织设计也称施工方案，是确定单位工程进度计划、施工方法、主要技术措施、施工现场平面布局和其他有关准备工作的技术文件。在编制工程预算时，某些分部工程应该套用哪些工程细目（子项）的定额，以及相应的工程量是多少，要以施工方案为依据。

（三）工程概预算定额

预算定额是确定工程造价的主要依据，它是由国家或被授权单位统一组织编制和颁发的一种法令性指标，具有极大的权威性。我国目前由建设部统编和颁发的《全国统一仿古建筑及园林工程预算定额》共四册，其中第一册为《通用项目》，第二册为《营造法源作法项目》，第三册为《营造则例作法项目》，第四册为《园林绿化工程》。由于我国幅员辽阔，各地材料价格差异很大，因此各地均将统一定额经过换算后颁发执行。

（四）材料概预算价格，人工工资标准，施工机械台班费用定额

（五）园林建设工程管理费及其他费用取费定额

工程管理费和其他费用，因地区和施工企业不同，其取费标准也不同，各省、市地区、企业都有各自的取费定额。

（六）建设单位和施工单位签订的合同或协议

合同或协议中双方约定的标准也可成为编制工程预算的依据。

（七）国家及地区颁发的有关文件

国家或地区各有关主管部门，制订颁发的有关编制工程概预算的各种文件和规定，如某些材料调价、新增某种取费项目的文件等，都是编制工程预算时必须遵照执行的依据。

（八）工具书及其他有关手册

二、园林工程概预算的编制程序

编制园林工程概预算的一般步骤和顺序，概括起来是：熟悉并掌握预算定额的使用范围、具体内容、工程量计算规则和计算方法，应取费用项目、费用标准和计算公式；熟悉施工图及其文字说明；参加技术交底，解决施工图中的疑难问题；了解施工方案中的有关内容；确定并准备有关预算定额；确定分部工程项目；列出工程细目；计算工程量；套用预算定额；编制补充单价；计算合计和小计；进行工、料分析；计算应取费用；复核、计算单位工程总造价及单位造价；填写编制说明书并装订签章。

以上这些工作步骤，前几项可以看作是编制工程概预算的准备工作，是编制工程预算的基础。只有准备工作做好了，有了可靠的基础，才能把工程预算编制好。否则，不是影响预算的质量，就是要拖延编制预算的时间。因此，为了准确、及时地编制出工程预算，一定要做好上述每个步骤的工作，特别是各项准备工作。

具体编制程序如下：

（一）搜集各种编制依据资料

编制预算之前，要搜集齐下列资料：施工图设计图纸、施工组织设计、预算定额、施工管理费和各项取费定额、材料预算价格表、地方预决算材料、预算调价文件和地方有关技术经济资料等。

（二）熟悉施工图纸和施工说明书，参加技术交底，解决疑难问题

设计图纸和施工说明书是编制工程概预算的重要基础资料。它为选择套用定额子目，取定尺寸和计算各项工程量提供重要的依据，因此，在编制预算之前，必须对设计图纸和施工说明书进行全面细致的熟悉和审查，并要参加技术交底，共同解决施工图中的疑难问题，从而掌握及了解设计意图和工程全貌，以免在选用定额子目和工程量计算上发生错误。

（三）熟悉施工组织设计和了解现场情况

施工组织设计是由施工单位根据工程特点、施工现场的实际情况等各种有关条件编制的，它是编制预算的依据。所以，必须完全熟悉施工组织设计的全部内容，并深入现场了解现场实际情况是否与设计一致才能准确编制预算。

（四）学习并掌握好工程概预算定额及其有关规定

为了提高工程概预算的编制水平，正确地运用概预算定额及其有关规定，必须熟悉现行预算定额的全部内容，了解和掌握定额子目的工程内容，施工方法，材料规格，质量要求，计量单位，工程量计算规则等，以便能熟练地查找和正确地应用。

（五）确定工程项目、计算工程量

工程项目的划分及工程量计算，必须根据设计图纸和施工说明书提供的工程构造、设计尺寸和做法要求，结合施工现场的施工条件，按照预算定额的项目划分，工程量的计算规则和计量单位的规定，对每个分项工程的工程量进行具体计算。它是工程预算编制工作中最繁重、细致的重要环节，工程量计算的正确与否将直接影响预算的编制质量和速度。

1. 确定工程项目

在熟悉施工图纸及施工组织设计的基础上要严格按定额的项目确定工程项目，为了防止丢项、漏项的现象发生，在编排项目时应首先将工程分为若干分部工程。如：基础工程；主体工程；门窗工程；园林建筑小品工程；水景工程；绿化工程等。

2. 计算工程量

正确地计算工程量，对基本建设计划，统计施工作业计划工作，合理安排施工进度，组织劳动力和物资的供应都是不可缺少的，同时也是进行基本建设财务管理与会计核算的重要依据，所以工程量计算不单纯是技术计算工作，它对工程建设效益分析具有重要作用。

在计算工程量时应注意以下几点：

（1）在根据施工图纸和预算定额确定工程项目的基础上，必须严格按照定额规定和工程量计算规则，以施工图所注位置与尺寸为依据进行计算，不能人为地加大或缩小构件尺寸。

（2）计算单位必须与定额中的计算单位相一致，才能准确地套用预算定额中的预算单价。

（3）取定的建筑尺寸和苗木规格要准确，而且要便于核对。

(4) 计算底稿要整齐，数字清楚，数值要准确，切忌草率零乱，辨认不清。对数字精确度的要求，工程量算至小数点后两位，钢材、木材及使用贵重材料的项目可算至小数点后三位，余数四舍五入。

(5) 要按照一定的计算顺序计算，为了便于计算和审核工程量，防止遗漏或重复计算，计算工程量时除了按照定额项目的顺序进行计算外，也可以采用先外后内或先横后竖等不同的计算顺序。

(6) 利用基数，连续计算。有些“线”和“面”是计算许多分项工程的基数，在整个工程量计算中要反复多次地进行运算，在运算中找出共性因素，再根据预算定额分项工程量的有关规定，找出计算过程中各分项工程量的内在联系，就可以把繁琐工程进行简化，从而迅速准确地完成大量的工程量计算工作。

(六) 编制工程预算书

1. 确定单位预算价值

填写预算单价时要严格按照预算定额中的子目及有关规定进行，使用单价要正确，每一分项工程的定额编号，工程项目名称、规格、计量单位、单价均应与定额要求相符，要防止错套，以免影响预算的质量。

2. 计算工程直接费

单位工程直接费是各个分部分项工程直接费的总和，分项工程直接费则是用分项工程量乘以预算定额工程预算单价而求得的。

3. 计算其他各项费用

单位工程直接费计算完毕，即可计算其他直接费、间接费、计划利润、税金等费用。

4. 计算工程预算总造价

汇总工程直接费、其他直接费、间接费、计划利润、税金等费用，最后即可求得工程预算总造价。

5. 校核

工程预算编制完毕后，应由有关人员对预算的各项内容进行逐项全面核对，消除差错，保证工程预算的准确性。

6. 编写“工程预算书的编制说明”，填写工程预算书的封面，装订成册。

编制说明一般包括以下内容：

(1) 工程概况：通常要写明工程编号、工程名称、建设规模等。

(2) 编制依据：编制预算时所采用的图纸名称、标准图集、材料做法以及设计变更文件；采用的预算定额、材料预算价格及各种费用定额等资料。

(3) 其他有关说明：是指在预算表中无法表示且需要用文字做补充说明的内容。

工程预算封面通常需填写的内容有：工程编号、工程名称、建设单位名称、施工单位名称、建设规模、工程预算造价、编制单位及日期等。

(七) 工料分析

工料分析是在编写预算时，根据分部、分项工程项目的数量和相应定额中的项目所列的用工及用料的数量，算出各工程项目所需的人工及用料数量，然后进行统计汇总，计算出整个工程的工料所需数量。

(八) 复核、签章及审批

工程预算编制出来后，由本企业的有关人员对所编制预算的主要内容及计算情况进行一次全面检查核对，以便及时发现可能出现的差错并及时纠正，提高工程预算准确性，审核无误后并按规定上报，经上级机关批准后再送交建设单位和建设银行审批。

思考练习题：

1. 简述园林工程概预算的概念、意义及作用。
2. 试述园林工程概预算的分类与作用。
3. 园林工程概预算编制的依据和程序有哪些？

第二章

园林工程概预算定额

第一节 工程定额的概念、性质及分类

一、工程定额的概念

所谓定，就是规定；额，就是额度或限额。从广义理解，定额就是规定的额度或限额，即园林工程施工中的标准或尺度。具体来讲，定额是指在正常的施工条件下，完成某一合格单位产品或完成一定量的工作所需消耗的人力、材料、机械台班和财力的数量标准（或额度）。

二、工程定额的性质

不同社会制度下的工程定额的性质不同，在我国其性质表现在以下几个方面：

（一）法令性

我国的各类定额，都是由授权部门根据所在地域内的当时生产力水平而制定并颁发的，供所属单位使用。在执行和使用过程中，任何单位都必须严格遵守和执行，不得随意改变定额的内容和水平。如需要进行调整、修改和补充，必须经授权部门批准。因此，定额具有经济法规的性质。

（二）科学性与群众性

各类定额的制定基础是所在地域的当时实际生产力水平，是在大量测定、综合、分析研究实际生产中的成千上万个数据与资料的基础上，经科学的方法制定出来的。因此，它不仅具有严密的科学性，而且具有广泛的群众基础。同

时，当定额一旦颁发执行，就成为广大群众共同奋斗的目标。总之，定额的制定和执行都离不开群众，也只有得到群众的充分协助，定额才能定得合理，并能为群众所接受。

（三）可变性与相对稳定性

定额中所规定的各种活劳动与物化劳动消耗量的多少，是由一定时期的社会生产力水平所确定的。随着科技水平的提高，社会生产力水平必然同时提高。但社会生产力的发展有一个由量变到质变的过程，即应有一个周期，而且定额的执行也有个实践过程。当生产条件发生变化，技术水平有较大的提高，原有定额不能适应生产需要时，授权部门才根据新的情况制定出新的定额或补充定额。所以每一次制定的定额必须是相对稳定的，决不可朝定夕改，否则会伤害群众的积极性。但也不可一定不改，长期使用，以防定额脱离实际而失去意义。

（四）针对性

生产领域中，由于所生产的产品形形色色，成千上万，并且每种产品的质量标准、安全要求、操作方法及完成该产品的工作内容各不相同，因此，针对每种不同产品（或工序）为对象的资源消耗量的标准，一般来说是不能互相袭用的。在园林工程中这一点尤为突出。

（五）地域性

我国幅原辽阔，地域复杂，各地的自然资源条件和社会经济条件差异悬殊，因而必须采用不同的定额。

三、工程定额的分类

在园林工程建设过程中，由于使用对象和目的不同，因而，园林工程定额的种类很多，根据内容、用途和使用范围的不同，可分为以下几类：

（一）按生产要素分类

进行物质资料生产所必须具备的三要素是：劳动者、劳动对象和劳动手段。劳动者是指生产工人，劳动对象是指材料和各种半成品等，劳动手段是指生产机具和设备。为了适应建设工程施工活动的需要，定额可按这三个要素编制，即劳动定额、材料消耗定额、机械台班使用定额。

（二）按编制程序和用途分类

按编制程序和用途分类，可分为五种：装饰工程定额；施工定额；预算定额；概算定额和概算指标。

（三）按编制单位和执行范围分类

按编制单位和执行范围分类时，可分为全国统一定额和地区统一定额；一次性定额；企业定额。

（四）按专业不同分类

按专业不同划分，可分为建筑工程定额（也称土建工程定额）；建筑安装工程定额；仿古建筑及园林绿化工程定额；公路定额等。

第二节　概算定额与概算指标

一、概算定额

（一）概算定额的概念

确定完成合格的单位扩大分项工程或单位扩大结构构件所需消耗的人工、材料和机械台班的数量限额，叫概算定额。概算定额又称作“扩大结构定额”或“综合预算定额”。

概算定额是设计单位在初步设计阶段或扩大初步设计阶段确定工程造价，编制设计概算的依据。

概算定额是预算定额的合并与扩大。它将预算定额中有联系的若干个分项工程项目综合为一个概算定额项目。如砖基础概算定额项目，就是以砖基础为主，综合了平整场地、挖地槽（坑）、铺设垫层、砌砖基础、铺设防潮层、回填土及运土等预算定额中分项工程项目。又如砖墙定额，就是以砖墙为主，综合了砌砖，钢筋砼过梁制作、运输、安装，勒脚，内外墙面抹灰，内墙面刷白等预算定额的分项工程项目。

（二）概算定额的作用

从1957年我国开始在全国试行统一的《建筑工程扩大结构定额》之后，各省、自治区、直辖市根据本地区的特点，相继编制了本地区的概算定额。为了适应建筑业的改革，国家计划委员会、建设银行总行在计标［1985］352号文件中指出，概算定额和概算指标由省、自治区、直辖市在预算定额基础上组织编制，分别由主管部门审批，报国家计划委员会备案。概算定额的主要作用如下：

（1）是编制设计概算的主要依据；

(2) 是对设计项目进行技术经济分析与比较的依据;

(3) 是建设工程主要材料计划编制的依据;

(4) 是编制概算指标的依据;

(5) 是控制施工图预算的依据;

(6) 是工程结束后，进行竣工决算的依据。

(三) 概算定额的编制依据

概算定额是国家主管机关或授权机关编制的，编制时必须依据:

(1) 有关文件;

(2) 现行的设计规范和施工文献;

(3) 具有代表性的标准设计图纸和其他设计资料;

(4) 现行的人工工资标准，材料预算价格，机械台班预算价格及概算定额。

(四) 概算定额的编制步骤

概算定额的编制一般分三阶段进行，即准备阶段、编制初稿阶段和审查定稿阶段。

1. 准备阶段

该阶段主要是确定编制机构和人员组成，进行调查研究，了解现行概算定额执行情况和存在的问题，明确编制的目的，制定概算定额的编制方案和确定要编制概算定额的项目。

2. 编制初稿阶段

该阶段是根据已确定的编制方案和概算定额项目，收集和整理各种编制依据，对各种资料进行深入细致的测算和分析，确定人工、材料和机械台班的消耗量指标，最后编制出概算定额初稿。

3. 审查定稿阶段

该阶段的主要工作是测算概算定额水平，即测算新编概算定额与原概算定额及现行预算定额之间的水平。测算的方法既要分项进行测算，又要通过编制单位工程概算以单位工程为对象进行综合测算。概算定额水平与预算定额水平之间应有一定的幅度差，幅度差一般在5%以内。

概算定额经测算比较后，可报送国家授权机关审批。

(五) 概算定额手册的内容

现行的概算定额手册包括文字说明和定额项目表二部分。

1. 文字说明部分

文字说明部分有总说明和分章说明。

在总说明中，主要阐述概算定额的编制依据、原则、适用范围、目的、编纂形式、应注意的事项等。

分章说明主要阐述本章包括的综合工作内容及工程量计算规则等。

2. 定额项目表

(1) 定额项目的划分：概算定额项目一般按以下两种方法划分：

①按工程结构划分：一般是按土石方、基础、墙、梁柱、门窗、楼地面、屋面、装饰、构筑物等工程结构划分。

②按工程部位（分部）划分：一般是按基础、墙体、梁柱、楼地面、屋盖、其他工程部位等划分，如基础工程中包括了砖、石、砼基础等项目。

(2) 定额项目表：定额项目表是概算定额手册的主要内容，由若干分节定额组成。各节定额由工程内容、定额表及附注说明组成。定额表中列有定额编号、计量单位、概算价格、人工、材料、机械台班消耗量指标，综合了预算定额的若干项目与数量。

二、概算指标

（一）概算指标的概念

以每 $100m^2$ 建筑物面积或每 $1000m^3$ 建筑物体积（如是构筑物，则以座为单位）为对象，确定其所需消耗的活劳动与物化劳动的数量限额，叫概算指标。

从上述概念可以看出，概算定额与概算指标的主要区别如下：

1. 确定各种消耗量指标的对象不同

概算定额是以单位扩大分项工程或单位扩大结构构件为对象，而概算指标则是以整个建筑物（如 $100m^2$ 或 $1000m^3$ 建筑物）和构筑物（如座）为对象。因此，概算指标比概算定额更加综合与扩大。

2. 确定各种消耗量指标的依据不同

概算定额是以现行预算定额为基础，通过计算之后才综合确定出各种消耗量指标，而概算指标中各种消耗量指标的确定，则主要来自各种预算或结算资料。

（二）概算指标的表现形式

概算指标的表现形式分为综合概算指标和单项概算指标两种。

1. 综合概算指标

综合概算指标是指按工业或民用建筑及其结构类型而制定的概算指标。综合概算指标的概括性较大，其准确性、针对性不如单项指标。

2. 单项概算指标

单项概算指标是指为某种建筑物或构筑物而编制的概算指标。单项概算指标的针对性较强，故指标中对工程结构形式要作介绍。只要工程项目的结构形式及工程内容与单项指标中的工程概况相吻合，编制出的设计概算就比较准确。

（三）概算指标的应用

1. 概算指标的直接套用

直接套用概算指标时，应注意以下问题：

（1）拟建工程的建设地点与概算指标中的工程地点在同一地区：拟建工程的外形特征和结构特征与概算指标中工程的外形特征、结构特征应基本相同，拟建工程的建筑面积、层数与概算指标中工程的建筑面积、层数相差不大。

（2）概算指标的调整：用概算指标编制工程概算时，往往不容易选到与概算指标中工程结构特征完全相同的概算指标，实际工程与概算指标的内容存在着一定的差异。在这种情况下，需对概算指标进行调整，调整的方法如下：

①每 $100m^2$ 造价调整：调整的思路如同定额换算，即从原每 $100m^2$ 概算造价中，减去每 $100m^2$ 建筑面积需换出结构构件的价值，加上每 $100m^2$ 建筑面积需换入结构构件的价值，即得 $100m^2$ 修正造价调整指标，再将每 $100m^2$ 造价调整指标乘以设计对象的建筑面积，即得出拟建工程的概算造价。

计算公式为：

每 $100m^2$ 建筑面积造价调整指标＝所选指标造价－每 $100m^2$ 换出结构构件的价值＋每 $100m^2$ 换入结构构件的价值

式中：换出结构构件的价值＝原指标中结构构件工程量×地区概算定额基价

换入结构构件的价值＝拟建工程中结构构件的工程量×地区概算定额基价

例 1　某拟建工程，建筑面积为 $3580m^2$，按图算出一砖外墙为 $646.97m^2$，木窗 $613.72m^2$。所选定的概算指标中，每 $100m^2$ 建筑面积有一砖半外墙 $25.71m^2$，钢窗 $15.50m^2$，每 $100m^2$ 概算造价为 29767 元，试求调整后每 $100m^2$ 概算造价及拟建工程的概算造价。

解： 概算指标调整详见表 2－1，则每 $100m^2$ 建筑面积调整概算造价＝29767＋2272－3392＝28647 元，拟建工程的概算造价为：35.8×28647＝1025562 元

表 2-1 概算指标调整计算表

序号	概算定额编号	构件	单位	数量	单价	复价	备注
	换入部分						
1	2-78	一砖外墙	m^2	18.07	88.31	1596	$\frac{646.97}{35.8}=18.07$
2	4-68	木窗	m^2	17.14	39.45	676	$\frac{613.72}{35.8}=17.14$
	小计					2272	
	换出部分						
3	2-78	一砖半外墙	m^2	25.71	87.20	2242	
4	4-90	钢窗	m^2	15.5	74.2	1150	
	小计					3392	

②每 $100m^2$ 中工料数量的调整：调整思路是从所选定指标的工料消耗量中，换出与拟建工程不同的结构构件的工料消耗量，换入所需结构构件的工料消耗量。

关于换出换入的工料数量，是根据换出换入结构构件的工程量乘以相应的概算定额中工料消耗指标而得出的。

根据调整后的工料消耗量和地区材料预算价格，人工工资标准，机械台班预算单价，计算每 $100m^2$ 的概算基价，然后依据有关取费规定，计算每 $100m^2$ 的概算造价。

这种方法主要适用于不同地区的同类工程编制概算。

用概算指标编制工程概算，工程量的计算工作很小，也节省了大量的定额套用和工料分析工作，因此，比用概算定额编制工程概算的速度快，但准确性会差一点。

第三节　园林工程预算定额

一、预算定额的概念、作用

（一）预算定额的概念

在正常的施工条件下，完成一定计量单位合格的分项工程或结构构件所需消耗的活劳动与物化劳动（即人工、材料和机械台班）的数量标准，叫预算定额。

预算定额是由国家主管机关或被授权单位组织编制并颁发的一种法令性指标，是一项重要的经济法规。定额中的各项指标，反映了国家对完成单位产品基本构造要素（即每一单位分项工程或结构构件）所规定的人工、材料、机械台班等消耗的数量限额。

编制预算定额的目的在于确定工程中每一单位分项工程的预算基价（即价格），力求用最少的人力，物力和财力，生产出符合质量标准的合格园林建设产品，取得最好的经济效益。预算定额中活劳动与物化劳动的消耗指标，应是体现社会平均水平的指标。为了提高施工企业的管理水平和生产力水平，定额中的活劳动与物化劳动消耗指标，应是平均先进的水平指标。

预算定额是一种综合性定额，它不仅考虑了施工定额中未包含的多种因素（如材料在现场内的超运距、人工幅度差的用工等），而且还包括了为完成该分项工程或结构构件的全部工序之内容。

（二）预算定额的作用

预算定额是工程建设中的一项重要的技术法规，它规定了施工企业和建设单位在完成施工任务时，所允许消耗的人工、材料和机械台班的数量限额，它确定了国家、建设单位和施工企业之间的一种技术经济关系，它在我国建设工程中占有十分重要的地位和作用。可归纳如下：

（1）是编制地区单位估价表的依据；

（2）是编制园林工程施工图预算，合理确定工程造价的依据；

（3）是施工企业编制人工、材料、机械台班需要量计划，统计完成工程量，考核工程成本，实行经济核算的依据；

（4）是建设工程招标、投标中确定标底和标价的主要依据；

(5) 是建设单位和建设银行拨付工程价款、建设资金贷款和竣工结算的依据;

(6) 是编制概算定额和概算指标的基础资料;

(7) 是施工企业贯彻经济核算，进行经济活动分析的依据;

(8) 是设计部门对设计方案进行技术经济分析的工具。

二、预算定额的内容和编排形式

(一) 预算定额的内容

要正确地使用预算定额，首先必须了解定额手册的基本结构。

预算定额手册主要由文字说明、定额项目表和附录三部分内容所组成，见图 2-1。

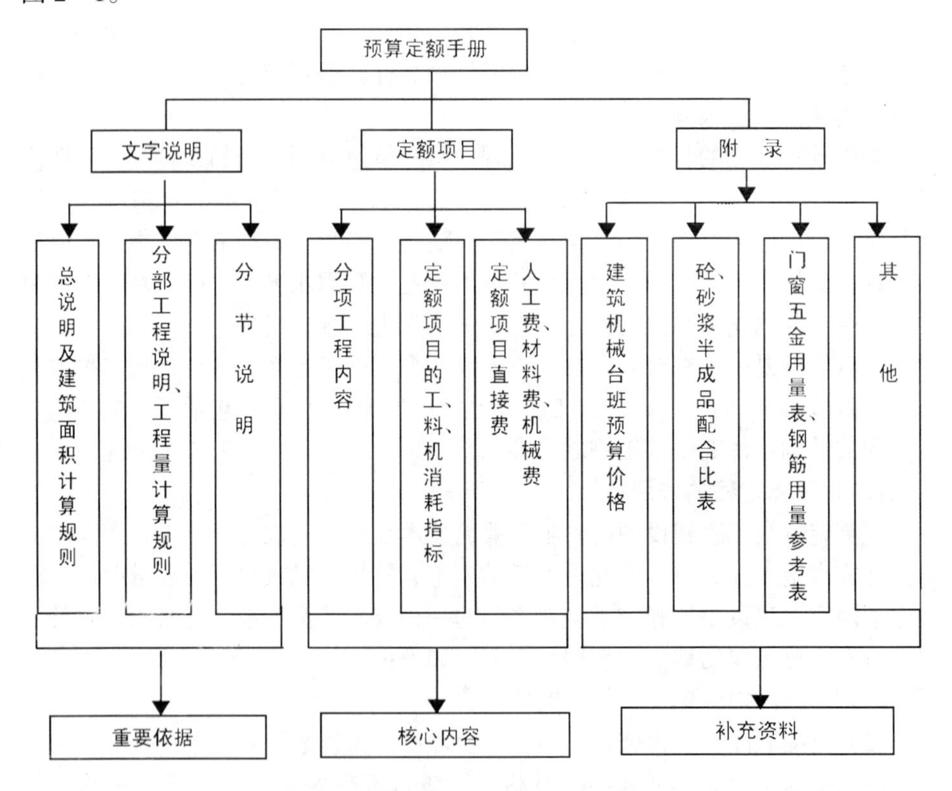

图 2-1　预算定额手册组成示意图

1. 文字说明部分

(1) 总说明：在总说明中，主要阐述预算定额的用途，编制依据，适用范围，定额中已考虑的因素和未考虑的因素、使用中应注意的事项和有关问题的说明。

(2) 分部工程说明：分部工程说明是定额手册的重要组成部分，主要阐述本分部工程所包括的主要项目，编制中有关问题的说明，定额应用时的具体规定和处理方法等。

(3) 分节说明：分节说明是对本节所包含的工程内容及使用的有关说明。

上述文字说明是预算定额正确使用的重要依据和原则，应用前必须仔细阅读，不然就会造成错套、漏套及重套定额。

2. 定额项目表

定额项目表列出每一单位分项工程中人工、材料、机械台班消耗量及相应的各项费用，是预算定额手册的核心内容。定额项目表由分项工程内容，定额计量单位，定额编号，预算单价，人工、材料消耗量及相应的费用、机械费、附注等组成。

3. 附录

附录列在定额手册的最后，其主要内容有建筑机械台班预算价格，材料名称规格表，砼、砂浆配合比表，门窗五金用量表及钢筋用量参考表等。这些资料供定额换算之用，是定额应用的重要补充资料。

(二) 预算定额项目的编排形式

预算定额手册根据园林结构及施工程序等按照章、节、项目、子目等顺序排列。

分部工程为章，它是将单位工程中某些性质相近，材料大致相同的施工对象归纳在一起。如全国 1989 年仿古建筑及园林工程预算定额（第一册通用项目）共分六章，即第一章土石方、打桩、围堰，基础垫层工程；第二章砌筑工程；第三章混凝土及钢筋混凝土工程；第四章木作工程；第五章楼地面工程；第六章抹灰工程。

分部工程以下，又按工程性质、工程内容及施工方法，使用材料，分成许多节。如第四章木作工程中，又分普通木窗、普通木门、木装修、间墙壁、天棚木楞、天棚面层等十节。

节以下，再按工程性质、规格、材料类别等分成若干项目。

在项目中还可以按其规格、材料等再细分许多子项目。

为了查阅使用定额方便，定额的章、节、子目都应有统一的编号。通常有三个符号和两个符号两种编号方法，示例如下：

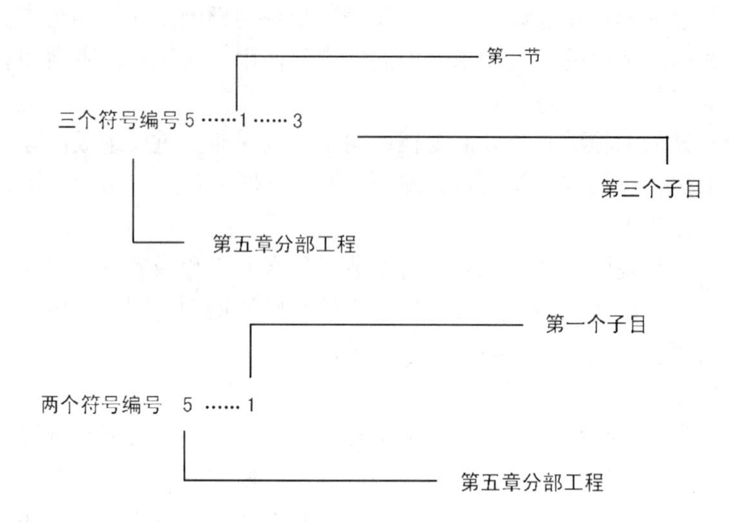

三、园林工程预算定额的编制

（一）预算定额的编制原则

1. 按社会平均必要劳动量确定定额水平

在市场经济条件下，确定预算定额的消耗量指标，应遵循价值规律的要求，按照产品生产中所消耗的社会平均必要劳动时间确定其水平。即在正常施工条件下，以平均的劳动强度、平均的劳动熟练程度、平均的技术装备来确定完成每一单位分项工程或结构构件所需的（活劳动与物化劳动）消耗，作为确定预算定额水平的主要原则。

2. 简明适用，严谨准确

预算定额的内容和形式，既要满足各方面使用的需要（如编制预算，办理结算，编制各种计划和进行成本核算等），具有多方面的适应性，同时又要简明扼要，层次清楚，结构严谨，使用方便。

预算定额的项目应尽量齐全完整，要把已成熟和推广的新技术、新结构、新材料、新机具和新工艺项目编入定额。对缺漏项目，要积累资料，尽快补齐。简明适用的核心是定额项目划分要粗细恰当，步距合理。这里的步距是指同类性质的一组定额在合并时所保留的间距。例如，砌墙可以将搅拌砂浆、运

砂浆、运砖、砌砖、安装60kg以内的门窗过梁、留门窗洞等内容合并为一个项目，因为这些工作可以同时由同一工人小组来完成。又如预制构件的制作、运输和安装，就要分别立项，不能合并在一起。

预算定额中的各种说明要简明扼要，通俗易懂。贯彻简明适用的原则，还应注意定额项目计量单位的选择和简化工程量计算。如砌墙定额中用m^3就比用块作为定额计量单位方便些。

为了稳定定额水平，统一考核尺度，除了在设计和施工中变化较多、影响造价较大的因素外，应尽量少留缺口或活口，以便减少定额换算工作量，同时又有利于维护定额的严肃性。

3．集中领导，分级管理

集中领导就是由中央主管部门（如建设部）归口管理，依照国家的方针政策和经济发展的要求，统一制定编制定额的方案、原则和办法，颁发统一的条例和规章制度。这样，建筑产品才有统一的计价依据。国家掌握这个统一的尺度，对不同地区设计和施工的经济效果进行有效的考核和监督，避免地区或部门之间缺乏可比性的弊端。分级管理是在集中领导下，各部门和各省、市、自治区主管部门在其管辖范围内，根据各自的特点，按照国家的编制原则和条例细则，编制本地区或本部门的预算定额，颁发补充性的条例规定，以及对预算定额实行经常性的管理。

（二）预算定额的编制依据

（1）现行的全国统一劳动定额，施工机械台班使用定额及施工材料消耗定额；

（2）现行的设计规范，施工验收规范，质量评定标准和安全操作规程；

（3）通用设计标准图集，定型设计图纸和有代表性的设计图纸或图集；

（4）有关科学实验，技术测定和可靠的统计资料；

（5）已推广的新技术、新材料、新结构、新工艺的资料；

（6）现行的预算定额基础资料，人工工资标准，材料预算价格和机械台班预算价格。

（三）预算定额的编制步骤

预算定额的编制一般按以下三个阶段进行：

1．准备阶段

准备阶段的任务是成立编制机构、拟定编制方案、确定定额项目、全面收集各项依据资料。预算定额的编制工作不但工作量大，而且政策性强，组织工作复杂，因此在编制准备阶段要明确和做好以下几项工作：

(1) 确定编制预算定额的基本要求；

(2) 确定预算定额的适用范围、用途和水平；

(3) 确定编制机构的人员组成，安排编制工作的进度；

(4) 确定定额的编排形式、项目内容、计量单位及应保留的小数位数；

(5) 确定活劳动与物化劳动消耗量的计算资料（如各种图集及典型工程施工图纸等)。

2. 编制初稿阶段

在定额编制的各种资料收集齐全之后，就可进行定额的测算和分析工作，并编制初稿。初稿要按编制方案中确定的定额项目和典型工程图纸，计算工程量，再分别测算人工、材料和机械台班消耗量指标，在此基础上编制定额项目表，并拟定出相应的文字说明。

(1) 熟悉基础资料；

(2) 根据确定的项目和图纸计算工程量；

(3) 计算劳动力、材料和机械台班的消耗量；

(4) 编制定额表；

(5) 拟定文字说明。

3. 审查定稿阶段

定额初稿完成后，应与原定额进行比较，测算定额水平，分析定额水平提高或降低的原因，然后对定额初稿进行修正。定额水平的测算有以下几种方法：

(1) 单项定额测算：即对主要定额项目，用新旧定额进行逐渐比较，测算新定额水平提高或降低的程度。

(2) 预算造价水平测算：即对同一工程用新旧预算定额分别计算出预算造价后进行比较，从而达到测算新定额的目的。

(3) 同实际施工水平比较：即按新定额中的工料消耗数量同施工现场的实际消耗水平进行比较，分析定额水平达到何种程度。

定额水平的测算、分析和比较，其内容还应包括规范变更的影响，施工方法改变的影响，材料损耗率调整的影响，劳动定额水平变化的影响，机械台班定额单价及人工日工资标准，材料价差的影响，定额项目内容变更对工程量计算的影响等。

通过测算并修正定稿之后，呈报主管部门审批，颁发执行。

(四) 确定分项工程定额指标

分项工程定额指标的确定包括计算工程量，确定定额计量单位及确定人工、材料和机械台班消耗量指标诸内容。

1. 定额计量单位与计算精度的确定

定额的计量单位应与定额项目的内容相适应，要能确切的反映各分项工程产品的形态特征与实物数量，并便于使用和计算。

计量单位一般根据分项工程或结构构件的特征及变化规律来确定。当物体的断面形状一定而长度不定时，宜采用延长米为计量单位，如木装饰、落水管等；当物体有一定的厚度而长和宽变化不定时，宜采用 m^2 为计量单位，如楼地面、墙面抹灰、屋面等；当物体的长、宽、高均变化不定时，宜采用 m^3 为计量单位，如土方、砖石、砼及钢筋砼工程等；有的分项工程虽然长、宽和高都变化不大，但重量和价格差异却很大，这时宜采用 t 或 kg 为计量单位，如金属构件的制作、运输及安装等。在预算定额项目表中，一般都采用扩大的计量单位，如 100m、$100m^2$.$100m^3$ 等，以便于定额的编制和使用。

定额项目中各种消耗量指标的数值单位及小数位数的取定如下：

人工：以“工日”为单位，取两位小数；机械：“以台班”为单位，取两位小数；主要材料及半成品：木材：以“m^3”为单位，取三位小数；钢材及钢筋：以“t”为单位，取三位小数；标准砖：以“千匹”为单位，取两位小数；砂浆、砼和玛蹄脂等半成品以“m^3”为单位，取两位小数；草皮以 $10m^2$ 为单位等。

2. 工程量计算

预算定额是一种综合定额，它包括了完成某一分项工程的全部工作内容。如栽植绿篱定额中，其综合的内容有：开沟、排苗、回土、筑水围、浇水、复土、整形、清理等。因此，在确定定额项目中各种消耗量指标时，首先应根据编制方案中所选定的若干份典型工程图纸，计算出单位工程中综合内容所占的比重，然后利用这些数据，结合定额资料，综合确定人工和材料消耗净用量。

工程量计算一般以列表的形式进行计算。

3. 人工消耗量指标的确定

预算定额中的人工消耗量指标，包括完成该分项工程所必需的各种用工数量。其指标量是根据多个典型工程中综合取定的工程量数据和“地方建筑工程劳动定额”计算求得。

(1) 人工消耗指标的内容

①基本用工：指完成该分项工程的主要用工。如墙体砌筑工程中，包括调运铺砂浆、运砖、砌砖的用工，砌附墙烟囱、砖碹、垃圾道、门窗洞口等需增加的用工。

②材料及半成品超运距用工：指预算定额中材料及半成品的运输距离超过了劳动定额基本用工中规定的距离所需增加的用工量。

③辅助用工：指施工现场所发生的材料加工等用工，如筛砂子、淋石灰膏等用工。

④人工幅度差：人工幅度差主要是指预算定额和劳动定额由于定额水平不同而引起的水平差。另外还包括在正常施工条件下，劳动定额中没有包含的用工因素，如工种交叉与工序搭接的停歇时间，工程质量检查和隐蔽工程验收影响工人操作的时间，施工中交叉作业相互影响所耽误的时间，施工中难以测定的不可避免的少数零星用工等。

国家规定，预算定额的人工幅度差系数为10%。人工幅度差的计算公式为：

人工幅度差＝（基本用工＋超运距用工＋辅助用工）×10%

（2）人工消耗量指标的计算：根据选定的若干份典型工程图纸，经工程量计算后，再计算各项人工消耗量。

4. 材料消耗量指标的确定

预算定额的材料消耗量指标是由材料的净用量和损耗量构成。其中损耗量由施工操作损耗、场内运输（从现场内材料堆放点或加工点到施工操作地点）损耗、加工制作损耗和场内管理损耗（操作地点的堆放及材料堆放地点的管理）组成。

（1）主材净用量的确定：主材净用量的确定，应结合分项工程的构造作法，综合取定的工程量及有关资料进行计算。

例3 现以1砖墙分项工程为例，经测定计算，每$10m^3$墙体中梁头、板头体积为$0.28m^3$，预留孔洞体积$0.063m^3$，突出墙面砌体$0.0629m^3$，砖过梁为$0.4m^3$，则每$10m^3$墙体的砖及砂浆净用量计算如下：

$$\text{标准砖}=\frac{2\times\text{墙厚的砖数}}{\text{墙厚}\times(\text{砖长}+\text{灰缝})\times(\text{砖厚}+\text{灰缝})}\times(10-0.28)$$

$$=\frac{2}{0.24\times(0.24+0.01)\times(0.053+0.01)}\times 9.72$$

$$=529.1\times 9.72=5143\text{ 块}$$

$$\text{砂浆}=(1-\text{砖数}\times\text{每块砖体积})\times(10-0.28)$$

$$=(1-529.1\times 0.24\times 0.115\times 0.53)\times 9.72$$

$$=2.197m^3\ (\text{取 }2.20m^3)$$

主体砂浆和附加砂浆用量计算

附加砂浆是指砌钢筋砖过梁、砖石旋所用的标号较高的砂浆。除了附加砂浆之外，其余便是砌墙用的主体砂浆。

已知，每 $10m^3$ 墙体中，砖过梁为 $0.4m^3$，即占墙体的 4%，则

附加砂浆为：$2.2\times4\%=0.088m^3$

主体砂浆为：$2.2\times96\%=2.112m^3$

（2）主材损耗量的确定：因为损耗率为损耗量与总消耗量之比值，在总消耗量未知的情况下，损耗量是无法求得的。在已知净用量和损耗率的条件下，要求出损耗量，就得找出它们之间的关系系数，这个系数就称作损耗率系数。损耗率系数的计算式为：

$$损耗率系数=\frac{损耗量}{净用量}=\frac{损耗率}{净用率}=\frac{损耗率}{1-损耗率}$$

根据损耗率系数公式可知：损耗量＝净用量×损耗率系数

从材料损耗率表中查得，砖墙中标准砖及砂浆的损耗率均为 1%，则损耗率系数为：

则标准砖的损耗量为：$5143\times0.0101=52$ 块

砂浆的损耗量为：$2.2\times0.0101=0.022m^3$

故预算定额中每 $10m^3$ 一砖墙标准砖的消耗量为：

$5143+52=5195$ 块

砂浆的消耗量为：$2.2+0.022=2.222m^3$

（3）次要材料消耗量的确定：预算定额中对于用量很少、价值又不大的次要材料，估算其用量后，合并成“其他材料费”，以“元”为单位列入预算定额。

（4）周转性材料摊销量的确定：周转性材料是按多次使用、分次摊销的方式计入预算定额的。

5. 机械台班消耗量指标的确定

预算定额中的机械台班消耗量指标，一般是按全国统一劳动定额中的机械台班产量，并考虑一定的机械幅度差进行计算的。机械幅度差是指在合理的施工组织条件下机械的停歇时间，其主要内容包括：

（1）施工中机械转移工作面及配套机械相互影响所损失的时间；

（2）在正常施工情况下，机械施工中不可避免的工序间歇；

（3）检查工程质量影响机械操作的时间；

（4）因临时水电线路在施工过程中移动而发生的不可避免的机械操作间歇时间；

（5）冬季施工期内发动机械的时间；

(6) 同厂牌机械的工效差、临时维修、小修、停水停电等引起的机械间歇时间。

在计算机械台班消耗量指标时，机械幅度差以系数表示。大型机械的幅度差系数规定如下：土石方机械 1.25；吊装机械 1.3；打桩工程 1.33；其他专用机械如打夯、钢筋加工、木作、水磨石等，幅度差系数为 1.1。

垂直运输的塔吊、卷扬机、砼搅拌机、砂浆搅拌机是按工人小组配备使用的，应按小组产量计算台班产量，不增加机械幅度差。

计算公式如下：

$$\text{分项定额机械台班消耗量}=\frac{\text{分项定额计量单位值}}{\text{小组总人数}\times\sum\text{（分项计算取定比度}\times\text{劳动定额综合产量）}}=\frac{\text{分项定额计量单位值}}{\text{小组产量}}$$

例 4 某省劳动定额规定，砌砖小组成员为 22 人，一砖墙综合产量（塔吊)：清水墙 $0.885m^3$/工日，混水墙 $1.05m^3$/工日，取定比重清水墙 40%，混水墙 60%，则每 $10m^3$ 一砖墙机械台班消耗量（塔吊、砂浆搅拌机）为：

$$\frac{10}{22\times(0.885\times0.4+1.05\times0.6)}=\frac{10}{21.648}=0.462\ \text{台班}$$

第四节 预算定额的应用

由于预算定额的内容与形式和单位估价表的内容及形式基本相同，所以将预算定额的应用和单位估价表的应用统称为预算定额的应用。

一、预算定额的具体应用

（一）预算定额的直接套用

当设计要求与定额项目的内容相一致时，可直接套用定额的预算基价及工料消耗量计算该分项工程的直接费以及工料需用量。

现以某省 1990 年建筑工程预算定额为例，说明预算定额的具体使用方法(以后各例均同)。

例 5 某茶室现浇 C_{10} 毛石砼带型基础 $1.523m^3$，试计算完成该分项工程的直接费及主要材料消耗量。

解：(1) 确定定额编号：230

(2) 计算该分项工程直接费：

分项工程直接费＝预算基价×工程量＝977.43×1.523＝1488.63元

(3) 计算主要材料消耗量：

材料消耗量＝定额规定的耗用量×工程量

水泥425#：　1913×1.523＝2913.5kg

中砂：　4.08×1.523＝6.214m^3

砾石20～80：　8.5×1.523＝12.964m^3

毛石　2.96×1.523＝4.508m^3

模板摊销费：　128.44×1.523＝195.61元

(二) 预算定额的换算

1. 定额换算的原因

当施工图纸的设计要求与定额项目的内容不相一致时，为了能计算出设计要求项目的直接费及工料消耗量，必须对定额项目与设计要求之间的差异进行调整。这种使定额项目的内容适应设计要求的差异调整是产生定额换算的原因。

2. 定额换算的依据

预算定额具有法令性，为了保持预算定额的水平不改变，在说明中规定了若干条定额换算的条件，因此，在定额换算时必须执行这些规定才能避免人为改变定额水平的不合理现象。从定额水平保持不变的角度来解释，定额换算实际上是预算定额的进一步扩展与延伸。

3. 预算定额换算的内容

定额换算涉及到人工费和材料费的换算，特别是园林苗木等材料费及材料消耗量的换算占定额换算相当大的比重。人工费的换算主要是由用工量的增减而引起的，材料费的换算则是由材料耗用量的改变及材料代换而引起的。

4. 预算定额换算的一般规定

常用的定额换算规定有以下几个方面：

(1) 砼及砂浆的强度等级在设计要求与定额不同时，按附录中半成品配合比进行换算。

(2) 定额中规定的抹灰厚度不得调整。如设计规定的砂浆种类或配合比与定额不同时，可以换算，但定额人工、机械不变。

(3) 木楼地楞定额是按中距40cm，断面5cm×18cm，每100m^2木地板的楞木313.3m计算的，如设计规定与定额不同时，楞木料可以换算，其他不变。

(4) 定额中木地板厚度是按 2.5cm 毛料计算的，如设计规定与定额不同时，可按比例换算，其他不变。

(5) 定额分部说明中的各种系数及工料增减换算。

5. 预算定额换算的几种类型

(1) 砂浆的换算；

(2) 砼的换算；

(3) 木材材积的换算；

(4) 系数换算；

(5) 其他换算。

(三) 预算定额的换算方法

1. 砼的换算

砼的换算分两种情况：一是构件砼，二是楼地面砼。

(1) 构件砼的换算（砼强度和石子品种的换算）：这类换算的特点是：砼的用量不发生变化，只换算强度或石子品种。其换算公式为：

换算价格＝原定额价格十定额砼用量×（换入砼单价一换出砼单价）

例 6 某工程构造柱，设计要求为 C_{25}钢筋砼现浇，试确定构造柱的单价。

解： ①确定换算定额编号 271（塑性砼 C_{20}）

其单价为 2046.87 元/$10m^2$，砼定额用量 $10.15m^3/10m^3$

②确定换入、换出砼的单价（塑性砼）

查定额表附录二：

C_{25}砼单价　97.88 元/m^3（425#水泥）

C_{20}砼单价　93.62 元/m^3（425#水泥）

③计算换算单价

$271_{换}=2046.87+10.15\times(97.88-93.62)=2046.87+43.24=2090.11$ 元/$10m^3$

④换算后材料用量分析

模板摊销费　523.75 元（不变）

水泥 425#　3035kg

中砂　$4.77m^3$（不变）

砾石 5～40　$9.64m^3$

⑤换算小结

A. 先选择换算定额编号及其单价，确定砼品种及其骨料粒径，水泥标号。

B. 根据确定的砼品种（塑性砼还是低流动性砼、石子粒径、砼强度），从附录中查换出、换入砼的单价。

C. 计算换算价格。

D. 确定换入砼品种须考虑下列因素：

a. 是塑性砼还是低流动性砼；

b. 根据规范要求确定砼中石子的最大粒径：

c. 根据设计要求，确定采用砾石、碎石及砼的强度。

（2）楼地面砼的换算：当楼地面砼面层的厚度与强度的设计要求与定额规定不同时，应先按设计要求厚度确定石子的规格，然后以整体面层中的某一项定额和增减厚度定额为标准，进行砼面层厚度及强度的换算。

例7　某活动室地面，设计要求为 C_{15}砼面层，厚度为6cm（无筋），试计算该分项工程的预算价格及定额单位工料消耗量。

解：①确定换算定额编号　956、957（C_{20}塑性砼）

价格为：$610.9+59.18\times4=847.62$ 元/100m²

砼用量为：$4.04+0.51\times4=6.08\text{m}^3/100\text{m}^2$（水泥为425#）

②确定换入、换出砼土的单价（砾石5～20）

查定额表附录二：C_{15}砼单价　94.58元/m³

C_{20}砼单价　99.68元/m³

③计算换算单价

$956_{换}=847.62+6.08\times(94.58-99.68)=847.62-29.37=818.25$ 元/100m²

④换算后材料用量分析

水泥425#：　$1879.30+161.67\times4-(292-258)\times6.08$

$=2525.98-206.72=2319.26\text{kg}$

中砂：　$2.31+0.24\times4=3.27\text{m}^3$

砾石5～20：　$3.56+0.45\times4=5.36\text{m}^3$

2. 砂浆的换算

砂浆换算包括砌筑砂浆换算和抹灰砂浆换算两种。

（1）砌筑砂浆换算：砌筑砂浆换算与构件砼的换算相类似，其换算公式为：

换算价格＝原定额价格＋定额砂浆用量×（换入砂浆单价－换出砂浆单价）

例 8 某工程空花墙，设计要求用黏土砖，$M_{7.5}$混合砂浆砌筑，试计算该分项工程预算价格及定额单位的主材耗用量。

解：①确定换算定额的编号；137（M_5 混合砂浆）

价格为：673.55 元/10m^3

砂浆用量为：1.18m^3/10m^3（425$^{\#}$ 水泥）

②确定换入换出砂浆的单价：

查定额表附录二：$M_{7.5}$混合砂浆单价　74.05 元/m^3（细砂）；

$M_{5.0}$混合砂浆单价　64.71 元/m^3（细砂）

③计算换算单价：

$137_{换}$ = 673.55 + 1.18 ×（74.05～64.71）= 673.55 + 11.02

= 684.57 元/10m^3

④换算后的材料用量分析：

红砖：　4.00 千匹

水泥 425$^{\#}$：　270 × 1.18 = 319kg

生石灰：　57.0 × 1.18 = 67kg

细砂；　1.18 × 1.18 = 1.39m^3

（2）抹灰砂浆的换算：装饰分部说明第 1 条中规定：本分部定额中规定的抹灰厚度，不得调整。如设计中规定的砂浆种类或配合比与定额不同时，可以换算，但定额人工、机械不变。这里的抹灰厚度是抹灰的总厚度，而不是各层灰浆的厚度。也就是说，当各层灰浆厚度与定额中相应灰浆厚度不同时，亦可进行换算。这种条件下的换算可归纳为以下三种情况。

第一种情况是各层抹灰厚度与定额相同，只是砂浆品种或配合比与定额不同，这种情况的换算与砌筑砂浆的换算相同。

第二种情况是各层抹灰厚度与定额不同，但砂浆品种和配合比与定额相同，这种情况下的特点是不同品种的砂浆用量发生变化，从而引起材料费的变化。

第三种情况是上述二种情况的综合出现，其特点是砂浆品种和用量同时换算。

以上三种情况的通用换算公式为：

换算价格 = 原定额价格 + Σ［（换入砂浆用量 × 换入砂浆单价）－（换出砂浆用量 × 换出砂浆单价）］

式中：$换入砂浆用量 = \frac{定额用量}{抹灰厚度} \times 设计厚度$

换出砂浆用量 = 定额规定砂浆用量

例 9　某计算机房砖墙面，设计为高级抹灰，底层用 1:0.5:2.5 混合砂浆 9mm 厚，中间层用 1:2.5 石灰砂浆加 1.5%麻刀 9mm 厚，面层为水泥石灰麻刀浆 5mm厚，纸筋石膏浆2mm厚，试计算该分项工程的预算价格及材料耗用量。

解： ①确定换算定额的编号及有关数据

定额编号 1251，其价格为 291.81 元/$100m^2$

各层砂浆的品种、厚度及用量：

底层：混合砂浆 1:0.5:2.5　　9mm 厚，$0.94m^3$

中间层：石灰砂浆 1:2.5 加 1.5%麻刀　　9mm 厚，$0.93m^3$

面层：水泥石灰麻刀浆　　5mm 厚，$0.51m^3$

纸筋石膏浆　　2mm 厚，$0.21m^3$

②计算换入砂浆的用量：

底层：1:0.5:2.5 混合砂浆　　$\frac{0.94}{9} \times 9 = 0.94m^3$

中间层：石灰浆 1:2.5 加 1.5%麻刀　　$\frac{0.93}{9} \times 9 = 0.93m^3$

面层：水泥石灰麻刀浆　　$\frac{0.51}{5} \times 5 = 0.51m^3$

纸筋石膏浆　　$\frac{0.21}{2} \times 2 = 0.21m^3$

③确定换入换出砂浆的单价：

查定额表附录二：1:0.5:2.5 混合砂浆　　115.39 元/m^3

石灰砂浆 1:2.5 加 1.5%麻刀　　53.07 元/m^3

水泥石灰麻刀浆　　84.55 元/m^3

纸筋石膏浆　　343.35 元/m^3

④计算换算单价：

$$1251_{换} = 291.81 + (0.94 \times 115.39 + 0.93 \times 53.07 + 0.51 \times 84.55 + 0.21 \times 343.35 - 1.87 \times 53.07 - 0.51 \times 84.55 - 0.21 \times 343.35) = 350.44 \text{ 元}/100m^2$$

⑤换算后的材料用量分析

水泥 425#：$123.54 + 0.94 \times 463 = 559kg$

生石灰：$679.83 + 0.94 \times 302 + 0.93 \times 291 - 1.87 \times 291 = 690.17kg$

石膏：177.66kg（用量不变）

细砂：　　$2.66+0.94\times0.98+0.93\times1.18=2.411m^3$

中砂：　　$0.02m^3$（用量不变）

麻刀：　　$16.71+0.93\times4.41-1.87\times4.41=12.62kg$

纸筋：　　5.11kg（用量不变）

3. 系数换算

系数换算是按定额说明中规定的系数乘以相应定额的基价（或定额中工料之一部分）后，得到一个新单价的换算。

例10　某工程平基土方，施工组织设计规定为机械开挖，在机械不能施工的死角有湿土 $121m^3$ 需人工开挖，试计算完成该分项工程的直接费。

解：　根据土石方分部说明，得知人工挖湿土时，按相应定额项目乘以系数1.18计算，机械不能施工的土石方，按相应人工挖土方定额乘以系数1.5。

①确定换算定额编号及单价

定额编号1，单价　142.89元/$100m^2$

②计算换算单价

$1_{换}=142.89\times1.18\times1.5=252.92$ 元/$100m^2$

③计算完成该分项工程的直接费

$252.92\times1.21=306.03$ 元

4. 其他换算

其他换算是指上述三种换算类型不能包括的定额换算。由于此类定额换算的内容较多、较杂，故仅举例说明其换算过程。

例11　某工程墙基防潮层，设计要求用1：2水泥砂浆加8%防水粉施工，试计算该分项工程的预算价格。

解：①确定换算定额编号　933

单价为　　383.67元/$100m^2$

②计算换入换出防水粉的用量

换出量　　66.38kg

换入量　　$1314.45\times8=105.16kg$

③计算换算单价（防水粉单价为1.01元/kg）

$933_{换}=383.67+1.01\times(105.16-66.38)=422.84$ 元/$100m^2$

虽然其他换算没有固定的公式，但换算的思路仍然是在原定额价格的基础上减去换出部分的费用，加上换入部分的费用。

二、预算定额应用中的其他问题

（一）预应力钢筋的人工时效费

预算定额一般未考虑预应力钢筋的人工时效费，如设计要求进行人工时效者，应按分部说明的规定，单独进行人工时效费调整。

（二）钢筋的量差及价差调整

1. 钢筋量差调整

因为各种钢筋砼构件所承受的荷载不同，因而其钢筋用量也不会相同。但编制预算定额时，不可能反映每一个具体钢筋砼构件的钢筋耗用量，而只能综合确定出一个含钢量。这个含钢量表示定额中的钢筋耗用量。在编制施工图预算时，每个工程的实际钢筋用量与按定额含钢量分析计算的钢筋量不相等。因此，在编制施工图预算时，必须对钢筋进行量差调整。定额规定，钢筋量差调整及价差调整，不以个别构件为对象，而是以单位工程中所有不同类别钢筋砼构件的钢筋总量为对象进行调整。钢筋量差调整的公式如下：

单位工程构件钢筋量差 = 单位工程设计图纸钢筋净用量 ×（1 + 损耗率）- 单位工程构件定额分析钢筋总消耗量

说明：这里的构件分别是指现浇构件、装配式构件、先张法预应力构件、后张法预应力构件。这几种构件要分别进行调整。各类构件中钢筋的损耗率一般在定额总说明中予以规定。

2. 钢筋价差的调整

钢筋的预算价格具有时间性，几乎每年都有程度不同的变化。而预算定额却具有相对稳定性，一般在几年内不变。在这种情况下，定额中的钢筋预算价格与实际的钢筋价格就有一个差额。所以在编制施工图预算时，要进行钢筋的实际价格与预算价格的调整。

第五节　园林工程预算定额内容简介

《全国统一仿古建筑及园林工程预算定额》共分四册，其中第一册为通用项目（土建工程），与第二、三册配套使用，第二、三册为仿古建筑，其中第二册主要适用于以《营造法源》为主设计、建造的仿古建筑工程及其他建筑工程的仿古部分；第三册适用于以《明清宫式做法》为主设计、建造的仿古建筑工程及其他建筑工程的仿古部分。第四册为园林绿化工程，适用于城市园林和市政绿化、小品设施，也适用于厂矿、机关、学校、宾馆、居住小区的绿化和小品设施等工程。现将应用普遍的第一册通用项目和第四册园林绿化工程部分的预算定额内容简单介绍如下：

一、土方、基础垫层工程

（一）人工挖地槽、地沟、地坑、土方

挖地槽底宽在3m以上，地坑底面积在$20m^2$以上，平整场地厚度在0.3m以上者，均按挖土方计算。

1. 工作内容

挖土并抛土于槽边1m以外，修整槽坑壁底，排除槽坑内积水。

2. 分项内容

按土壤类别、挖土深度分别列项。

（二）平整场地、回填土

1. 工作内容

（1）平整场地：厚度在±30cm以内的挖、填、找平。

（2）回填土：取土、铺平、回填、夯实。

（3）原土打夯：包括碎土、平土、找平、泼水、夯实。

2. 分项内容

（1）平整场地：以$10m^2$计算。

（2）回填土：按地面、槽坑、松填和实填分别列项，以立方米计算。

（3）原土打夯：按地面、槽坑分别列项，以$10m^2$计算。

（三）人力挑抬、人力车运土

1. 工作内容

装土、卸土、运土及堆放。

2. 分项内容

（1）人工挑抬：基本运距为20m，每增加20m，则相应增加费用。按土、淤泥、石分别列项，以m^3计算。

（2）人力车运土：基本运距为50m，每增加50m，则相应增加费用。按土、淤泥、石分别列项，以m^3算。

（四）基础垫层

1．工作内容

筛土、闷灰、浇水、拌合、铺设、找平、夯实、混凝土搅拌、振捣、养护。

2．分项内容

（1）垫层因材料不同，按灰土（3:7）、石灰渣、煤渣、碎石（碎砖）、三合土、毛石、碎石和砂、毛石混凝土、砂、抛乱石分别列项，以立方米计算。

（2）毛石混凝土按毛石占15%计算。

二、砌筑工程

砌筑工程主要包括砌砖和砌石工程。

（一）砖基础、砖墙

1．工作内容

（1）调、运、铺砂浆，运砖、砌砖。

（2）安放砌体内钢筋、预制过梁板，垫块。

（3）砖过梁：砖平拱模板制安、拆除。

（4）砌窗台虎头砖、腰线、门窗套。

2．分项内容

（1）砖基础

（2）砖砌内墙：按墙身厚度1/4砖、1/2砖、3/4砖、1砖、1砖以上分别列项。

（3）砖砌外墙：按墙身厚度1/2砖，3/4砖、1砖、1.5砖、2砖及2砖以上分别列项。

（4）砖柱：按矩形、圆形分别列项。

（二）砖砌空斗墙、空花墙、填充墙

1．工作内容同前。

2．分项内容

（1）空斗墙：按做法不同分别列项。

（2）填充墙：按不同材料分别列项（包括填料）。

（三）其他砖砌体

1．工作内容

（1）调、运砂浆，运砖、砌砖。

(2) 砌砖拱包括木模安制、运输及拆除。

2. 分项内容

(1) 小型砌体：包括花台、花池及毛石墙的门窗口立边、窗台虎头砖等。

(2) 砖拱：包括圆拱、半圆拱。

(3) 砖地沟。

(四) 毛石基础、毛石砌体

1. 工作内容

(1) 选石、修石、运石。

(2) 调、运、铺砂浆，砌石。

(3) 墙角、门窗洞口的石料加工。

2. 分项内容

(1) 墙基（包括独立柱基）。

(2) 墙身：按窗台下石墙、石墙到顶、挡土墙分别列项。

(3) 独立柱。

(4) 护坡：按干砌、浆砌分别列项。

(五) 砌景石墙、蘑菇石墙

1. 工作内容

(1) 景石墙：调、运、铺砂浆，选石、运石、石料加工、砌石，立边，棱角修饰，修补缝口，清洗墙面。

(2) 蘑菇石墙：调、运、铺砂浆，选石、修石、运石，墙身、门窗口立边修正。

2. 分项内容

景石墙、蘑菇石墙分别列项。

工程量按砌体体积以 m^3 计算，蘑菇石按成品石考虑。

三、混凝土及钢筋混凝土工程

(一) 现浇钢筋混凝土

1. 基础

(1) 工作内容

①模板制作、安装、拆卸、刷润滑剂、运输堆放。

②钢筋制作、绑扎、安装。

③混凝土搅拌、浇捣、养护。

（2）分项内容

①带型基础：按毛石混凝土、无筋混凝土、钢筋混凝土分别列项。

②基础梁。

③独立基础：按毛石混凝土、无筋混凝土、钢筋混凝土分别列项。

④杯型基础。

2. **柱**

（1）工作内容同前。

（2）分项内容

①矩形柱：按断面周长档位分别列项。

②圆形柱：按直径档位分别列项。

3. **梁**

（1）工作内容同前。

（2）分项内容：

①矩形梁：按梁高档位分别列项。

②圆形梁：按直径档位分别列项。

③圈梁、过梁、老嫩戗分别列项。

4. **桁、枋、机**

（1）工作内容同前。

（2）分项内容

①矩形桁条、梓桁：按断面高度档位分别列项。

②圆形桁条、梓桁：按直径档位分别列项。

③枋子、连机分别列项。

5. **板**

（1）工作内容同前。

（2）分项内容

①有梁板：按板厚档位分别列项。

②平板：按板厚档位分别列项。

③椽望板、戗翼板分别列项。

④亭屋面板：按板厚档位分别列项。

6. **钢丝网屋面、封沿板**

（1）工作内容

①制作、安装、拆除临时性支撑及骨架。

②钢筋、钢丝网制作及安装。

③调、运砂浆。

④抹灰。

⑤养护。

(2) 分项内容

①钢丝网屋面：以二网一筋20mm厚为基准，增加时另计。按体积以立方米计算。

②钢丝网封沿板：按10延长米为单位计算。

7. 其他项目

(1) 工作内容：

①木模制作、安装、拆除。

②钢筋制作、绑扎、安装。

③混凝土搅拌、浇捣、养护。

(2) 分项内容：

①整体楼梯、雨篷、阳台分别列项。工程量控水平投影面积以$10m^2$计算。

②古式栏板、栏杆分别列项。工程量以10延长米计算。

③吴王靠按筒式、繁式分别列项。工程量以10延长米计算。

④压顶按有筋、无筋分别列项。工程量以m^3计算。

(二) 预制钢筋混凝土

1. 柱

(1) 工作内容

①钢模板安装、拆除、清理、刷润滑剂、集中堆放；木模板制作、安装、拆除、堆放；模板场外运输。

②钢筋制作，对点焊及绑扎安装。

③混凝土搅拌、浇捣、养护。

④砌筑清理地胎模。

⑤成品堆放。

(2) 分项内容

①矩形柱按断面周长档位分别列项。

②圆形柱按直径档位分别列项。

③多边形柱按相应圆形柱定额计算。

2. 梁

(1) 工作内容同前。

（2）分项内容

①矩形梁按断面高度档位分别列项。

②圆形梁按直径档位分别列项。圆弧形梁按圆形梁定额计算，增大系数。

③异形梁、基础梁、过梁、老嫩戗分别列项。

3. 桁、枋、机

（1）工作内容同前。

（2）分项内容

①矩形桁条、梓桁：按断面高度档位分别列项。

②圆形桁条、梓桁：控直径档位分别列项。

③枋子、连机分别列项。

4. 板

（1）工作内容同前。

（2）分项内容：

①空心板：按板长档位分别列项。

②平板，槽形板（含单肋板）、椽望板、戗翼板分别列项。

5. 椽子

（1）工作内容同前。

（2）分项内容

①方直椽：按断面高度档位列项。

②圆直椽：按直径档位列项。

③弯形椽。

6. 挂落

工程量按10延长米为单位计算。

7. 花窗

分项内容：按复杂、简单分别列项。

8. 预制混凝土地面砖

分项内容：

（1）地面块：按矩形、异形、席纹分别列项。

（2）假方砖：按有筋、无筋分别列项。

四、地面工程

（一）垫层

1. 工作内容

（1）炉渣过筛，闷灰、铺设垫层、拌合、找平、夯实。

（2）钢筋制作，绑扎。

（3）混凝土搅拌、捣固、养护。

（4）炉渣混合物铺设、拍实。

2. 分项内容

根据材料不同，按砂、碎石、水泥石灰炉渣、石灰炉渣、炉渣、毛石灌浆、混凝土（分无筋，有筋）分别列项。

（二）防潮层

1. 工作内容

（1）清理基层、调制砂浆、抹灰养护。

（2）熬制沥青玛蹄脂、配制和刷冷底于油一道，铺贴卷材。

2. 分项内容

（1）抹防水砂浆：按干面、立面分别列项。

（2）二毡三油防水层：按平面、立面分别列项。

（3）坡顶防水层：按一毡二油、二毡三油分别列项。

（4）圆形攒尖顶屋面防水层：按一毡二油、二毡三油分别列项。

（三）找平层

1. 工作内容

（1）清理底层。

（2）调制水泥砂浆、抹平、压实。

（3）细石混凝土的搅拌、振捣、养护。

2. 分项内容

（1）水泥砂浆：以 2cm 厚为基准，增减另计。

（2）钢筋混凝土：以 4cm 厚为基准，增减另计。

（3）细石混凝土：以 3cm 厚为基准，增减另计。

（四）整体面层

1. 工作内容

（1）清理底层，调制砂浆。

（2）刷水泥浆。

（3）砂浆抹面、压光。

（4）磨光、清洗、打蜡及养护。

2. 分项内容

（1）水泥砂浆：以2cm厚为基准，增减另计。

（2）水磨石：按嵌条、不嵌条、嵌条分色分别列项。

（3）踢脚线：按水泥砂浆面、水磨石面分别列项。

（五）块料面层

1. 工作内容

（1）清理底层，调制砂浆，熬制玛蹄脂。

（2）刷素水泥浆，砂浆找平。

（3）铺结合层、贴块料面层、填缝、养护。

2. 分项内容

根据材料不同，按瓷砖地面，马赛克面层、大理石面层，水磨石板地面。水磨石板踢脚线分别列项。

（六）其他

1. 工作内容

（1）挖土或填土，夯实底层、铺垫层。

（2）铺面、裁边、灌浆。

（3）混凝土搅拌、捣固、养护。

（4）砂浆调制、抹面、压光。

（5） 磨光、上蜡。

（6）剁斧斩假石面。

2. 分项内容

（1）混凝土散水坡、混凝土明沟分别列项，工程量以10延长米计算。

（2）混凝土台阶：按水泥砂浆面、斩假石面、水磨石面分别列项；砖台阶（水泥砂浆面）。

五、抹灰工程

（一）水泥砂浆、石灰砂浆

1. 工作内容

（1）清理基层，堵墙眼，调运砂浆。

(2) 抹灰、找平、罩面及压光。

(3) 起线、格缝嵌条。

(4) 搭拆3.6m高以内脚手架。

2. 分项内容

(1) 天棚抹灰：按不同基层、不同砂浆分别列项。

(2) 墙面抹灰：按不同墙面、不同基层、不同砂浆分别列项。

(3) 柱、梁面抹灰按不同砂浆分别列项，工程量按展开面积计算。

(4) 挑沿、天沟、腰线、栏杆、扶手、门窗套、窗台线、压顶等抹灰：均以展开面积计算。

(5) 阳台、雨篷抹灰：按水平投影面积计算，定额中已包括底面、上面、侧面及牛腿的全部抹灰面积。但阳台的栏板、栏杆抹灰应另列项目计算。

(二) 装饰抹灰

1. 工作内容

(1) 清理基层，堵墙眼，调运砂浆。

(2) 嵌条、抹灰、找平、罩面、洗刷、剁斧、粘石、水磨、打蜡。

2. 分项内容

(1) 剁假石：分别按砖墙面、墙裙；柱、梁面；撬沿、腰线、栏杆、扶手；窗台线、门窗线压顶；阳台、雨篷（水平投影面积）列项。

(2) 水刷石：分别按砖墙、砖墙裙；毛石墙、毛石墙裙；柱、梁面；挑沿、天沟、腰线、栏杆；窗台线、门窗套、压顶；阳台、雨篷（水平投影面积）列项。

(3) 干粘石：分别按砖墙面、砖墙裙；毛石墙面、毛石墙裙；柱、梁面；挑沿、腰线、栏杆、扶手；窗台线、门窗套、压顶；阳台、雨篷（水平投影面积）列项。

(4) 水磨石：分别按墙面、墙裙，柱、梁面、窗台板、门窗套、水池等小型项目列项。

(5) 拉毛：按墙面、柱梁面分别列项。

(三) 镶贴块料面层

1. 工作内容

(1) 清理表面、堵墙眼。

(2) 调运砂浆、底面抹灰找平。

(3) 镶贴面层（含阴阳角），修嵌缝隙。

2. 分项内容

（1）瓷砖、马赛克、水磨石板各项分别按墙面墙裙、小型项目列项。

（2）人造大理石、天然大理石按墙面墙裙、柱梁及其他分别列项。

（3）面砖：按勾缝、不勾缝分别列项。

六、园林绿化工程

分项内容

1. 整理绿化地

（1）工作内容

①清理场地（不包括建筑垃圾及障碍物的清除）

②厚度 30cm 以内的挖、填、找平。

③绿地整理。

（2）工程量以 $10m^2$ 计算。

2. 起挖乔木（带土球）

（1）工作内容：起挖、包扎出坑、搬运集中、回土填坑。

（2）细目划分：按土球直径档位分别列项。特大或名贵树木另行计算。

3. 起挖乔木（裸根）

（1）工作内容：起挖、出坑、修剪、打浆、搬运集中、回土填坑。

（2）细目划分：按胸径档位列项。特大或名贵树木另行计算。

4. 栽植乔木（带土球）

（1）工作内容：挖坑、栽植（落坑、扶正、回土、捣实、筑水围）、浇水、覆土、保墒、整形、清理。

（2）细目划分：按土球直径档位列项。特大或名贵树木另行计算。

5. 栽植乔木（裸根）

（1）工作内容同前。

（2）细目划分：按胸径档位分别列项。特大或名贵树木另行计算。

6. 起挖灌木（带土球）

（1）工作内容：起挖、包扎、出坑、搬运集中、回土填坑。

（2）细目划分：按土球直径分别列项。特大或名贵树木另行计算。

7. 起挖灌木（裸根）

（1）工作内容：起挖、出坑、修剪、打浆、搬运集中、回土填坑。

（2）细目划分：按冠丛高度档位列项。

8. 栽植灌木（带土球）

（1）工作内容：挖坑、栽植（扶正、捣实、回土、筑水围）、浇水、覆土、保墒、整形，清理。

（2）细目划分：按土球直径档位分别列项。特大或名贵树木另行计算。

9. 栽植灌木（裸根）

（1）工作内容同前。

（2）细目划分：按冠丛高度档位分别列项。

10. 起挖竹类（散生竹）

（1）工作内容：起挖、包扎、出坑、修剪、搬运集中、回土填坑。

（2）细目划分：按胸径档位分别列项。

11. 起挖竹类（丛生竹）

（1）工作内容同前。

（2）细目划分：按根盘丛径档位分别列项。

12. 栽植竹类（散生竹）

（1）工作内容：挖坑、栽植（扶正、捣实、回土、筑水圈）、浇水、覆土保墒、整形、清理。

（2）细目划分：按胸径挡位分别列项。

13. 栽植竹类（丛生竹）

（1）工作内容同前。

（2）细目划分：按根盘丛径档位分别列项。

14. 栽植绿篱

（1）工作内容：开沟、排苗、回土、筑水围、浇水、覆土、整形、清理。

（2）细目划分：按单、双排和高度档位分别列项。工程量以10延长米计算。

15. 露地花卉栽植

（1）工作内容：翻土整地、清除杂物、施基肥、放样、栽植、浇水、清理。

（2）细目划分：按草本花、木本花、球块根类、一般图案花坛、彩纹图案花坛分别列填。

16. 草皮铺种

（1）工作内容：翻土整地、清除杂物、搬运草皮、浇水、清理。

（2）细目划分：按散铺、满铺、直生带、播种分别列项。种苗费未包括在定额内，另行计算。

17. **栽植水生植物**

（1）工作内容：挖淤泥、搬运、种植、养护。

（2）细目划分：按荷花、睡莲分别列项。

18. **树木支撑**

（1）工作内容：制桩、运桩、打桩、绑扎。

（2）细目划分：

①树棍桩：按四脚桩、三脚桩、一字桩、长单桩、短单桩、铅丝吊桩分别列项。

②毛竹桩：桉四脚柱、三脚桩、一字桩、长单桩、短单桩、预制混凝土长单桩分别列项。

19. **草绳绕树干**

（1）工作内容：搬运草绳、绕干、余料清理。

（2）细目划分：按树干胸径档位分别列项。工程量以延长米计算。

20、**栽植攀缘植物**

（1）工作内容：挖坑、栽植、回土、捣实、浇水、覆土、施肥、整理。

（2）细目划分：按3年生、4年生、5年生、6～8年生分别列项。工程量以100株为单位计算。

21. **假植**

（1）工作内容：挖假植沟、埋树苗覆土、管理。

（2）细目划分：

①裸根乔木：按胸径档位分别列项。

②裸根灌木：按冠丛高度档位分别列项。

工程量以株为单位计算。

22. **人工换土**

（1）工作内容：装、运土到坑边。

（2）细目划分：

①带土球乔灌木，按土球直径档位分别列项。

②裸根乔木，按胸径档位分别列项。

③裸根灌木，按冠丛高度档位分别列项。

工程量均以株为单位计算。

七、堆砌假山及塑假石山工程

（一）堆砌假山

1. 工作内容

（1）放样、选石、运石、调运砂浆（混凝土）。

（2）堆砌，搭、拆简单脚手架。

（3）塞垫嵌缝，清理，养护。

2. 分项内容

（1）湖石假山、黄石假山、整块湖石峰、人造湖石峰、人造黄石峰、石笋安装、土山点石均按高度档位分别列项。

（2）布置景石按重量（t）档位分别列项。

（3）自然式护岸：是按湖石计算的，如采用黄石砌筑，则湖石换算成黄石，数量不变。

（二）塑假石山

1. 工作内容

（1）放样划线，挖土方，浇混凝土垫层。

（2）砌骨架或焊钢骨架，挂钢网，堆砌成型。

2. 分项内容

（1）砖骨架塑假山：按高度档位分别列项。如设计要求做部分钢筋混凝土骨架时，应进行换算。

（2）钢骨架塑假山：基础、脚手架、主骨架的工料费没包括在内，应另行计算。

八、园路及园桥工程

（一）园路

分项内容

（1）土基整理：

厚度在30cm以内挖、填土，找平、夯实、修整，弃土于2m以外。

（2）垫层

①工作内容：筛土、浇水、拌合、铺设、找平、灌浆、震实、养护。

②细目划分：按砂、灰土、煤渣、碎石、混凝土分别列项。

（3）面层

①工作内容：放线、修整路槽、夯实、修平垫层、调浆、铺面层、嵌缝、清扫。

②细目划分

卵石面层：按彩色拼花，素色（含彩边）分别列项。

现浇混凝土面层：按纹形，水刷分别列项。

预制混凝土块料面层：按异形、大块、方格、假冰片分别列项。

石板面层：按方整石板、冰纹石板分别列项。

八五砖面层：按平铺、侧铺分别列项。

瓦片、碎缸片、弹石片、小方碎石、六角板面层应分别列项。

（二）园桥

1. 工作内容

选石、修石、运石，调、运、铺砂浆，砌石，安装桥面。

2. 分项内容

毛石基础、桥台（分毛石、条石）、条石桥墩、护坡（分毛石、条石）应分别列项。工程量均按图示尺寸以立方米计算。

石桥面：以 $10m^2$ 计算。

园桥挖土、垫层、勾缝及有关配件制作、安装应套用相应项目另行计算。

九、园林小品工程

（一）堆塑装饰

1. 塑松（杉）树皮、竹节竹片、壁画应分别列项

（1）工作内容：调运砂浆，找平、压光，塑面层，清理，养护。

（2）工程量按展开面积以 $10m^2$ 计算。

2. 塑松树棍（柱）、竹棍应分别列项

（1）工作内容：钢筋制作、绑扎、调制砂浆、底层抹灰，现场安装。

（2）细目划分

①预制塑松棍：按直径档位分别列项。

②塑松皮柱：按直径档位分别列项。

③ 塑黄竹、塑金丝竹：按直径档位分别列项。

（二）小型设施

1. 水磨石小品

（1）工作内容：模板制作、安装及拆除，钢筋制作及绑扎，混凝土浇捣，砂浆抹平，构件养护，磨光打蜡，现场安装。

(2) 分项内容及工程量计算

①景窗按断面积档位、现场与预制分别列项。工程量以10延长米计算。

②平板凳按现浇与预制分别列项。工程量以10延长米计算。

③花槽、角花、博古架均按断面积档位分别列项。工程量以10延长米计算。

④木纹板按面积以m^2计算。

⑤飞来椅以10延长米计算。

2. 小摆设及混凝土栏杆

(1) 工作内容：放样，挖、做基础，调运砂浆，抹灰，模板制安及拆除，钢筋制作绑扎，混凝土浇捣，养护及清理。

(2) 分项内容及工程量计算

①砖砌小摆设：按砌体体积以m^3计算。砌体抹灰：按展开面积以$10m^2$计算。

②预制混凝土栏杆：按断面尺寸、高度分别列项。工程量以10延长米计算。

3. 金属栏杆

(1) 工作内容：下料、焊接、刷防锈漆一遍，刷面漆二遍，放线、挖坑、安装、灌浆覆土、养护。

(2) 分项内容：按简易、普遍、复杂分别列项。工程量以10延长米计算。

思考练习题：

1. 简述园林建筑工程概预算定额的概念、性质、作用、分类、编排方法。
2. 试述园林建设工程概预算定额的编制原则、依据、程序及应用。

第三章

园林工程量计算方法

第一节　园林工程定性及分类

一、园林工程项目的划分

一个园林建设工程项目是由多个基本的分项工程构成的，为了便于对工程进行管理，使工程预算项目与预算定额中项目相一致，就必须对工程项目进行划分。一般可划分为：

1. 建设工程总项目

工程总项目是指在一个场地上或数个场地上，按照一个总体设计进行施工的各个工程项目的总和。如一个公园、一个游乐园、一个动物园等就是一个工程总项目。

2. 单项工程

单项工程是指在一个工程项目中，具有独立的设计文件，竣工后可以独立发挥生产能力或工程效益的工程。它是工程项目的组成部分，一个工程项目中可以有几个单项工程，也可以只有一个单项工程。如一个公园里的码头、水榭、餐厅等。

3. 单位工程

单位工程是指具有单列的设计文件，可以进行独立施工，但不能单独发挥作用的工程。它是单项工程的组成部分。如餐厅工程中的给排水工程、照明工程等。

4. 分部工程

分部工程一般是指按单位工程的各个部位或是按照使用不同的工种、材料和施工机械而划分的工程项目。它是单位工程的组成部分。如一般土建工程可划分为：土石方、砖石、混凝土及钢筋混凝土、木结构及装修、屋面等分部工程。

5. 分项工程

分项工程是指分部工程中按照不同的施工方法，不同的材料、不同的规格等因素而进一步划分的最基本的工程项目。

一般园林工程可以划分为4个分部工程：园林绿化工程、堆砌假山及塑山工程、园路及园桥工程、园林小品工程。

(1) 园林绿化工程中分有21个分项工程：整理绿化及起挖乔木（带土球)、栽植乔木（带土球)、起挖乔木（裸根)、栽植乔木（裸根)、起挖灌木（带土球)、栽植灌木（带土球)、起挖灌木（裸根)、栽植灌木（裸根)、起挖竹类（散生竹)、栽植竹类（散生竹)、起挖竹类（丛生竹)、栽植竹类（丛生竹)、栽植绿篱、露地花卉栽植、草皮铺种、栽植水生植物、树木支撑、草绳绕树干、栽种攀缘植物、假植、人工换土。

(2) 堆砌假山及塑山工程有2个分项工程。即：堆砌石山、塑假石山。

(3) 园路及园桥工程分有2个分项工程。即：园路及园桥。

(4) 园林小品工程分有2个分项工程。即：堆塑装饰、小型设施。

如：某公园绿化栽植工程

建设项目是：某某公园

单项工程是：某某树木园

单位工程是：绿化工程

分部工程是：栽植苗木

分项工程是：栽植乔木（裸根、胸径6cm）

二、园林工程量计算

下面主要介绍园林绿化工程、园林附属小品工程、一般园林工程的工程量计算（内容见以后章节)。

第二节　园林绿化工程计算方法

园林绿化工程主要包括绿化工程的准备工作，植树工程，花卉种植与草坪铺栽工程、大树移植工程，绿化养护管理工程。

一、有关规定

（一）几个名词

胸径：是指距地面 1.3m 处的树干的直径。

苗高：指从地面起到顶梢的高度。

冠径：指展开枝条幅度的水平直径。

条长：指攀缘植物，从地面起到顶梢的长度。

年生：指从繁殖起到掘苗时止的树龄。

（二）各种植物材料在运输、栽植过程中，合理损耗率为：

乔木、果树、花灌木、常绿树为 1.5%；绿篱、攀缘植物为 2%；草坪、木本花卉、地被植物为 4%；草花为 10%。

（三）绿化工程，新栽树木浇水以三遍为准，浇齐三遍水即为工程结束。

（四）植树工程：

①一般树木栽植：乔木胸径在 3～10cm 以内，常绿树苗高在 1～4m 以内；

②大树栽植：大于此规格者，按大树移植执行。

（五）绿化工程的准备工作

1. 勘察现场

适用于绿化工程施工前的对现场调查，对架高物、地下管网、各种障碍物以及水源、地质、交通等状况做全面的了解，并做好施工安排或施工组织设计。

2. 清理绿化用地

（1）人工平整：是指地面凹凸高差在 ±30cm 以内的就地挖填找平，凡高差超出 ±30cm 的，每 10cm 增加人工费 35%，不足 10cm 的按 10cm 计算。

（2）机械平整场地，不论地面凹凸高差多少，一律执行机械平整。

3. 工程量计算规则：

（1）勘察现场以植株计算：灌木类以每丛折合 1 株，绿篱每延长 1 米折合一株，乔木不分品种规格一律按株计算。

（2）拆除障碍物，视实际拆除体积以 m^3 计算。

（3）平整场地按设计供栽植的绿地范围以 m^2 计算。

（六）植树工程

1. 刨树坑

分三项：刨树坑、刨绿篱沟、刨绿带沟。

土壤划分为坚硬土、杂质土、普通土三种。

刨树坑系从设计地面标高下掘，无设计标高的按一般地面水平。

2. 施肥

分七项：乔木施肥、观赏乔木施肥、花灌木施肥、常绿乔木施肥、绿篱施肥、攀缘植物施肥、草坪及地被施肥（施肥主要指有机肥，其价格已包括场外运费）。

3. 修剪

分三项：修剪、强剪、绿篱平剪。修剪指栽植前的修根、修枝；强剪指“抹头”；绿篱平剪指栽植后的第一次顶部定高平剪及两侧面垂直或正梯形坡剪。

4. 防治病虫害

分三项：刷药、涂白、人工喷药。

刷药泛指以波美度为0.5石硫合剂为准，刷药的高度至分枝点均匀全面；涂白其浆料为生石灰∶氯化钠∶水＝2.5∶1∶18为准，刷涂料高度在1.3m以下，要上口平齐、高度一致；人工喷药指栽植前需要人工肩背喷药防治病虫害，或必要的土壤有机肥人工拌农药灭菌消毒。

5. 树木栽植

分七项：乔木、果树、观赏乔木、花灌木、常绿灌木、绿篱、攀缘植物。

（1）乔木根据其形态特征及计量的标准分为：按苗高计量的有西府海棠、木槿等；按冠径计量的有丁香、金银木等。

（2）常绿树根据其形态及操作时的难易程度分为两种：常绿乔木指桧柏、刺柏、黑松、雪松等；常绿灌木指松柏球、黄柏球、爬地柏等。

（3）绿篱分为：落叶绿篱指小白榆、雪柳等；常绿绿篱指侧柏、小桧柏等。

（4）攀缘植物分为两类：紫藤、葡萄、凌霄（属高档）；爬山虎类（属低档）两种类型。

6. 树木支撑

分五项：两架一拐、三架一拐、四脚钢筋架、竹竿支撑、绑扎幌绳。

7. 新树浇水

分两项：人工胶管浇水、汽车浇水。

人工胶管浇水，距水源以 100m 以内为准，每超 50m 用工增加 14%。

8. 清理废土分

人力车运土、装载机自卸车运土。

9. 铺设盲管

包括找泛水、接口、养护、清理并保证管内无滞塞物。

10. 铺淋水层

由上至下、由粗至细配级按设计厚度均匀干铺。

11. 原土过筛

目的在于保证工程质量前提下，充分利用原土降低造价，但必须是原土含瓦砾、杂物不超过 30%，且土质理化性质符合种植土要求的。

二、工程量计算规则

（1）刨树坑以个计算，刨绿篱沟以延长米计算，刨绿带沟以 m^3 计算。

（2）原土过筛：按筛后的好土以 m^3 计算。

（3）土坑换土，以实挖的土坑体积乘以系数 1.43 计算。

（4）施肥、刷药、涂白、人工喷药、栽植支撑等项目的工程量均按植物的株数计算，其他均以 m^2 计算。

（5）植物修剪、新树浇水的工程量，除绿篱以延长米计算外，树木均按株数计算。

（6）清理竣工现场，每株树木（不分规格）按 $5m^2$ 计算，绿篱每延长米按 $3m^2$ 计算。

（7）盲管工程量按管道中心线全长以延长米计算。

三、花卉种植与草坪铺栽工程量计算规则

花卉种植与草坪铺栽工程工程量计算规则为：每 m^2 栽植数量按：草花 25 株、木本花卉 5 株；植根花卉（1）草本 9 株，（2）木本 5 株，草坪播种 $20m^2$。

四、大树移植工程

（1）包括大型乔木移植、大型常绿树移植两部分，每部分又分带土台、装

木箱两种。

（2）大树移植的规格，乔木以胸径 10cm 以上为起点，分 10～15cm、15～20cm、20～30cm、30cm 以上四个规格。

（3）浇水系按自来水考虑，为三遍水的费用。

（4）所用吊车、汽车按不同规格计算。工程量按移植株数计算。

五、绿化养护管理工程

（一）有关规定

（1）本分部为需甲方要求或委托乙方继续管理时的执行定额。

（2）本分部注射除虫药剂按百株的 1/3 计算。

乔木透水 10 次，常绿树木 6 次，花灌木浇透水 13 次，花卉每周浇透水 1～2 次。

中耕除草：乔木 3 遍，花灌木 6 遍，常绿树木 2 遍；草坪除草可按草种不同修剪 2～4 次，草坪清杂草应随时进行。

喷药：乔木、花灌木、花卉 7～10 遍。

打芽及定型修剪：落叶乔木 3 次，常绿树木 2 次，花灌木～2 次。

喷水：移植大树浇水适当喷水，常绿类 6～7 月份共喷 124 次，植保用农药化肥随浇水执行。

（二）工程量计算规则

乔灌木以株计算；绿篱以延长米计算；花卉、草坪、地被类以 m^2 计算

第三节　园林附属小品工程量算方法

园林附属小品工程是园林建设中不可缺少的重要环节，它包括叠山工程，庭院甬路，堆塑装饰，金属动物笼舍，花窖，石作，景桥，小型管道等。本部分对其中重要的常见的小品的计算规则作一简要介绍。

一、叠山工程

叠砌假山是我国一门古老艺术，是园林建设中的重要组成部分，它通过造景、托景、陪景，借景等手法，使园林环境千变万化，气魄更加宏伟壮观，景

色更加宜人，别具洞天。叠山工程不是简单的山石堆垒，而是模仿真山风景，突出真山气势，具有林泉丘壑之美，是大自然景色在园林中的缩影。

（一）有关计算资料的统一规定

（1）定额中综合了园内（直径200m）山石倒运，必要的脚手架，加固铁件，塞垫嵌缝用的石料砂浆，以及5t汽车起重机吊装的人工、材料、机械费用。

（2）假山基础按相应定额项目另行计算。

（3）定额中的主体石料（如太湖石、斧劈石、吸水石及石笋等）的材料预算价格，因石料的产地不同，规格不同时，可按实调整差价。

（二）工程量计算规则

（1）假山工程量按实际堆砌的石料以“t”计算。计算公式为：

堆砌假山工程量（t）＝进料验收的数量－进料剩余数

（2）假山石的基础和自然式驳岸下部的挡水墙，按相应项目定额执行。

（3）塑假石山的工程量按其外围表面积以m^2计算。

二、庭院甬路

本分部包括园林建筑及公园绿地内的小型甬路，路牙、侧石等工程。

（一）有关计算资料的统一规定

（1）安装侧石、路牙适用于园林建筑及公园绿地、小型甬路。

（2）定额中不包括刨槽、垫层及运土，可按相应项目定额执行。

（3）墁砌侧石、路缘、砖、石及树穴是按1∶3白灰砂浆铺底1∶3水泥砂浆勾缝考虑的。

（二）工程量计算规则

侧石、路缘、路牙按实铺尺寸以延长米计算。

三、园林小品

（一）有关计算资料的统一规定

（1）园林小品是指园林建设中的工艺点缀品，艺术性较强。它包括堆塑装饰和小型钢筋混凝土、金属构件等小型设施。

（2）园林小摆设系指各种仿匾额、花瓶、花盆、石鼓、坐凳及小型水盆、花坛池，花架的制作。

（二）工程量计算规则

（1）堆塑装饰工程分别按展开面积以平方米计算。

（2）小型设施工程量：预制或现浇水磨石景窗、平凳、花檐、角花、博古架等，按图示尺寸以延长米计算，木纹板工程量以平方米计算。预制钢筋混凝土和金属花色栏杆工程量以延长米计算。

四、金属动物笼舍

这里是指园林建筑中动物笼舍等金属结构工程。

（一）有关计算资料的统一规定

（1）定额中按以焊接为主考虑的，对构件局部采用螺栓连接时已考虑在内，非特殊情况（如铆接或全部螺栓连接）不得换算。

（2）钢材栏中的价格，系指按各自构件的常用材料综合取定的，一般不再调整。如设计采用特别种类的钢材，可抽筋换算。

（3）定额中均考虑了金属面油漆，如设计要求与定额不同时，可另按相应油漆定额换算。

（二）工程量计算规则

构件制作、安装、运输，均按设计图纸计算重量；钢材重量的计算，多边形及圆形按矩形计算，不减除孔眼、切肢、切边、切角等重量。定额中的铁件系指门把、门轴、合页、支座、垫圈等铁活，计算工程量时，不得重复计算。

五、花窖

本分部只限于花窖及其他小型相应项目，各单项工程均包括该工作的全部操作过程。

工程量计算规则：

（1）花窖供热灶按外形体积以立方米计算，不扣除各种空洞的体积。

（2）砌墙工程，外墙按中心线长，内墙按内墙净长计算。

（3）砖墙勾缝，按墙面垂直投影面积计算不扣除孔洞所占面积。小青瓦檐头以延长米计算。

六、园路及园桥工程

（一）有关计算资料的统一规定

（1）园路包括垫层、面层。

（2）如用路面同样的材料铺设的路牙，其工料、机械台班已包括在定额内，如用其他材料或预制块铺设的，按相应项目定额另行计算。

（3）园桥包括基础、桥台、桥墩、护坡、石桥面等项目。

（二）工程量计算规则

（1）各种园路垫层按设计尺寸，两边各放宽 5cm 乘厚度以立方米计算。

（2）各种园路面层按设计尺寸按平方米计算。

（3）园桥：毛石基础、桥台、桥墩、护坡按设计尺寸以立方米计算。石桥面按平方米计算。

七、小型管道及涵洞工程

本分部只包括园林建筑中的小型排水管道工程。大型下水干管及涵道，执行市政工程的有关定额。

工程量计算规则：

（1）排水管道的工程量，按管道中心线全长以延长米计算，但不扣除各类井所占长度。

（2）涵洞工程量以实体积计算。

第四节　一般园林工程计算方法

一、建筑面积的组成

建筑面积包括使用面积、辅助面积和结构面积。

使用面积是指建筑物各层平面布置中可直接为生产或生活使用的净面积的总和，在民用建筑中居室净面积称为居住面积。

辅助面积是指建筑物各层平面布置中为辅助生产或生活所占的净面积的总

和。

使用面积与辅助面积的总和称为“有效面积”。

结构面积是指建筑物各层平面布置中的墙体、柱等结构所占面积的总和。

二、建筑面积的作用

建筑面积是一项重要的技术经济指标，在一定时期内完成建筑面积的多少，标志着一个国家工农业生产发展状况、人民生活居住条件的改善和文化生活福利设施发展的程度。有了建筑面积，才能计算出每平方米的建筑工程造价，用工、用料等技术经济指标，同时它也是计算某些分项工程量的基础，因此建筑面积的计算对施工企业内部实行经济核算，投标报价，编制施工组织设计、计划统计等工作都具有重要的意义。

三、建筑面积计算方法

(一) 计算建筑面积的范围

(1) 单层建筑物不论其高度如何均按一层计算，其建筑面积按建筑物外墙勒脚以上的外围水平面积计算。单层建筑物内如有部分楼层者也应计算建筑面积。

(2) 高低联跨的单层建筑物，如需分别计算建筑面积，当高跨为边跨时，其建筑面积按勒脚以上两端山墙外表面间的水平长度乘以勒脚以上外墙表面至高跨中柱轴线的水平宽度计算；当高跨为中跨时，其建筑面积按勒脚以上两端山墙外表面间的水平长度乘以中柱外边线的水平宽度计算。

(3) 多层建筑物的建筑面积按各层建筑面积的总和计算，其底层按建筑物外墙勒脚以上外围水平面积计算，二层及二层以上按外墙外围水平面积计算。

(4) 地下室，半地下室等及相应出入口的建筑面积按其上口外墙外围的水平面积计算。

(5) 用深基础做地下架空层加以利用。层高超过 2.2m 的，按围护结构外围水平面积计算建筑面积。

(6) 坡地建筑物利用吊脚做架空层加以利用且层高超过 2.2m，按围护结构外围水平面积计算建筑面积。

(7) 穿过建筑物的通道，建筑物内的门厅、大厅，不论其高度如何，均按一层计算建筑物面积，门厅、大厅内回廊部分按其水平投影面积计算建筑面积。

(8) 舞台灯光控制室按围护结构外围水平面积乘以实际层数计算建筑面积。

(9) 建筑物内的技术层，层高超过 2.2m 的应计算建筑面积。

(10) 有柱雨篷按柱外围水平面积计算建筑面积；独立柱的雨篷按顶盖的水平投影面积的一半计算建筑面积。

(11) 有柱的车棚、货棚、站台等按柱外围水平面积计算建筑面积；单排柱，独立柱和车棚、货棚、站台等按顶盖的水平投影面积的一半计算建筑面积。

(12) 突出墙外的门斗按围护结构外围水平面积计算建筑面积。

(13) 封闭式阳台、挑廊，按其水平投影计算建筑面积，凹阳台，挑阳台按其水平投影面积的一半计算建筑面积。

(14) 建筑物墙外有顶盖和柱的走廊按柱的外边线水平面积计算建筑面积。无柱的走廊，檐廊按其投影面积的一半计算建筑面积。

(15) 两个建筑物间有顶盖的架空通廊，按通廊的投影面积计算建筑面积。无顶盖的架空通廊按其投影面积的一半计算建筑面积。

(16) 室外楼梯作为主要通道和用于疏散的均按每层水平投影面积计算建筑面积；楼内有楼梯者，室外楼梯按其水平投影面积的一半计算建筑面积。

(17) 跨越其他建筑物、构筑物的高架单层建筑物，按其水平投影面积计算建筑面积，多层者按多层计算。

(二) 不计算建筑面积的范围

(1) 突出墙面的构件配件和艺术装饰，如柱、垛、勒脚、台阶、无柱雨篷、无柱门罩、无围护的挑台等。

(2) 检修，消防用的室外爬梯。

(3) 层高在 2.2m 以内的技术层。

(4) 没有围护结构的屋顶水箱。

(5) 牌楼、实心或半实心的砖塔、石塔。

(6) 构筑物：如城台、院墙及随墙门、花架等。

四、土方工程

土方工程包括平整场地、挖地槽、挖地坑、挖土方、回填土、运土等分项工程。

(一) 有关计算资料的统一规定

计算土方工程量时，应根据图纸标明的尺寸，勘探资料确定的土质类别，以及施工组织设计规定的施工方法，运土距离等资料，分别以立方米或平方米为单位计算。在计算分项工程之前，首先应确定以下有关资料。

1. 土壤的分类

土壤的种类很多，各种土质的物理性质各不相同，而土壤的物理性质直接影响土石方工程的施工方法，不同的土质所消耗的人工、机械台班就有很大差别，综合反映的施工费用也不同，因此正确区分土方的类别，对于准确套用定额计算土方工程费用关系很大。

2. 挖土方、挖基槽、挖基坑及平整场地等子目的划分。

3. 土方放坡及工作面的确定

土方工程施工时，为了防止塌方，保证施工安全，当挖土深度超过一定限度时，均应在其边沿做成具有一定坡度的边坡。

(1) 放坡起点：放坡起点系指对某种土壤类别，挖土深度在一定范围内，可以不放坡，如超过这个范围时，则上口开挖宽度必须加大，即所谓放坡。放坡起点应根据土质情况确定（表 3-1）。

表 3-1 挖土方、地槽、地坑放坡系数表

土壤类别	人工挖土	放坡起点深度（m）
一、二类土	1:0.67	1.20
三类土	1:0.33	1.50
四类土	1:0.25	2.00

(2) 放坡坡度：根据土质情况，在挖土深度超过放坡起点限度时，均在其边沿做成具有一定坡度的边坡。

土方边坡的坡度以其高度 H 与底 B 之比表示，放坡系数用“K”表示。

$$K = B/H$$

(3) 工作面的确定：工作面系指在槽坑内施工时，在基础宽度以外还需增加工作面，其宽度应根据施工组织设计确定，若无规定时，可按表 3-2 增加挖土宽度。

表 3－2

基础工程施工项目	每边增加工作面（cm）
毛石砌筑每边增加工作面	15
混凝土基础或基础垫层需支模板数	30
使用卷材或防水砂浆做垂直防潮面	80
带挡土板的挖土	10

（4）土的各种虚实折算表（表 3－3）：

表 3－3　虚实折算表

虚土	天然密实土	夯实土	松填土
1.00	0.77	0.67	0.83
1.30	1.00	0.87	1.08
1.50	1.15	1.00	1.25
1.20	0.92	0.80	1.00

（二）主要分项工程工程量的计算方法

（1）工程量除注明者外，均按图示尺寸以实体积计算。

（2）挖土方：凡平整场地厚度在 30cm 以上，槽底宽度在 3m 以上和坑底面积在 $20m^2$ 以上的挖土，均按挖土方计算。

（3）挖地槽：凡槽宽在 3m 以内，槽长为槽宽 3 倍以上的挖土，按挖地槽计算。外墙地槽长度按其中心线长度计算，内墙地槽长度以内墙地槽的净长计算，宽度按图示宽度计算，突出部分挖土量应予增加。

（4）挖地坑：凡挖土底面积在 $20m^2$ 以内，槽宽在 3m 以内，槽长小于槽宽 3 倍者按挖地坑计算。

（5）挖土方、地槽、地坑的高度，按室外自然地坪至槽底计算。

（6）挖管沟槽，按规定尺寸计算，槽宽如无规定者可按表 3－4 计算，沟槽长度不扣除检查井，检查井的突出管道部分的土方也不增加。

（7）平整场地系指厚度在 ±30cm 以内的就地挖、填、找平，其工程量按建筑物的首层建筑面积计算。

（8）回填土、场地填土，分松填和夯填，以立方米计算。挖地槽原土回填的工程量，可按地槽挖土工程量乘以系数 0.6 计算。

表 3-4 管沟底宽度表

管径（mm）	铸铁管、钢管石棉水泥管	混凝土管钢筋混凝土管	缸瓦管	附注
50～75	0.6	0.8	0.7	(1) 本表为埋深在1.5m以内沟槽底宽度，单位为米。 (2) 当深度在2m以内，有支撑时，表中数值应增加0.1m。 (3) 当深度在3m以内，有支撑时，表中数值应加0.2m。
100～200	0.7	0.9	0.8	
250～350	0.8	1.0	0.9	
400～450	1.0	1.3	1.1	
500～600	1.3	1.5	1.4	

①满堂红挖土方，其设计室外地平以下部分如采用原土者，此部分不计取黄土价值的其他直接费和各项间接费用。

②大开槽四周的填土，按回填土定额执行。

③地槽、地坑回填土的工程量，可按地槽地坑的挖土工程量乘以系数0.6计算。

表 3-5 每米管道应减土方量表

管道种类 \ 管径(mm)	减去量（m^3）					
	500～600	700～800	900～1000	1100～1200	1300～1400	1500～1600
钢管	0.24	0.44	0.71			
铸铁管	0.27	0.49	0.77			
钢筋混凝土管及缸瓦管	0.33	0.60	0.92	1.15	1.35	1.55

④管道回填土按挖土体积减去垫层和直径大于500mm（包括500mm本身）的管道体积计算，管道直径小于500mm的可不扣除其所占体积，管道在500mm以上的应减除的管道体积，可按表3-5计算。

④用挖槽余土作填土时，应套用相应的填土定额，结算时应减除其利用部分的黄土价值，但其他直接费和各项间接费不予扣除。

五、基础垫层

基础垫层工程包括素土夯实、基础垫层。基础垫层均以立方米计算，其长度：外墙按中心线，内墙按垫层净长，宽、高按图示尺寸。

六、砖石工程

砖石工程包括砌基础与砌体，其他砌体，毛石基础及护坡等。

（一）有关计算资料的统一规定

（1）砌体砂浆强度等级为综合强度等级，编制预算时不得调整。

（2）砌墙综合了墙的厚度，划分为外墙、内墙。

（3）砌体内采用钢筋加固者．按设计规定的重量，套用“砖砌体加固钢筋”定额。

（4）檐高是指由设计室外地平至前后檐口滴水的高度。

（二）主要分项工程量计算规则

（1）标准砖墙体厚度。按表3－6计算。

（2）基础与墙身的划分：砖基础与砖墙以设计室内地平为界，设计室内地平以下为基础以上为墙身，如墙身与基础为两种不同材料时按材料为分界线。砖围墙以设计室外地坪为分界线。

表3－6　标准砖墙体计算厚度表

墙　体	$\frac{1}{4}$	$\frac{1}{2}$	$\frac{3}{4}$	1	1.5	2	2.5	3
计算厚度（mm）	53	115	180	240	365	490	615	740

（3）外墙基础长度，按外墙中心线计算。内墙基础长度，按内墙净长计算，墙基大放脚重叠处因素已综合在定额内；突出墙外的墙垛的基础大放脚宽出部分不增加，嵌入基础的钢筋、铁件、管件等所占的体积不予扣除。

（4）砖基础工程量不扣除0.3m^2以内的孔洞，基础内混凝土的体积应扣除，但砖过梁应另列项目计算。

（5）基础抹隔潮层按实抹面积计算。

（6）外墙长度按外墙中心线长度计算，内墙长度按内墙净长计算。女儿墙工程量并入外墙计算。

（7）计算实砌砖墙身时，应扣除门窗洞口（门窗框外围面积），过人洞空圈、嵌入墙身的钢筋砖柱、梁、过梁、圈梁的体积，但不扣除每个面积在0.3m^2以内的孔洞梁头、梁垫、檩头、垫木、木砖、砌墙内的加固钢筋、墙基抹隔潮层等及内墙板头压1/2墙者所占的体积。突出墙面窗台虎头砖，压顶线，门窗套，三皮砖以下的腰线，挑檐等体积也不增加。嵌入外墙的钢筋混凝土板头已在定额中考虑，计算工程量时，不再扣除。

(8) 墙身高度从首层设计室内地平算至设计要求高度。

(9) 砖垛，三皮砖以上的檐槽，砖砌腰线的体积，并入所附的墙身体积内计算。

(10) 附墙烟囱（包括附墙通风通、垃圾道）按其外形体积计算，并入所依附的墙体积内，不扣除每一孔洞横断面积在 $0.1m^2$ 以内的体积，但孔洞内的抹灰工料也不增加。如每一孔洞横断面积超过 $0.1m^2$ 时，应扣除孔洞所占体积，孔洞内的抹灰应另列项目计算。如砂浆强度等级不同时，可按相应墙体定额执行。附墙烟囱如带缸瓦管、除灰门以及垃圾道带有垃圾道门、垃圾斗、通风百叶窗、铁箅子以及钢筋混凝土预制盖等，均应另列项目计算。

(11) 框架结构间砌墙，分别内、外墙，以框架间的净空面积乘墙厚按相应的砖墙定额计算，框架外表面镶包砖部分也并入框架结构间砌墙的工程量内一并计算。

(12) 围墙以立方米计算，按相应外墙定额执行，砖垛和压顶等工程量应并入墙身内计算。

(13) 暖气沟及其他砖砌沟道不分墙身和墙基，其工程量合并计算。

(14) 砖砌地下室内外墙身工程量与砌砖计算方法相同，但基础与墙身的工程量合并计算，按相应内外墙定额执行。

(15) 砖柱不分柱身和柱基，其工程量合并计算，按砖柱定额执行。

(16) 空花墙按带有空花部分的局部外形体积以立方米计算，空花所占体积不扣除，实砌部分另按相应定额计算。

(17) 半圆旋按图示尺寸以立方米计算，执行相应定额。

(18) 零星砌体定额适用于厕所蹲台、小便槽、水池腿、煤箱、垃圾箱，台阶，台阶挡墙、花台、花池、房上烟囱、阳台隔断墙、小型池槽、楼梯基础等，以立方米计算。

(19) 炉灶按外形体积以立方米计算，不扣除各种空洞的体积，定额中只考虑了一般的铁件及炉灶台面抹灰，如炉灶面镶贴块料面层者应另列项目计算。

(20) 毛石砌体按图示尺寸，以立方米计算。

七、混凝土及钢筋混凝土工程

混凝土及钢筋混凝土工程包括现浇、预制、接头灌缝混凝土及混凝土安装、运输等。

(一) 有关计算资料的统一规定

(1) 混凝土及钢筋混凝土工程预算定额系综合定额，包括了模板、钢筋和混凝土各工序的工料及施工机械的耗用量。模板、钢筋不需单独计算。如与施工图规定的用量另加损耗后的数量不同时，可按实调整。

(2) 定额中模板按木模板、工具式钢模板、定型钢模板等综合考虑的，实际采用模板不同时，不得换算。

(3) 钢筋按手工绑扎，部分焊接及点焊编制的，实际施工与定额不同时，不得换算。

(4) 混凝土设计强度等级与定额不同时，应以定额中选定的石子粒径，按相应的混凝土配合比换算，但混凝土搅拌用水不换算。

(二) 工程量计算规则

(1) 混凝土和钢筋混凝土以体积为计算单位的各种构件，均根据图示尺寸以构件的实体积计算，不扣除其中的钢筋、铁件、螺栓和预留螺栓孔洞所占的体积。

(2) 基础垫层与基础的划分：混凝土的厚度 12cm 以内者为垫层，执行基础定额。

(3) 基础

①带形基础：凡在墙下的基础或柱与柱之间与单独基础相连接的带形结构，统称为带形基础。与带形基础相连的杯形基础，执行杯形基础定额。

②独立基础：包括各种形式的独立柱和柱墩，独立基础的高度按图示尺寸计算。

③满堂基础：底板定额适用于无梁式和有梁式满堂基础的底板。有梁式满堂基础中的梁、柱另按相应的基础梁或柱定额执行。梁只计算突出基础的部分，伸入基础底板部分，并入满堂基础底板工程量内。

(4) 柱

①柱高按柱基上表面算至柱顶面的高度。

②依附于柱上的云头、梁垫的体积另列项目计算。

③多边形柱，按相应的圆柱定额执行，其规格按断面对角线长套用定额。

④依附于柱上的牛腿的体积，应并入柱身体积计算。

(5) 梁

①梁的长度：梁与柱交接时，梁长应按柱与柱之间的净距计算，次梁与主梁或柱交接时，次梁的长度算至柱侧面或主梁侧面的净距。梁与墙交接时，伸

入墙内的梁头应包括在梁的长度内计算。

②梁头处如有浇制垫块者，其体积并入梁内一起计算。

③凡加固墙身的梁均按圈梁计算。

④戗梁按设计图示尺寸，以立方米计算。

(6) 板

①有梁板是指带有梁的板，按其形式可分为梁式楼板、井式楼板和密肋形楼板。梁与板的体积合并计算，应扣除大于 $0.3m^2$ 的孔洞所占的体积。

②平板系指无柱、无梁直接由墙承重的板。

③亭屋面板（曲形）系指古典建筑中亭面板，为曲形状。其工程量按设计图示尺寸，以实体积立方米计算。

④凡不同类型的楼板交接时，均以墙的中心线划为分界。

⑤伸入墙内的板头，其体积应并入板内计算。

⑥现浇混凝土挑檐，天沟与现浇屋面板连接时，按外墙皮为分界线，与圈梁连接时，按圈梁外皮为分界线。

⑦戗翼板系指古建中的翘角部位，并连有摔网椽的翼角板．椽望板系指古建中的飞沿部位，并连有飞椽和出沿椽重叠之板。其工程量按设计图示尺寸，以实体积计算。

⑧中式屋架系指古典建筑中立贴式屋架。其工程量（包括立柱、童柱、大梁）按设计图示尺寸，以实体积立方米计算。

(8) 其他

①整体楼梯，应分层按其水平投影面积计算。楼梯井宽度超过 50cm 时的面积应扣除。伸入墙内部分的体积已包括在定额内不另计算，但楼梯基础、栏杆、栏板、扶手应另列项目套相应定额计算。

楼梯的水平投影面积包括踏步、斜梁、休息平台、平台梁以及楼梯及楼板连接的梁。

楼梯与楼板的划分以楼梯梁的外侧面为分界。

②阳台、雨篷均按伸出墙外的水平投影面积计算，伸出墙外的牛腿已包括在定额内不再计算。但嵌入墙内的梁应按相应定额另列项目计算。阳台上的栏板、栏杆及扶手均应另列项目计算，楼梯、阳台的栏杆、栏板、吴王靠（美人靠）、挂落均按延长米计算（包括楼梯伸人墙内的部分）。楼梯斜长部分的栏板长度，可按其水平长度乘系数 1.15 计算。

③小型构件，系指单件体积小于 $0.1m^3$ 以内未列入项目的构件。

④古式零件系指梁垫、云头、插角、宝顶、莲花头子、花饰块等以及单件

体积小于 0.05m^3 未列入的古式小构件。

⑤池槽按实体积计算。

（9）枋、桁

①枋子、桁条、梁垫、梓桁、云头、斗拱、椽子等构件，均按设计图示尺寸，以实体积立方米计算。

②枋与柱交接时，枋的长度应按柱与柱间的净距计算。

（10）装配式构件制作、安装、运输

①装配式构件一律按施工图示尺寸以实体积计算，空腹构件应扣除空腹体积。

②预制混凝土板或补现浇板缝时，按平板定额执行。

③预制混凝土花漏窗按其外围面积以平方米计算，边框线抹灰另按抹灰工程规定计算。

八、木结构工程

本分部包括门窗制作及安装、木装修、间壁墙、顶棚、地板、屋架等。

（一）有关计算资料的统一规定

（1）普通木门窗的工料系按 86MC 通用图集综合取定的。

（2）木种分类

第一类：红松、杉木。

第二类：白松、杉松、椴木、樟子松、云杉。

第三类：青松、水曲柳，秋子木、榆木、柏木、樟木、黄花松。

第四类：柞木、檀木、红木、桦木。

（3）定额中凡包括玻璃安装项目的，其玻璃品种及厚度均为参考规格，如实际使用的玻璃品种及厚度与定额不同时，玻璃厚度及单价应按实调整，但定额中的玻璃用量不变。

（4）凡综合刷油者，定额中除在项目中已注明者外，均为底油一遍，调合漆二遍，木门窗的底油包括在制作定额中。

（5）一玻一纱窗，不分纱扇所占的面积大小，均按定额执行。

（6）木墙裙项目中已包括制安踢脚板在内，不另计算。

（二）工程量计算规则

（1）定额中的普通窗适用于：平开式；上、中、下悬式；中转式及推拉式。均按框外围面积计算。

(2) 各类型门扇的区分如下：

①全部用冒头结构镶木板的为“装板门扇”。

②全部用头结结构，镶木板及玻璃，不带玻璃棱的为“玻璃镶板门扇”。

③二冒以下或丁字冒，上部装玻璃带玻璃棱的为“半截玻璃门扇”。

④门扇无中冒头或带玻璃棱，全部玻璃的为“全玻璃门扇”。

⑤用上下冒头或带一根中冒头，直装板，板面起三角槽的为“拼板门扇”。

(3) 定额中的门框料是按无下坎计算，如设计有下坎时，按相应“门下坎”定额执行，其工程量按门框外围宽度以延长米计算。

(4) 各种门如亮子或门扇安纱扇时，纱门扇或纱亮子按框外围面积另列项目计算，纱门扇与纱亮子以门框中坎的上皮为分界。

(5) 木窗台板按平方米计算，如图纸未注明窗台板长度和宽度时，可按窗框的外围宽度两边共加 10cm 计算，凸出墙面的宽度按抹灰面增加 3cm 计算。

(6) 木楼梯（包括休息平台和靠墙踢脚板）按水平投影面积以平方米计算(不计伸入墙内部分的面积)。

(7) 挂镜线按延长米计算，如与窗帘合相连接时，应扣除窗帘合长度。

(8) 门窗贴脸的长度，按门窗框的外围尺寸以延长米计算。

(9) 暖气罩、玻璃黑板按边框外围尺寸以垂直投影面积计算。

(10) 木搁板按图示尺寸以平方米计算。定额内按一般固定考虑，如用角钢托架者，角钢应另行计算。

(11) 间壁墙的高度按图示尺寸，长度按净长计算，应扣除门窗洞口，但不扣除面积在 $0.3m^2$ 以内的孔洞。

(12) 厕所浴室木隔断，其高度自下横枋底面算至上横枋顶面，以平方米计算，门扇面积并入隔断面积内计算。

(13) 预制钢筋混凝土厕浴隔断上的门扇，按扇外围面积计算，套用厕所浴室隔断门定额。

(14) 半截玻璃间壁，系指上部为玻璃间壁下部为半砖墙或其他间壁，应分别计算工程量，套用相应定额。

(15) 顶棚面积以主墙实钉面积计算，不扣除间壁墙、检查洞、穿过顶棚的柱、垛、附墙烟囱及水平投影面积 $1m^2$ 以内的柱帽等所占的面积。

(16) 木地板以主墙间的净面积计算，不扣除间壁墙、穿过木地板的柱、垛和附墙烟囱等所占的面积，但门和空圈的开口部分也不增加。

(17) 木地板定额中，木踢脚板数量不同时，均按定额执行，如设计不用时，可以扣除其数量但人工不变。

（18）栏杆的扶手均以延长米计算。楼梯踏步部分的栏杆、扶手的长度可按全部水平投影长度乘 1.15 系数计算。

（19）屋架分别不同跨度按架计算，屋架跨度按墙、柱中心线计算。

（20）楼梯底钉顶棚的工程量均以楼梯水平投影面积乘系数 1.10，按顶棚面层定额计算。

九、地面与屋面工程

分部工程包括地面、屋面二项工程。地面工程包括垫层、防潮层、整体面层、块料面层。屋面工程包括保温层、找平层、卷材屋面及屋面排水等。

（一）有关计算资料的统一规定

（1）混凝土强度等级及灰土，白灰焦渣，水泥焦渣的配合比与设计要求不同时，允许换算。但整体面层与块料面层的结合层或底层的砂层的砂浆厚度，除定额注明允许换算外一律不得换算。

（2）散水、斜坡、台阶、明沟均已包括了土方、垫层、面层及沟壁。如垫层、面层的材料品种、含量与设计不同时，可以换算，但土方量和人工、机械费一律不得调整。

（3）随打随抹地面只适用于设计中无厚度要求随打随抹面层，如设计中有厚度要求时，应按水泥砂浆抹地面定额执行。

（4）水泥瓦、粘土瓦的规格与定额不同时除瓦的数量可以换算外，其他工料均不得调整。

（5）铁皮屋面及铁皮排水项目，铁皮咬口和搭接的工料包括在定额内不得另计，铁皮厚度如与定额规定不同时，允许换算，其他工料不变。刷冷底子油一遍已综合在定额内，不另计算。

（二）工程量计算规则

1. 地面工程

（1）楼地面层

①水泥砂浆，随打随抹、砖地面及混凝土面层，按主墙间的净空面积计算，应扣除凸出地面的构筑物，设备基础及室内铁道所占的面积（不需做面层的沟盖板所占的面积也应扣除），不扣除柱、垛、间壁墙、附墙烟囱以及 0.3m^2 以内孔洞所占的面积，但门洞，空圈也不增加。

②水磨石面层及块料面层均按图示尺寸以平方米计算。

（2）垫层：地面垫层同地面面层乘以厚度以立方米计算。

（3）防潮层

①平面：地面防潮层同地面面层，与墙面连接处高在 50cm 以内展开面积的工程量，按平面定额计算，超过 50cm 者，其立面部分的全部工程量按立面定额计算。墙基防潮层，外墙长以外墙中心线。内墙按内墙净长乘宽度计算。

②立面：墙身防潮层按图示尺寸以平方米计算，不扣除 $0.3m^2$ 以内的孔洞。

（4）伸缩缝：各类伸缩缝，按不同用料以延长米计算。外墙伸缩缝如内外双面填缝者，工程量加倍计算。伸缩缝项目，适用于屋面、墙面及地面等部位。

（5）踢脚板

①水泥砂浆踢脚板以延长米计算，不扣除门洞及空圈的长度，但门洞、空圈和垛的侧壁也不增加。

②水磨石踢脚板、预制水磨石及其他块料面层踢脚板，均按图示尺寸以净长计算。

（6）水泥砂浆及水磨石楼梯面层，以水平投影面积计算，定额内已包括踢脚板及底面抹灰、刷浆工料。楼梯井在 50cm 以内者不予扣除。

（7）散水按外墙外边线的长乘以宽度，以平方米计算（台阶、坡道所占的长度不扣除，四角延伸部分也不增加）。

（8）坡道按水平投影面积计算。

（9）各类台阶均以水平投影面积计算，定额内已包括面层及面层下的砌砖或混凝土的工料。

2. 屋面工程

（1）保温层，按图示尺寸的面积乘平均厚度以立方米计算，不扣除烟囱、风帽及水斗斜沟所占面积。

（2）瓦屋面，按图示尺寸的屋面投影面积乘屋面坡度延尺系数以平方米计算，不扣除房上烟囱、风帽底座、风道、屋面小气窗和斜沟等所占面积，而屋面小气窗出沿与屋面重叠部分的面积也不增加，但天窗出檐部分重叠的面积应计入相应屋面工程量内。瓦屋面的出线、披水、梢头抹灰、脊瓦、加腮等工料均已综合在定额内，不另计算。

（3）卷材屋面，按图示尺寸的水平投影面积乘屋面坡度延尺系数以平方米计算，不扣除房上烟囱、风帽底座、风道斜沟等所占面积，其根部弯起部分不另计算。天窗出沿部分重叠的面积应按图示尺寸以平方米计算，并入卷材屋面工程量内，如图纸未注明尺寸，伸缩缝，女儿墙可按 25cm，天窗处可按

50cm，局部增加层数时，另计增加部分。

（4）水落管长度，按图示尺寸展开长度计算，如无图示尺寸时，由沿口下皮算至设计室外地平以上 15cm 为止，上端与铸铁弯头连接着，算至接头处。

（5）屋面抹水泥砂浆找平层的工程量与卷材屋面相同。

十、装饰工程

本分部包括抹白灰砂浆，抹水泥砂浆等。

（一）有关计算资料的统一规定

（1）抹灰厚度及砂浆种类，一般不得换算。

（2）抹灰不分等级，定额水平是根据园林建筑质量要求较高的情况综合考虑的。

（3）阳台、雨篷抹灰定额内已包括底面抹灰及刷浆，不另行计算。

（4）凡室内净高超过 3.6m 以上的内檐装饰其所需脚手架，可另行计算。

（5）内檐墙面抹灰综合考虑了抹水泥窗台板，如设计要求做法与定额不同时可以换算。

（6）设计要求抹灰厚度与定额不同时，定额内砂浆体积应按比例调整，人工、机械不得调整。

（二）工程量计算规则

（1）工程量均按设计图示尺寸计算。

（2）顶棚抹灰

①顶棚抹灰面积，以主墙内的净空面积计算，不扣除间壁墙、垛、柱、所占的面积，带有钢筋混凝土梁的顶棚，梁的两侧抹灰面积应并入顶棚抹灰工程量内计算。

②密肋梁和井字梁顶棚抹灰面积，以展开面积计算。

③檐口顶棚的抹灰，并入相同的顶棚抹灰工程量内计算。

④有坡度及拱顶的顶棚抹灰面积，按展开面积以平方米计算。

（3）内墙面抹灰

①内墙面抹灰面积，应扣除门、窗洞口和空圈所占的面积，不扣除踢脚线、挂镜线 0.3m^2 以内的孔洞和墙与构件交接处的面积。洞口侧壁和顶面不增加，但垛的侧面抹灰应与内墙面抹灰工程量合并计算。

内墙面抹灰的长度以主墙间的图示净长尺寸计算，其高度确定如下：

a. 无墙裙有踢脚板其高度由地或楼面算至板或顶棚下皮。

b. 有墙裙无踢脚板，其高度按墙裙顶点标至顶棚底面另增加 10cm 计算。

②内墙裙抹灰面积以长度乘高度计算，应扣除门窗洞口和空圈所占面积，并增加窗洞口和空圈的侧壁和顶面的面积，垛的侧壁面积并入墙裙内计算。

③吊顶顶棚的内墙面抹灰，其高度自楼地面顶面至顶棚下另加 10cm 计算。

④墙中的梁、柱等的抹灰，按墙面抹灰定额计算，其突出墙面的梁、柱抹灰工程量按展开面积计算。

(4) 外墙面抹灰

①外墙抹灰，应扣除门、窗洞口和空圈所占的面积，不扣除 $0.3m^2$ 以内的孔洞面积，门窗洞口及空圈的侧壁，垛的侧面抹灰，并入相应的墙面抹灰中计算。

②外墙窗间墙抹灰，以展开面积按外墙抹灰相应定额计算。

③独立柱及单梁等抹灰，应另列项目，其工程量按结构设计尺寸断面计算。

④外墙裙抹灰，按展开面积计算，门口和空圈所占面积应予扣除，侧壁并入相应定额计算。

⑤阳台、雨篷抹灰按水平投影面积计算，其中定额已包括底面、上面、侧面及牛腿的全部抹灰面积。但阳台的栏杆、栏板抹灰应另列项目，按相应定额计算。

⑥挑檐、天沟、腰线、栏杆扶手、门窗套、窗台线压顶等结构设计尺寸断面以展开面积按相应定额以平方米计算。窗台线与腰线连接时，并入腰线内计算。

外窗台抹灰长度如设计图纸无规定时，可按窗外围宽度两边并加 20cm 计算，窗台展开宽度按 36cm 计算。

⑦水泥字按个计算。

⑧栏板、遮阳板抹灰，以展开面积计算。

⑨水泥黑板，布告栏按框外围面积计算，黑板边框抹灰及粉笔灰槽已考虑在定额内，不得另行计算。

⑩镶贴各种块料面层，均按设计图示尺寸以展开面积计算。

⑪池槽等按图示尺寸展开面积以平方米计算。

(5) 刷浆，水质涂料工程

①墙面按垂直投影面积计算，应扣除墙裙的抹灰面积，不扣除门窗洞口面积，但垛侧壁，门窗洞口侧壁、顶面也不增加。

②顶棚按水平投影面积计算，不扣除间壁墙、垛，柱、附墙烟囱、检查洞所占面积。

（6）勾缝：按墙面垂直投影面积计算，应扣除墙面和墙裙抹灰面积，不扣除门窗套和腰线等零星抹灰及门窗洞口所占面积，但垛和门窗洞口侧壁和顶面的勾缝面积也不增加。独立柱，房上烟囱勾缝按图示外形尺寸以平方米计算。

（7）墙面贴壁纸，按图示尺寸的实铺面积计算。

十一、金属结构工程

分部包括柱、梁、屋架等项目

（一）有关计算资料的统一规定

（1）构件制作是按焊接为主考虑的，对构件局部采用螺栓连接时，已考虑在定额内不再换算，但如果有铆接为主的构件时，应另行补充定额。

（2）定额表中的“钢材”栏中数字，以“×”区分：“×”以前数字为钢材耗用量，“×”以后数字为每吨钢材的综合单价。

（3）刷油定额中一般均综合考虑了金属面调合漆两遍，如设计要求与定额不同时，按装饰分部油漆定额换算。

（4）定额中的钢材价格是按各种构件的常用材料规格和型号综合测算取定的，编制预算时不得调整，但如设计采用低合金钢时，允许换算定额中的钢材价格。

（二）工程量计算规则

（1）构件制作、安装、运输的工程量，均按设计图纸的钢材重量计算，所需的螺栓，电焊条等的重量已包括在定额内，不另增加。

（2）钢材重量的计算，按设计图纸的主材几何尺寸以吨计算重量，均不扣除孔眼，切肢，切边的重量，多边形按矩形计算。

（3）计算钢柱工程量时，依附于柱上的牛腿及悬臂梁的主材重量，应并入柱身主材重量计算，套用钢柱定额。

十二、脚手架工程

（一）有关计算资料的统一规定

（1）凡单层建筑，执行单层建筑综合脚手架；二层以上建筑执行多层建筑综合脚手架。

（2）单层综合脚手架适用于檐高 20m 以内的单层建筑工程，多层综合脚手架适用于檐高 140m 以内的多层建筑物。

（3）综合脚手架定额中包括内外墙砌筑脚手架、墙面粉饰脚手架，单层建筑的综合脚手架还包括顶棚装饰脚手架。

（4）各项脚手架定额中均不包括脚手架的基础加固，如需加固时，加固费用按实计算。

（二）工程量计算规则

（1）建筑物的檐高应以设计室外地平到檐口滴水的高度为准，如有女儿墙者，其高度算到女儿墙顶面，带挑檐者，其高度算到挑檐下皮，多跨建筑物如高度不同时，应分别不同高度计算。同一建筑物有不同结构时，应以建筑面积比重较大者为准，前后檐高度不同时，以较高的檐高为准。

（2）综合脚手架按建筑面积以平方米计算。

（3）围墙脚手架按里脚手架定额执行，其高度以自然地平到围墙顶面，长度按围墙中心线计算，不扣除大门面积，也不另行增加独立门柱的脚手架。

（4）独立砖石柱的脚手架，按单排外脚手架定额执行，其工程量按柱截面的周长另加 3.6m，再乘柱高以平方米计算。

（5）凡不适宜使用综合脚手架定额的建筑物，可按以下规定计算，执行单项脚手架定额。

①砌墙脚手架，按墙面垂直投影面积计算。外墙脚手架长度按外墙外边线计算，内墙脚手架长度按内墙净长计算，高度按自然地平到墙顶的总高计算。

②檐高 15m 以上的建筑物的外墙砌筑脚手架，一律按双排脚手架计算。

③檐高 15m 以内的建筑物，室内净高 4.5m 以内者，内外墙砌筑，均应按里脚手架计算。

第五节　园林工程量计算的原则及步骤

一、规格标准的转换和计算

（1）整理绿化地单位换算成 $10m^2$，如绿化用地 $1850m^2$，换算后为 185（$10m^2$）。

（2）起挖或栽植带土球乔木，一般设计规格为胸径，需要换算成土球直径方可计算。如栽植胸径 3cm 红叶李，则土球直径应为 30cm。

（3）起挖或栽植裸根乔木，一般设计规格为胸径，可直接套用计算。

（4）起挖或栽植带土球灌木，一般设计规格为冠径，需要换算成土球直径方可计算。如栽植冠径 1m 海桐球，则土球直径应为 30cm。

（5）起挖或栽植散生竹类，一般设计规格为胸径，可直接套用计算。

（6）起挖或栽植丛生竹类，一般设计规格为高度，需要换算成根盘丛径方可计算。如栽植高度 1m 竹子，则根盘丛径应为 30cm。

（7）栽植绿篱，一般设计规格为高度，可直接套用计算。

（8）露地花卉栽植单位需换算成 $10m^2$。

（9）草皮铺种单位需换算成 $10m^2$。

（10）栽种水生植物单位需换算成 10 株。

（11）栽种攀援植物单位需换算成 100 株。

二、工程量计算的原则及步骤

（一）工程量计算的一般原则

为了保证工程量计算的准确，通常要遵循以下原则：

1. 计算口径要一致，避免重复和遗漏

计算工程量时，根据施工图列出分项工程的口径（指分项工程包括的工作内容和范围），必须与预算定额中相应分项工程的口径一致。例如水磨石分项工程，预算定额中已包括了刷素水泥浆一道（结合层），则计算该项工程量时，不应另列刷素水泥浆项目，造成重复计算。相反，分项工程中设计有的工作内容，而相应预算定额中没有包括时，应另列项目计算。

2. 工程量计算规则要一致，避免错算

工程量计算必须与预算定额中规定的工程量计算规则（或工程量计算方法）相一致，保证计算结果准确。例如，砌砖工程中，一砖半砖墙的厚度，无论施工图中标注的尺寸是“360”或“370”，都应以预算定额计算规则规定的“365”进行计算。

3. 计量单位要一致

各分项工程量的计量单位，必须与预算定额中相应项目的计量单位一致。例如，预算定额中，栽植绿篱分项工程的计量是 10 延长米，而不是株数，则工程量单位也是 10 延长米。

4. 按顺序进行计算

计算工程量时要按着一定的顺序（自定）逐一进行计算，避免漏算和重算。

5. 计算精度要统一

为了计算方便，工程量的计算结果统一要求为：除钢材（以吨为单位）、木材（以立方米为单位）取三位小数外，其余项目一般取小数两位，以下四舍五入。

（二）工程量计算步骤

1. 列出分项工程项目名称

根据施工图纸，并结合施工方案的有关内容，按照一定的计算顺序，逐一列出单位工程施工图预算的分项工程项目名称。所列的分项工程项目名称必须与预算定额中相应项目名称一致。

2. 列出工程量计算式

分项工程项目名称列出后，根据施工图纸所示的部位、尺寸和数量，按照工程量计算规则（各类工程的工程量计算规则，见工程预算定额有关说明），分别列出工程量计算公式。工程量计算通常采用计算表格进行计算，形式如表3－7所示：

表3－7　工程量计算表

序号	分项工程名称	单位	工程数量	计算式

3. 调整计量单位

通常计算的工程量都是以米（m）、平方米（m^2）、立方米（m^3）等为计算单位，但预算定额中往往以10米（m）、10平方米（m^2）、10立方米（m^3）、100平方米（m^2）、100立方米（m^3）等为计量单位，因此还需将计算的工程量单位按预算定额中相应项目规定的计量单位进行调整，使计量单位一致，便于以后的计算。

4. 套用预算定额进行计算

各项工程量计算完毕经校核后，就可以编制单位工程施工图预算书。

思考练习题：

1. 试述园林建设工程项目的分类。

2. 试运用园林绿化工程、园林附属小品工程及一般园林工程中的各分项工程的计算规则，在实例中练习工程量的计算。

第四章

园林工程施工图预算的编制

编制园林工程施工图预算，就是根据拟建园林工程已批准的施工图纸和既定的施工方法，按照国家或省市颁发的工程量计算规则，分步分项地把拟建工程各工程项目的工程量计算出来，在此基础上，逐项地套用相应的现行预算定额，从而确定其单位价值，累计其全部直接费用，再根据规定的各项费用的取费标准，计算出工程所需的间接费，最后，综合计算出该单位工程的造价和技术经济指标。另外，再根据分项工程量分析材料和人工用量，最后汇总出各种材料和用工总量。

第一节　预算费用的组成

组成园林建设工程造价的各类费用，除定额直接费是按设计图纸和预算定额计算外，其他的费用项目，应根据国家及地区制定的费用定额及有关规定计算。一般都要采用工程所在地区的地区统一定额。间接费额与预算定额一般应配套使用。

园林建设工程预算费用由直接费、间接费、差别利润、税金和其他费用五部分组成。

一、直接费

施工中直接用在工程上的各项费用的总和称为直接费。是根据施工图纸结合定额项目的划分，以每个工程项目的工作量乘以该工程项目的预算定额单价来计算。直接费包括人工费、材料费、施工机械使用费和其他直接费。

（一）人工费

人工费是指列入预算定额的直接从事工程施工的生产工人开支的各项费

用。内容包括：

（1）基本工资：是指发放生产工人的基本工资。

（2）工资性补贴：是指按规定标准发放的冬煤补贴、住房补贴、流动施工津贴等。

（3）生产工人辅助工资：是指生产工人有效施工天数以外非作业天数的工资，包括职工学习、培训期间的工资，调动工作、探亲、休假期间的工资，因气候影响的停工工资，女工哺乳期间的工资，病假在六个月以内的工资及婚、丧、产假期的工资。

（4）职工福利费：是指按规定标准计提的职工福利费。

（5）生产工人劳动保护费：是指按规定标准发放的劳动保护用品的购置费及修理费、徒工服装补贴、防暑降温费、在有碍身体健康环境中施工的保健费用等。

（二）材料费

材料费是指施工过程中耗用的构成工程实体的原材料、辅助材料、构配件、零件、半成品的费用和周转使用材料的摊销（或租赁）费用，内容包括：

（1）材料原价（或供应价）；

（2）销售部门手续费；

（3）包装费；

（4）材料自来源地运至工地仓库或指定堆放地点的装卸费、运输费及途中损耗等；

（5）采购及保管费。

（三）施工机械使用费

施工机械使用费是指应列入定额的完成园林工程所需消耗的施工机械台班量，按相应机械台班费定额计算的施工机械所发生的费用。

机械使用费一般包括第一类费用：机械折旧费、大修理费、维修费、润滑材料费及擦试材料费、安装、拆卸及辅助设施费、机械进出场费等；第二类费用：机上工人的人工费、动力和燃料费；以及公路养路费、牌照税及保险费等。

（四）其他直接费

其他直接费是指直接费以外施工过程中发生的其他费用。内容包括：

（1）冬、雨季施工增加费；

（2）夜间施工增加费；

（3）二次搬运费；

(4) 生产工具用具使用费：是指施工生产所需不属于固定资产的生产工具及检验、试验用具等的购置、摊销和维修费，以及支付给工人自备工具的补贴费。

(5) 检验试验费：是指对建筑材料、构件和建筑安装物进行一般鉴定、检查所发生的费用，包括自设试验室进行试验所耗用的材料和化学药品等费用，以及技术革新和研究试制试验费。

(6) 工程定位复测、工程点交、场地清理等费用。

二、间接费

间接费是指园林绿化施工企业为组织施工和进行经营管理以及间接为园林工程生产服务的各项费用。按国家现行的有关规定，间接费包括内容如下：

(一) 施工管理费

施工管理费是指施工企业为了组织与管理园林工程施工所需要的各项管理费用，以及为企业职工服务等所支出的人力、物力和资金的费用总和。施工管理费包括以下内容：

1. 工作人员工资

指施工企业的政治、经济、试验、警卫、消防、炊事和勤杂人员以及行政管理部门人员等的基本工资、辅助工资和工资性质的津贴。

2. 工作人员工资附加费

指按国家规定计算的支付工作人员的职工福利基金和工会经费。

3. 工作人员劳动保护费

工作人员劳动保护费是按国家有关部门规定标准发放的劳动保护用品的购置费、修理费、及其保健费与防暑降温费等。

4. 职工教育经费

指按财政部有关规定在工资总额百分之一点五的范围内掌握开支的在职职工教育经费。

5. 办公费

指行政管理办公用的文具、纸张、帐表、印刷、邮电、书报、会议、水电、烧水和集体取暖（包括现场临时宿舍取暖）用燃料等费用。

6. 差旅交通费

指职工因公出差、调动工作（包括家属）的差旅费、住勤补助费、市内交通费和误餐补助费，职工探亲路费、劳动力招募费，职工离退休、退职一次性路费，工伤人员就医路费、工地转移费以及行政管理部门使用的交通工具的油料、燃料、养路费及车船使用税等。

7. 固定资产使用费

指行政管理和试验部门使用的属于固定资产的房屋、设备、仪器等的折旧基金、大修理基金，维修、租赁费以及房产税、土地使用税等。

8. 行政工具用具使用费

指行政管理使用的、不属于固定资产的工具、器具、家具、交通工具和检验、试验、测绘、消防用具等的购置、摊销和维修费。

9. 利息

指施工企业在按照规定支付银行的计划内流动资金贷款利息。

10. 其他费用

指上述项目以外的其他必要的费用支出。包括：支付工程造价管理机构的预算定额等编制及管理经费、定额测定费、支付临时工管理费、民兵训练、经有关部门批准应由企业负担的企业性上级管理费、印花税等。

（二）其他间接费

其他间接费是指超过施工管理费所包括内容以外的其他费用，一般包括：

1. 临时设施费

指施工企业为进行园林工程施工所必需的生活和生产用的临时建筑物、构筑物和其他临时设施费用等。

临时设施包括：临时宿舍、伙房文化福利及公用事业房屋与构筑物，仓库、办公室、加工厂以及规定范围内道路、水、电、管线等临时设施和小型临时设施。

临时设施费用包括：临时设施的搭设、维修、拆除费或摊销费。

2. 劳动保险基金

指国有施工企业由福利基金支出以外的、按劳保条例规定的离退休职工的费用和6个月以上的病假工资及按照上述职工工资总额提取的职工福利基金。

三、利　润

差别利润是指施工企业按国家规定，在工程施工中向建设单位收取的利润，是施工企业职工为社会劳动所创造的那部分价值在建设工程造价中的体现。在社会主义市场经济体制下，企业参与市场的竞争，在规定的差别利润率范围内，可自行确定利润水平。

四、税　金

税金是指由施工企业按国家规定计入建设工程造价内，由施工企业向税务部门缴纳的营业税、城市建设维护税及教育附加费。

五、其他费用

其他费用是指在现行规定内容中没有包括、但随着国家和地方各种经济政策的推行而在施工中不可避免地发生的费用，如各种材料价格与预算定额的差价，构配件增值税等。一般来讲，材料差价是由地方政府主管部门颁布的，以材料费或直接费乘以材料差价系数计算。

除了以上5种费用构成园林建设工程预算费之外，有些工程复杂、编制预算中未能预先计入的费用，如变更设计，调整材料预算单价等发生的费用，在编制预算中列入不可预计费一项，以工程造价为基数，乘以规定费率计算。

表4－1说明了园林建设工程预算费用的组成以及相互之间的关系。

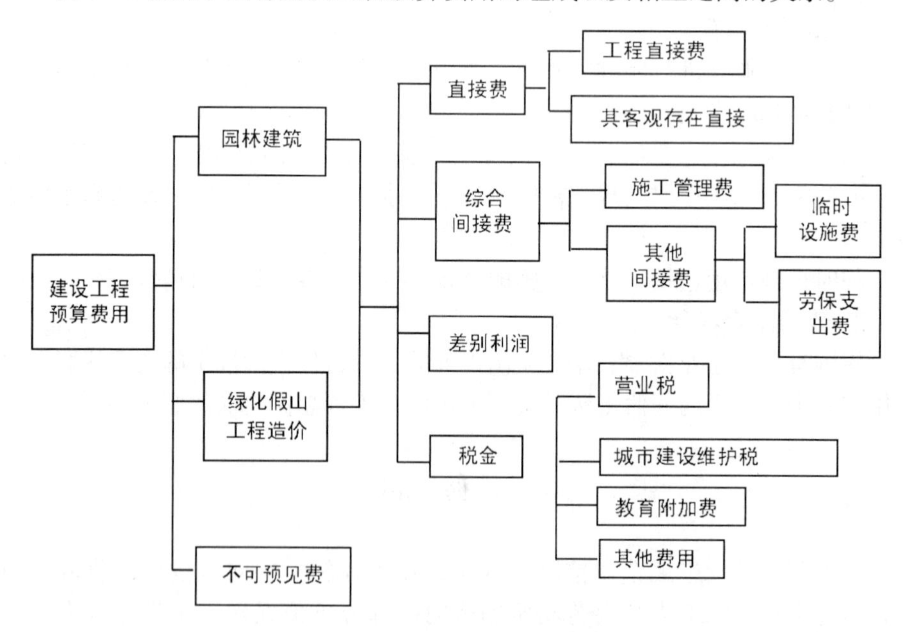

表4－1　园林建设工程预算费用的组成

第二节　直接费的计算

直接费包括人工费、材料费、施工机械使用费和其他直接费。

直接费的计算可用下式表示：

直接费＝∑［预算定额基价×实物工程量］＋其他直接费

或直接费＝∑［预算定额基价×实物工程量］×（1＋其他直接费率）

一、人工费、材料费、施工机械使用费和其他直接费

（一）人工费

人工费的计算可用下式表示：

人工费＝∑［预算定额基价人工费×实物工程量］

（二）材料费

材料费的计算可用下式表示：

材料费＝∑［预算定额基价材料费×实物工程量］

（三）施工机械使用费

施工机械使用费的计算可用下式表示：

施工机械使用费＝∑［预算定额基价机械费×实物工程量］＋施工机械进出场费

（四）其他直接费

其他直接费是指在施工过程中发生的具有直接费性质但未包括在预算定额之内的费用。其计算公式如下：

其他直接费＝（人工费＋材料费＋机械使用费）×其他直接费费率

二、计算工程量

凡是工程预算都是由两个因素决定。一个是预算定额中每个分项工程的预算单价，另一个是该项工程的工程量。因此，工程量的计算是工程预算工作的基础和重要组成部分。工程量计算得正确与否，直接影响施工图预算的质量。预算人员应在熟悉图纸、预算定额和工程量计算规则的基础上，根据施工图上的尺寸、数量，准确地计算出各项工程的工作量，并填写工程量计算表格。

三、套用预算定额单价

各项工程量计算完毕经校核后，就可以着手编制单位工程施工图预算书，预算书的表格形式如表4－2所示。

表4－2　工程（预）算书

工程名称：　　　　　年　　月　　日　　　　　　　　　　　单位：元

序号	定额编号	分项工程名称	工程量		造价		其中						备注
							人工费		材料费		机械费		
			单位	数量	单价	合价	单价	合价	单价	合价	单价	合价	

（一）抄写分项工程名称及工程量

按着预算定额的排列顺序，将分部工程项目名称和分项工程项目名称、工程量抄到预算书中相应栏内，同时将预算定额中相应分项工程的定额编号和计量单位一并抄到预算书中，以便套用预算单价。

（二）抄写预算单价

抄写预算单价，就是将预算定额中相应分项工程的预算单价抄到预算书中。抄写预算单价时，必须注意区分定额中哪些分项工程的单价可以直接套用，哪些必须经过换算（指施工时，使用的材料或做法与定额不同时）后才能套用。

由于某些工程预算的应取费用系以人工费为计算基础，有些地区在现行取费中，有增调人工费和机械费的规定。为此，应将预算定额中的人工费、材料费和机械费的单价逐一抄入预算书中相应栏内。

（三）计算合价与小计

计算合价是指用预算书中各分项工程的数量乘以预算单价所得的积数。各项合价均应计算填列。

将一个分部工程中所有分项工程的合价竖向相加，即可得到该分部工程的小计。将各分部工程的小计竖向相加，即可得出该单位工程的定额直接费（包括人工费、材料费、机械费）。定额直接费是计算各项应取费用的基础数据，必须认真计算，防止差错。

第三节　其他各项取费的计算

单位工程定额直接费计算出来之后，即可进行间接费、差别利润、税金等费用的计算。

一、间接费

间接费包括施工管理费和其他间接费。

间接费的计算，是按照干什么工程，执行什么定额的原则。间接费定额与直接费定额，一般应配套使用。也就是说，执行什么直接费定额，就应该采用其相应的间接费定额。

施工管理费与其他间接费的计算，是用直接费分别乘以规定的相应费率。其计算可用下式表示：

施工管理费＝直接费×施工管理费率

其他间接费＝直接费×其他间接费费率

由于各地区的气候、自然环境社会经济条件和企业的管理水平等的差异，导致各地区各项间接费率不一致，因此，在计算时，必须按照当地主管部门制定的标准执行。

二、差别利润

差别利润的计算，是用直接费与间接费之和乘以规定的差别利润率，其计算可用下式表示：

计划利润＝（直接费＋间接费）×计划利润率

三、税　金

根据国家现行规定，税金是由营业税税率、城市维护建设税税率、教育费附加三部分构成。

应纳税额按直接工程费、间接费、差别利润及差价四项之和为基数计算。根据有关税法计算含税工程造价的方法如下：

（一）纳税人所在地在市区的计算式

含税工程造价 = 不含税工程造价/（1 − 3% − 3% × 7% − 3% × 3%） + 0.1%

应纳税额 = 不含税工程造价 × 3.51%

（二）纳税人所在地在县城、镇的计算式

含税工程造价 = 不含税工程造价/（1 − 3% − 3% × 5% − 3% × 3%） + 0.1%

应纳税额 = 不含税工程造价 × 3.44%

（三）纳税人所在地不在市区、县城、镇的计算式

含税工程造价 = 不含税工程造价/（1 − 3% − 3% × 1% − 3% × 3%） + 0.1%

应纳税额 = 不含税工程造价 × 3.32%

税金列入工程总造价，由建设单位负担。

四、材料差价

在市场经济条件下原材料实际价格常与预算价格不相符，因此在确定单位工程造价时，必须进行差价调整。

材料差价是指材料的预算价格与实际价格的差额。材料差价一般采用两种方法计算：

（一）国拨材料差价的计算

国拨材料（如钢材、木材、水泥、玻璃等）差价的计算是在编制施工图预算时，在各分项工程量计算出来后，按预算定额中相应项目给定的材料消耗定额计算出使用的材料数量，汇总后，用实际购入单价减去预算单价再乘以材料数量即为某材料的差价。将各种找差的材料差价汇总，即为该工程的材料差价，列入工程造价。

材料差价的计算可用下式表示：

某种材料差价＝（实际购入单价－预算定额材料单价）×材料数量

（二）地方材料差价的计算

为了计算方便，地方材料差价的计算一般采用调价系数进行调整（调价系数由各地自行测定）。其计算方法可用下式表示：

差价＝定额直接费×调价系数

第四节　工程造价的计算程序

为了适应和促进社会主义市场经济发展的需要，贯彻落实国家有关规定精神，各地对现行的园林工程费用构成进行了不同程度地改革尝试，反映在工程造价的计算方法上存在着差异。为此，在编制工程预算时，必须执行本地区的有关规定，准确、客观地反映出工程造价。

一般情况下，计算工程预算造价的程序如下：

（1）计算工程直接费。

（2）计算间接费。

（3）计算差别利润。

（4）税金。

（5）定工程预算造价。

工程预算造价＝直接费＋间接费＋差别利润＋税金

工程造价的具体计算程序目前无统一规定，应以各地主管部门制定的费用标准为准。表4－3、4－4为陕西省市政、仿古园林工程预算造价计算表（现行）。

表4－3　市政、仿古园林工程预算造价计算表之一

项目名称	计　算　式	合价	其中			备　注
			人工费	材料费	机械费	
项目直接费	（人工＋材料＋机械）费之和	a	2	2	2	$A = a_1 + a_2 + a_3$
人工费调增	定额总工日×20.31－a_1	b				
机械费调增	$a_3 \times 1.50$	c				

（续）

项目名称	计 算 式	合价	其中			备 注
			人工费	材料费	机械费	
工程类别人工调整	1－2类＝（a_1＋b）×（1.05－1） 其余＝（a_1＋b）×（0.886－1）	d				
直接费	a＋b＋c＋d	A				
其他直接费	A×费率	A_1				
现场经费	A×费率	A_2				
直接工程费	A＋A1＋A2	B				
间接费	B×费率	C				
贷款利息	B×费率	C_1				
差别利润	（B＋C＋C1）×费率	D				
差 价	1. 规定计算差价部分 2. 动态调价 a×（1.071－1）	E				
不含税工程造价	B＋C＋C_1＋D＋E	F				
四项保险费	F×费率	G				
养老保险统筹费	F×3.55%	H				
安全、文明施工定额补贴费	F×1.6%	I				
定额经费	F×费率					
税金	（F＋G＋H＋I＋J）×税率	K				
含税工程造价	F＋G＋H＋I＋J＋K	M				

注：表中动态调价为市政工程系数；

仿古、园林工程为 a×（1.096－1）；油漆彩画为 a×（1.0593－1）。

表 4-4 市政、仿古园林工程预算造价计算表之二

项目名称	计算式	合价	其中			主材费	备注
			人工费	材料费	机械费		
项目直接费	（人工+材料+机械）费之和	A	a	b	c	d	A=a+b+c+d
人工费调增	定额总工日×20.31-a	A_1					
机械费调增	c×规定调整系数	C_1					
工程类别 人工调整	1-2类=（A_1+a）×（1.05-1） 其余=（A_1+a）×（0.886-1）	A_2					
直接费	$A+A_1+C_1+A_2$	B					
计费人工费	$a+A_1+A_2$	A_3					
其他直接费	A_3×费率	E					
现场经费	a_3×费率	E_1					
直接工程费	$B+E+E_1$	F					
间接费	A_3×费率	F_1					
贷款利息	A_3×费率	F_2					
差别利润	A_3×费率	F_3					
差　价	1. 主材差价； 2. 动态调价以及可计算价差部分	F_4					
不含税工程造价	$F+F_1+F_2+F_3+F_4$	G					
四项保险费	G×费率	G_1					
养老保险统筹费	G×3.55%	G_2					
安全、文明施工定额补贴费	G×1.6%	G_3					
定额经费	G×费率	G_4					
税　金	（$G+G_1+G_2+G_3+G_4$）×税率	H					
含税工程造价	$G+G_1+G_2+G_3+G_4+H$	I					

注：动态调价为（a+b+c）×（1.031-1）

第五节 施工图预算编制实例

由于各地对工程预算中的费用构成、各项费用计算标准、工程造价计算程序及使用的工程预算定额不同，因此工程预算具有强烈的地区性。各地区编制工程预算时，必须按照本地区的规定执行。现以陕西省为例，介绍园林工程预算的编制实例。

实例 1 ××学校园林绿化工程预算

封面：

工程预算书

建设单位：××××××××××

工程名称：××学校园林绿化工程

施工单位：××××××××××

工程造价：147852.2 元

负责人：×××

编制人：×××

编制时间：2000 年 4 月 25 日

编制说明

（1）工程概况：本工程为植物种植工程。绿地面积为 6250m^2。

（2）本工程施工图预算是根据××园林设计单位设计的××学校园林绿化工程施工图编制的。

（3）预算定额采用 1999 年颁发的《全国仿古建筑及园林工程预算定额陕西省价目表》第三册；费用定额采用 1999 年颁发的《陕西省建筑工程、安装工程、仿古园林工程及装饰工程费用定额》。

（4）施工企业取费类别为五类，包工包料。

编制内容

（一）工程预算造价计算表

工程编号：××××　　　　金额单位：元

序号	取费名称		取费标准及计算式	金　额
1	人工费	a_1	按定额计算	42511.68
2	材料费	a_2	按定额计算	68153.4
3	机械费	a_3	按定额计算	10464
4	项目直接费	a	（人工 a_1 + 材料 a_2 + 机械 a_3）费之和	121129.08
5	人工费调增	b	定额总工日×20.31 − a_1	
6	机械费调增	c	a_3×1.50	
7	工程类别人工调整	d	（a_1 + b）×（0.886 − 1）	−4846.33
8	直接费	A	a + b + c + d	116282.75
9	其他直接费	A_1	A×费率（2.31%）	2686.13
10	现场经费	A_2	A×费率（5.18%）	6023.45
11	直接工程费	B	A + A_1 + A_2	124992.33
12	间接费	C	B×费率（2.64%）	3299.8
13	贷款利息	C_1	B×费率（3.02%）	3774.77
14	差别利润	D	（B + C + C_1）×费率（1%）	1320.67
15	差价	E	1. 规定计算差价部分 2. 动态调价 a×（1.071 − 1）	0
16	不含税工程造价	F	B + C + C_1 + D + E	133387.57
17	四项保险费	G	F×费率（0.8%）	1067.1
18	养老保险统筹费	H	F×3.55%	4515.3
19	安全、文明施工定额补贴费	I	F×1.6%	2134.2
20	定额经费	J	F×费率（1.3%）	1734.4
21	税金	K	（F + G + H + I + J）×税率（3.51%）	5013.63
22	含税工程造价	M	F + G + H + I + J + K	147852.2

负责人：　　　　校核：　　　　计算：

(二)工程预算表

编号	定额编号	项目名称	单位	数量	单价	合价	其中人工费		材料费		机械费		其他材料费		备注
							单价	合计	单价	合价	单价	合价	单价	合价	
1	3-1	整理绿化地	$10m^2$	77.2	10.96	846.11	10.96	784.35					0.8	61.76	
2	3-42	起挖黄杨 H30φ10-15	株	17766	3.11	55252.26	0.81	14390.46	1.5	26649			0.8	1421298	
3	3-52	栽植黄杨	株	17766	1.03	18298.98	1.02	18121.32					0.01	177.66	
4	3-42	起挖小叶女贞 H30φ10-15	株	2808	3.11	8732.88	0.81	2274.48	1.5	4212			0.8	2246.4	
5	3-52	栽植小叶女贞 H30φ10-15	株	2808	1.03	2892.24	1.02	2864.16					0.01	28.08	
6	3-42	起挖豆瓣黄杨 H30φ30	株	811	4.61	3738.71	0.81	656.91	3	2433			0.8	648.8	
7	3-52	栽植豆瓣黄杨 H30φ30	株	811	1.03	835.33	1.02	827.22					0.01	8.11	
8	3-42	起挖红叶小檗(二年生)	株	192	3.61	693.12	0.81	155.52	2	384			0.8	153.6	
9	3-52	栽植红叶小檗(二年生)	株	192	1.03	197.76	1.02	195.84					0.01	1.92	
10	3-42	起挖金女贞 H30φ50	株	48	4.61	221.28	0.81	38.88	3	144			0.8	38.4	
11	3-52	栽植金女贞 H30φ50	株	48	1.03	49.44	1.02	48.96					0.01	0.48	
12	3-42	起挖洒金柏 H40φ40	株	180	11.61	2089.8	0.81	145.8	10	1800			0.8	144	
13	3-52	栽植洒金柏 H40φ40	株	180	1.03	185.4	1.02	183.6					0.01	1.8	
14	3-42	起挖南天竹(五分枝)	株	165	16.61	2740.65	0.81	133.65	15	2475			0.8	132	
15	2-52	栽植南天竹(五分枝)	株	165	1.03	169.95	1.02	168.3					0.01	1.65	
16	3-42	起挖十大功劳 H40φ40	株	180	11.61	2089.8	0.81	145.8	10	1800			0.81	144	
17	3-52	栽植十大功劳 H40φ40	株	180	1.03	185.4	1.02	183.6					0.01	1.8	
18	3-103	花卉栽植 丰花月季(二年生)	$10m^2$	1.65	423.6	698.95	21.93	36.18	400	660			1.68	2.77	
19		牡丹(三年生)	$10m^2$	0.23	5421	1205.43	21.73	5.04	40	1200			1.68	0.39	
20		小红梅(三年生)	$10m^2$	0.23	223.6	51.43	21.93	5.04	200	46			1.68	0.39	
21	3-102	万寿菊(二年生)	$10m^2$	0.23	149.9	34.48	28.23	6.49	120	27.6			1.68	0.39	
22		芍药	$10m^2$	0.23	229.9	52.88	28.23	6.49	200	46			1.68	0.39	

（续）

编号	定额编号	项目名称	单位	数量	单价	合价	其中人工费		材料费		机械费		其他材料费		备注
							单价	合计	单价	合价	单价	合价	单价	合价	
23	3－111	散铺红花杂草	$10m^2$	27.7	227.6	6304.4	27.42	759.49	200	5540			0.18	4.99	
24		散铺黑麦草	$10m^2$	2.1	107.6	225.96	27.42	57.58	80	168			0.18	0.38	
25	3－44	起挖丛生紫薇 H≥1m	株	5	25.45	127.23	3.04	15.23	20	100			2.4	12	
26	3－54	栽植丛生紫薇 H≥1m	株	5	3.07	15.33	3.04	15.23					0.02	0.1	
27	3－44	起挖丛生木槿 H≥1m	株	5	25.45	127.23	3.04	15.23	20	100			2.4	12	
28	3－54	栽植丛生木槿 H≥1m	株	5	3.07	15.33	3.04	15.23					0.02	0.1	
29	3－44	起挖丛生木扶桑 H≥1m	株	5	55.45	277.23	3.04	15.23	50	250			2.4	12	
30	3－54	栽植丛生木扶桑 H≥1m	株	5	3.07	15.33	3.04	15.23					0.02	0.1	
31	3－44	起挖四季桂 H≥1m	株	5	35.45	177.23	3.04	15.23	30	150			2.4	12	
32	3－54	栽植四季桂 H≥1m	株	5	3.07	15.33	3.04	15.23					0.02	0.1	
33	3－44	起挖含笑四季桂 H≥1m	株	5	85.45	427.23	3.04	15.23	80	400			2.4	12	
34	3－54	栽植含笑 H≥1m	株	5	3.07	15.33	3.04	15.23					0.02	0.1	
35	3－44	起挖海棠 H≥1m	株	5	35.45	177.23	3.04	15.23	30	150			2.4	12	
36	3－54	栽植海棠 H≥1m	株	5	3.07	15.33	3.04	15.23					0.02	0.1	
37	3－44	起挖红枫 H≥1m	株	2	45.44	90.88	3.04	6.08	40	80			2.4	4.8	
38	3－54	栽植红枫 H≥1m	株	2	3.06	6.12	3.04	6.08					0.02	0.04	
39	3－44	起挖蜀桧 H≥2m	株	20	65.44	1308.8	3.04	6.08	60	1200			2.4	4.9	
40	3－54	栽植蜀桧 H≥2m	株	20	3.06	61.2	3.04	6.08					0.02	0.4	
41		进购黄土	m^3	308.8	30	9264					30	9264			
42		苗木运输	车	3	400	1200					400	1200			
		合计				121129		42511.6		50014.6		10464		18138.8	

案例2 ××花园园林工程预算

编制说明

1. 本工程只包括花坛小品工程。

2. 工程预算根据园林工程施工图及实际施工情况编制。

3. 预算定额采用现行“99陕西省建筑工程综合预算额”、“2001年陕西省房屋修缮定额”、“2001年全国统一安装定额陕西省价目表”、《全国仿古建筑及园林工程预算定额陕西省价目表》第一、三册合订本，费用标准采用陕西省建设厅1999年颁发《陕西省建筑工程、安装工程、仿古园林工程及装饰工程费用定额》。

4. 施工企业取费类别为五类，包工包料。

（一）园林工程预算书（见下表）

定额编号	工程项目	单位	数量	基价	金额	其中:人工		其中:材料		其中:机械	
						单价	金额	单价	金额	单价	金额
	花坛小品										
1-19	平整场地	100m^2	2.4	129.37	310.49	129.37	310.49				
1-21	原土夯实	100m^2	0.47	41.96	19.72	28.84	13.55			13.12	6.17
3-15	砌弧形砖墙	100m^2	0.47	3449.97	1621.49	992.55	466.5	2322.89	1091.76	134.35	63.23
10-51	内粉水泥砂浆	100m^2	0.47	732.5	344.28	373.7	175.64	328.17	154.24	30.63	14.4
10-700	外贴瓷片	100m^2	0.47	4197.74	1979.93	1192.6	560.52	2959.56	1390.99	45.58	21.42
10-532	大理石压顶	100m^2	0.33	21026.93	6938.89	1543.97	509.51	19421.81	6406.23	70.15	23.15
	合计				11207.8		2036.8		9043.22		128.37

（二）材料价差分析（见下表）

序号	材料名称	单位	数量	预算价	市场价	合价（元）
1	1:2.5	m^3	0.98	152.1		149.06
2	1:2水泥砂浆	m^3	0.52	166.76		86.72
3	1:3水泥砂浆	m^3	0.22	131.04		28.83
4	M_5混合砂浆	m^3	0.54	86.5		219.71
5	1:0.2:2	m^3	0.44	162.86		71.66
6	107胶素水泥	m^3	0.08	461.52		36.92
7	合　计					592.9

（三）园林工程预算造价计算程序（见下表）

工程编号：200208　　　　　　　　　　　　　　　　　　　金额单位：元

序　号	费用名称	金　额	取费标准及说明
A	人工费	2036.21	按定额计算
B	材料费	9043.22	按定额计算
C	机械费	128.37	按定额计算
D	项目直接费	11207.8	D = A + B + C
E	人工费调增		
F	机械费调增		
G	工程类别人工调整	−232.13	（A + E）×（0.886 − 1）
H	直接费	10975.67	D + E + F + G
I	其他直接费	253.54	H × 2.31%
J	现场经费	568.54	H × 5.18%
K	直接工程费	11797.75	H + I + J
L	间接费	311.46	K × 2.64%
M	贷款利息		K × 3.02%
N	差别利润	121.09	（K + L + M）× 1%
O	规定计算价差部分	592.9	JCAL
P	动态调价	1075.95	D × 0.096
Q	差价	1668.85	O + P
R	不含税工程造价	13899.15	K + L + M + N + Q
S	四项保险费	111.19	R × 0.8%
T	养老保险统筹费	R × 3.55%	
U	安全文明施工定额补贴费		R × 1.6%
V	定额经费		R × 0.13%
W	税金	491.76	（R + S + T + U + V）× 3.51%
X	含税工程造价	14502.1	R + S + T + U + V + W
Y	扣除劳保后工程造价		X − R（含税金）
Z	含税工程造价（大写）	壹万肆仟伍佰零贰圆壹角整	

思考练习题：

1. 叙述园林工程施工图预算费用的组成。
2. 试述园林工程施工图预算各项费用的计算方法。
3. 给出两项园林工程、编制工程预算书。

第五章

园林工程预算审查与竣工结算

第一节　园林工程施工图预算的审查

在园林工程施工过程中，园林施工图预算反映了园林工程造价，它包括了各种类型的园林建筑和安装工程在整个施工过程中所发生的全部费用的计算。必须进行严格的审查，施工图预算由建设单位和建设银行负责审查。

一、审查的意义和依据

（一）审查的意义

施工图预算是确定园林工程投资、编制工程计划、考核工程成本，进行工程竣工结算的依据，必须提高预算的准确性。在设计概算已经审定，工程项目已经确定的基础上，正确而及时地审查园林工程施工图预算，可以达到合理控制工程造价，节约投资，提高经济效益的目的。

（二）审查的依据

1. 施工图纸和设计资料

完整的园林工程施工图预算图纸说明，以及图纸上注明采用的全部标准图集是审查园林工程预算的重要依据之一。建设单位、设计单位和施工单位对施工图会审签字后的会审记录也是审查施工图预算的依据。只有在设计资料完备的情况下才能准确地计算出园林工程中各分部、分项工程的工程量 。

2. 仿古建筑及园林工程预算定额

《仿古园林工程预算定额》一般都详细地规定了工程量计算方法，如各分项分部工程的工程量的计算单位，哪些工程应该计算，那些工程定额中已综合考虑不应该计算，以及哪些材料允许换算，哪些材料不允许换算等，必须严格按照预算定额的规定办理。这是园林工程施工图预算审查的第二个重要依据。

3. 单位估价表

工程所在地区颁布的单位估价表是审查园林工程施工图预算的第三个重要依据。工程量升级后，要严格按照单位估价表的规定以分部分项单价，填入预算表，计算出该工程的直接费。如果单位估价表中缺项或当地没有现成的单位估价表，则应由建设单位、设计单位、建设银行和施工单位在当地工程建设主管部门的主持下，根据国家规定的编制原则另行编制当地的单位估价表。

4. 补充单位估价表

材料预算价格和成品、半成品的预算价格，是审查园林工程施工图预算的第四个重要依据，在当地没有单位工程估价表或单位估价表所及的项目不能满足工程项目的需要时，须另行编制补充单位估价表，补充的单位估价表必须有当地的材料、成品、半成品的预算价格。

5. 园林工程施工组织设计或施工方案

施工单位根据园林工程施工图所做的施工组织设计或施工方案是审查施工图预算的第五个重要依据。

施工组织设计或施工方案必须合理，而且必须经过上级或业主主管部门的批准。

6. 施工管理费定额和其他取费标准

直接费计算完后，要根据建设工程建设主管部门颁布的施工管理费定额和其他取费标准，计算出预算总值。目前，陕西省的施工管理费是按照直接费中的人工费乘以不同的费率计算的，不同级别的施工企业应按工程类别收取施工管理费，计划利润和其他费用的收取也应遵照当地颁布的标准收取，这也是园林工程施工图预算的重要依据之一。

7. 建筑材料手册和预算手册

在计算工程量过程中，为了简化计算方法，节约计算时间，可以使用符合当地规定的建筑材料手册和预算手册，审查施工图预算。

8. 施工合同或协议书

施工图预算要根据甲乙双方签定的施工合同或施工协议进行审查。例如，材料由谁负责采购，材料差价由谁负责等。

9. 现行的有关文件

二、审查的方法

为了提高预算编制质量，使预算能够完整地、准确地反映建筑产品的实际造价，必须认真地审核预算文件。

单位工程施工图预算由直接费、间接费、计划利润和税金组成。直接费是构成工程造价的主要因素，又是计取其他费用的基础，是预算审核的重点。其次是间接费和计划利润等，常用审核的方法有以下三种：

（一）全面审查法

全面审查法也可称为重算法，它同编预算一样，将图纸内容按照预算书的顺序重新计算一遍，审查每一个预算项目的尺寸、计算和定额标准等是否有错误。这种方法全面细致，所审核过的工程预算准确性较高，但工作量大，不能作到快速。

（二）重点审查法

重点审查法是将预算中的重点项目进行审核的一种方法。这种方法可以在预算中对工程量小、价格低的项目从略审核，而将主要精力用于审核工程量大、造价高的项目。此方法若能掌握得好，能较准确快速地进行审核工作，但不能到达全面审查的深度和细度。

（三）分解对比审查法

分解对比审查法是将工程预算中的一些数据通过分析计算，求出一系列的经济技术数据，审查时首先以这些数据为基础，将要审查的预算与同类同期或类似的工程预算中的一些经济技术数据相比较以达到分析或寻找问题的一种方法。

在实际工作中，可采用分解对比审查法，初步发现问题，然后采用重点审查法对其进行认真仔细的核查，能较准确地快速进行审核工作，达到较好的结果。

三、审核工程预算的步骤

审核工程预算的一般步骤如下：

（一）做好准备工作

审核工程预算的准备工作，与编制工程预算基本上一样。即对施工图进行清点、整理，排列，装订；根据图纸说明准备有关图集和施工图册；熟悉并校对相关图纸，参加技术交底、解决疑难问题等，有关具体内容已如前所述，这里不再重复。

（二）了解预算所采用的定额

审核预算人员收到工程预算后，首先应根据预算编制说明，了解编制本预算所采用的定额是否符合施工合同规定的工程性质。如果该项工程预算没有填写编制说明，则应从预算内容中了解本预算所采用的预算定额，或者与施工单位联系进行了解。确认这方面没有问题后，才能进行审核工作。

（三）了解预算包括的范围

收到工程预算后，还应该根据预算编制说明或其内容，了解本预算所包括的范围。例如某些配套工程、室外管线道路以及技术交底时三方谈好的设计变更等，是否包括在所编制的工程预算中。因为这部分工程的施工图，有时出自不同的设计单泣，或者不是随同主体工程设计一起送交施工企业和建设单位，可能单独编制工程预算，同时，有的设计变更送到施工企业时，可能正好施工企业刚按原图编制出这部分工程预算，不愿再推倒重编（计划将来再做补充或调整），但在工程预算的编制说明中，又没有介绍清楚。建设单位在接到这部分设计变更图纸后，往往和原来的施工图装订在一 起，因而引起双方在计算口径上（计算范围）的不一致，造成不必要的误会。因此，凡有类似上述情况，最好写进编制说明，或在交接预算时，互相通气，以便取得一致的计算依据。

（四）认真贯彻有关规定

审核预算人员，应认真贯彻国家和地区制订的有关预算定额，工程量计算规则，材料预算价格，以及各种应取费用项目和费用标准的规定，既注重审核重复列项或多算了工程量的部分，也应该审核漏项或少算了工程量的部分；还应注意到计量单位是否和预算定额相一致，小数点位置是否定得正确，按规定应乘系数的项目是否乘过了，应扣减或应增加的某些内容是否扣减或增加了等。总之，应该实事求是地提出应增加或应减少的意见，以提高工程预算的质量。

（五）根据情况进行审核

由于施工工程的规模大小，繁简程度不同，施工企业情况也不同，工程所在地的环境的不同所编工程预算的繁简和质量水平也就有所不同。因此，审核预算人员应采用多种多样的审核方法，例如全面审核法、重点审核法，经验审核法、快速审核法，以及分解对比审核法等，以便多、快、好、省地完成审核任务。

四、审查施工图预算的内容

审查施工图预算主要是审查工程量的计算、定额的套用和换算、补充定额、其他费用及执行定额中的有关问题等。

(一) 工程量计算的审查

对工程量计算的审查，是在熟悉定额说明、工程内容、附注和工程量计算规则以及设计资料的基础上，再审查预算的分部、分项工程，看有无重复计算、错误和漏算。这里，仅对工程量计算中应该注意的地方说明如下：

1. 过程的计算定额中的材料成品、半成品除注明者外，均已包括了从工地仓库、现场堆放点或现场加工点的水平和垂直运输，及运输和操作损耗，除注明者外，不经调查不得再计算相关费用。

2. 脚手架等周转性材料搭拆费用已包括在定额子目内，计算时，不再计算脚手架费用。

3. 审查地面工程应注意的事项

(1) 细石混凝土找平层定额中只规定一种厚度，并没有设增减厚度的子项，如设计厚度与定额厚度不相同时应按其厚度进行换算。

(2) 楼梯抹灰已包括了踢脚线，因此不能再将踢脚线单独另计。楼梯不包括防滑条，其费用另计。但在水磨石楼梯面层已包括了防滑条工料，不能另计。

(3) 装饰工程要注意审查内墙抹灰，其工程量按内墙面净高和净宽计算。计算外墙内抹灰和走廊墙面的抹灰时，应扣除与内墙结合处所占的面积，门窗护角和窗台已包括在定额内，不得另行计算。

(4) 金属构件制作的工程量多数是以吨为单位。型钢的重量以图示先求出长度，再乘以每米重量，钢板的重量要先求出面积后再乘以每平方米的重量。应该注意的是钢板的面积的求法。多边形的钢板构件或连接板要按矩形计算，即以钢件的最长边与其垂直的最大宽度之积求出；如果是不规则多角形可用最长的对角线乘以最大的宽度计算，不扣孔眼、切肢、切角的重量，焊条和螺栓的重量不另计算。

另外，金属构件制作中，已包括了一遍防锈漆，因此，在计算油漆时，应予以扣除。

(二) 定额套用的审查

审查定额套用，必须熟练定额的说明，各分部、分项工程的工作内容及适用范围，并根据工程特点，设计图纸上构件的性质，对照预算上所列的分部、分项工程与定额所列的分部、分项工程是否一致。套用定额的审查要注意以下几个方面：

（1）板间壁（间壁墙）、板天棚面层、抹灰檐口、窗帘合、贴脸板、木楼地板等的定额都包括了防腐油，但不包括油漆，应单独计算。

（2）窗帘合的定额中已包括了木棍或金属棍，不能单独算窗帘棍。

（3）厕所木间壁中的门扇应与木间壁合并计算，不能套全板门定额。

（4）外墙抹灰中分墙面抹灰和外墙面、外墙群嵌缝起线时另加的工料两个子目，要正确套用定额。

（5）内墙抹灰和天棚抹灰有普通抹灰、中级抹灰、高级抹灰三级。三级抹灰要按定额的规定进行划分，不能把普通抹灰套用中级抹灰，把中级抹灰套用高级抹灰。

（三）定额换算的审查

定额中规定，某些分部分项工程，因为材料的不同，做法或断面厚度不同，可以进行换算，审查定额的换算是要按规定进行，换算中采用的材料价格应按定额套用的预算价格计算，需换算的要全部换算。

（四）补充定额的审查

补充定额的审查，要从编制区别出发，实事求是地进行。

审查补充定额是建设银行的一项非常重要的工作，补充定额往往出入较大，应该引起重视。

当现行预算定额缺项时，应尽量采用原有定额中的定额子项，或参考现行定额中相近的其他定额子项，结合实际情况加以修改使用。

如果没有定额可参考时，可根据工程实测数据编补定额，但要注意测标数字的真实性和可靠性。要注意补充定额单位估价表是否按当地的材料预算价格确定的材料单价计算，如果材料预算价格中未计入，可据实进行计算。

凡是补充定额单价或换算单价编制预算时，都应附上补充定额和换算单价的分析资料，一次性的补充定额。应经当地主管部门同意后，方可作为该工程的预（结）算依据。

（五）材料的二次搬运费定额上已有同样规定的，应按定额规定执行

（六）执行定额的审查

执行定额分为“闭口”部分和“活口”部分，在执行中应分别情况不同对待，对定额规定的“闭口”部分，不得因工程情况特殊、做法不同或其他原因而任意修改、换算、补充。对定额规定的“活口”部分，必须严格按照定额上的规定进行换算，不能有剩就换算，不剩就不换算。除此而外，在审查时还要注意以下几点：

(1) 定额规定材料构件所需要的木材以一、二类木种为准，如使用三、四类木种时，应按系数调整人工费和机械费，但要注意木材单价也应作相应调整。

(2) 装饰工程预算中有的人工工资都可作全部调整，定额所列镶贴块料面层的大理石或花岗石，是以天然石为准，如采用人工大理石，其大理石单价可按预算价格换算，其他工料不变（只换算大理石的单价）。

(七) 材料差价的审查

第二节　园林工程竣工结算

一、竣工结算的作用

以施工图预算或中标标价生效起，至工程交工办理竣工结算的整个过程为施工图预算或中标价的实施阶段。在这个阶段中，由于图纸的变更、修改以及施工现场发生的各种经济签证引起了原工程造价的变动，为了及时准确的反映工程造价变动的情况，应当及时编制单位工程的增减费用，作为施工图预算或中标价的补充文件，直至最后一次的增减预算，及竣工结算为止。增减工程费用只是工程结算的过渡阶段，而竣工结算才是确定单位或单项工程造价的最后阶段。

单位工程或单项工程竣工交付使用后，均应立即办理竣工结算手续。竣工结算手续由施工企业提出结算书，经建设单位审查盖章，建行据次结清施工单位应取的造价。

施工单位在单位工程的施工阶段，应根据单位工程的增减费用随时调整计划及统计进度，及时修正预算成本及其他各种有关的经济指标，以使企业 的经济管理的各种数据报表和经营效果准确可靠。当最后的竣工结算生效以后，施工单位据此调整最后的工程统计报表及数据，财务部门进行单位工程的成本核算，材料部门进行单位工程的材料核算，劳资部门进行单位工程的劳动力的成本核算等，国家据此调整工程的投资。因此造价费用的调整不但涉及到日常的企业管理工作，关系到企业经营效果的好坏，而且影响到国家的计划统计工作，不仅要及时，而且数字要准确可靠。

二、竣工结算的计价形式

园林工程竣工结算计价形式与建筑安装工程承包合同计价方式一样根据计价方式的不同，一般情况下可以分为三种类型，即总价合同、单价合同和成本加酬金合同。

（一）总价合同

所谓总价合同是指支付给承包方的款项在合同中是一个“规定金额”，即总价。它是以图纸和工程说明书为依据，由承包方与发包方经过商定作出的。总价合同按其是否可调整可分为以下两种不同形式：

1. 不可调整总价合同

这种合同的价格计算是以图纸及规定、法规为基础，承、发包双方就承包项目协商一个固定的总价，由承包方一笔包死，不能变化。合同总价只有在设计和工程范围有所变更的情况下才能随之做相应的变更，除此以外，合同总价是不能变动的 。

2. 可调整总价合同

这种合同一般也是以图纸及规定、规范为计算基础，但它是以“时价”进行计算的。这是一种相应固定的价格。在合同执行过程中，由于市场变化而使所用的工料成本增加，可对合同总价进行相应的调整。

（二）单价合同

在施工图纸不完整或当准备发包的工程项目内容、技术、经济指标一时尚不能准确、具体的给予规定时，往往要采用单价合同形式。

1. 估算工程量单价合同

这种合同形式承包商在报价时，按照招标文件中提供的估算工程量，报工程单价。结算时按实际完成工程量结算。

2. 纯单价合同

采用这种合同形式时，发包方只向承包方发布承包工程的有关分部、分项工程以及工程范围，不需对工程量做任何规定。承包方在投标时，只需对这种给定范围的分部分项工程作出报价，而工程量则按实际完成的数量结算。

3. 成本加酬金合同

这种合同形式主要适用于工程内容及其技术经济指标尚未全面确定，投标报价的依据尚不充分的情况下，发包方因工期要求紧迫，必须发包的工程；或者发包方与承包方之间具有高度的信任；承包方在某些方面具有独特的技术、特长和经验的工程。

三、竣工结算的竣工资料

（1）施工图预算或中标价及以往各次的工程增减费用。

（2）施工全图或协议书。

（3）设计变更、图纸修改、会审记录。

（4）现场地材料部门的各种经济签证。

（5）各地区对概预算定额材料价格，费用标准的说明、修改、调整等文件。

（6）其他有关工程经济的资料。

四、编制内容及方法

单位工程的增减费用或竣工结算的费用计算方法，是指在施工图预算或中标标价或前一次增减费用的基础上增加或者减少本次费用的变更部分，应计取各项费用的内容及使用各种表格均和施工图预算内容相同，它包括直接费、施工费、现场经费、独立费和法定利润等。现介绍如下

（一）直接费增减表计算

这个部分主要是计算直接费增加或减少的费用，其内容包括：

1. 计算变更增减部分

（1）变更增加：指图纸设计变更需要增加的项目和数量。工程量及价值前惯以“+”号。

（2）变更减少：指图纸设计变更需要减少的项目和数量。工程量及价值前惯以“—”号。

（3）增减小计：上述（1）+（2）之和，符号“+”表示增加费用，符号“-”为减少费用。

2. 现场签证增减部分

3. 增减合计

指上述1、2项增减之和，结果是增是减以“+”或“-”符号为准。

（二）直接费调整总表计算

这一部分主要计算经增减调整后的的直接费合计数量。计算过程为：

(1) 原工程直接费（或上次调整直接费），第一次调整填原预算或中标标价直接费；第二次以后的调整填上次调整费用的直接费。

(2) 本次增减额：填上述（一）1～3 的结果数。

(3) 本次直接费合计：上述 1，2 项费用之和。

(三) 费用总表计算

无论是工程费用或是竣工结算的编制其各项费用及造价计算方法与编制施工图预算的方法相同。见预算费用总表的编制方法。

(四) 增减费用的调整及竣工结算

增减费用的调整及竣工结算属于调整工程造价的两个不同阶段，前者是中间过渡阶段，后者是最后阶段。无论是哪一个阶段，都有若干项目的费用要进行增减计算，其中有与直接费用有直接关系的项目，也有与直接费间接发生关系的项目。其中有些项目必须立即处理有些项目可以暂缓处理，这些应根据费用的性质、数额的大小、资料是否正确等情况分不同阶段来处理。现在介绍部分不同情况的对下列问题采取不同阶段的处理方法。

(1) 材料调价：明确分阶段调整的，或还有其他明文调整办法规定的差价，其调整项目应及时调整，并列入调整费用中。规定不明确的要暂后调整。

(2) 重大的现场经济签证应及时编制调整费用文件，一般零星签证可以在竣工结算时一次处理完。

(3) 原预算或标书中的甩项，如果图纸已经确定，应立即补充，尚未明确的继续甩项。

(4) 属于图纸变更，应定期及时编制费用调整文件。

(5) 对预算或标书中暂估的工程量及单价，可以到竣工结算时再做调整。

(6) 实行预算结算的工程，在预算实施过程中如果发现预算有重大的差别，除个别重大问题应急需调整的应立即处理以外，其余一般可以到竣工结算时一并调整。其中包括工程量计算错误，单价差、套错定额子目等；对招标中标的工程，一般不能调整。

(7) 定额多次补充的费用调整文件所规定的费用调整项目，可以等到竣工结算时一次处理，但重大特殊的问题应及时处理。

第三节　园林工程竣工决算

竣工决算又称竣工成本决算，分为施工企业内部单位工程竣工成本核算和基本建设项目竣工决算。前者是对施工企业内部进行成本分析，以工程竣工后的工程结算为依据，核算一个单位工程的预算成本、实际成本和成本降低额。后者是建设单位根据国家建委《关于基本建设项目验收暂行规定》的要求，所有新建、改建和扩建工程建设项目竣工以后都应编报竣工结算。它是反映整个建设项目从筹建到竣工验收投产的全部实际支出费用文件。

一、竣工决算的作用

基本建设项目竣工后，及时编制工程竣工决算，有以下几方面作用：

（1）确定新增固定资产和流动资产价值，办理交付使用、考核和分析投资效果的依据。

（2）及时办理竣工决算，不仅能够准确反映基本建设项目实际造价和投资效果，而且对投入生产或使用后的经营管理，也有重要作用。

（3）办理竣工决算后，建设单位和施工企业可以正确地计算生产成本和企业利润，便于经济核算。

（4）通过编制竣工决算与概、预算的对比分析，可以考核建设成本，总结经验教训，积累技术经济资料，促进提高投资效果。

二、竣工决算的主要内容

工程竣工决算是在建设项目或单位工程完工后，由建设单位财务及有关部门，以竣工决算等资料为基础进行编制的。竣工决算全面反映了竣工项目从筹建到竣工全过程中各项资金的使用情况和设计概预算执行的结果。它是考核建设成本的重要依据，竣工决算主要包括文字说明及决算报表两部分。

（一）文字说明

主要包括：工程概况、设计概算和基本建设投资计划的执行情况，各项技术经济指标完成情况，各项拨款的使用情况，建设工期、建设成本和投资效果分析，以及建设过程中的主要经验、问题和各项建议等内容。

（二）决算报表

按工程规模一般将其分为大中型和小型项目两种。大中型项目竣工决算包括：竣工工程概算表、竣工财务决算表、交付使用财产总表、交付使用财产明细表，反映小型建设项目的全部工程和财务情况。表格的详细内容及具体做法按地方基建主管部门规定填表。

竣工工程概况表：综合反映占地面积、新增生产能力、建设时间、初步设计和概算批准机关和文号，完成主要工程量、主要材料消耗及主要经济指标、建设成本、收尾工程等情况。

大中型建设项目竣工财务决算表：反映竣工建设项目的全部资金来源和运用情况，以作为考核和分析基本建设拨款及投资效果的依据。

思考练习题：

1. 简述园林工程预算审查的意义、依据。
2. 叙述园林工程预算审查的方法、步骤和内容。
3. 试述竣工结算的编制内容及方法。
4. 竣工决算的作用、主要内容是什么。

第六章

园林工程预算经济管理

第一节　园林工程经济资料的管理

园林工程经济资料的管理是园林施工企业经济管理工作的一个重要环节。一个工程从开工至竣工，经常出现图纸上的变化，发生现场各种签证以及其他涉及到的经济方面的问题。这些经济方面的资料是调整预算造价、办理工程结算的依据。为了使竣工结算能收回价款，做到不少算，不漏算，必须做到经济资料齐全，内容正确，经办及时。这就需要技术、生产、资料等部门及施工现场，加强经济资料的管理工作，完善经济管理的制度，这对于搞好施工企业的经济管理有着十分重要的意义。同样，做好园林工程经济资料的管理，也是建设单位进行最终决算确定新增资产和交付后管理的重要依据。

一、经济资料管理的内容

（一）预算费用资料的管理

1. 工程合同及概预算资料

（1）凡是招投标中标的园林工程，应很好保管好中标标书以及有关招投标文件，费用调整规定以及在中标图纸中未包括的费用项目资料等；要认真研究投标图纸与施工图纸的差别，找出变更的内容，增加的项目以及按合同和费用调整文件应该增加的费用项目等，即使找建设单位办理洽商手续或者有关资料也要妥善保存，待竣工时用作费用调整的依据。

（2）凡实行预决算的工程，或者加系数包干工程，应针对不同结构类型，不同承包方式所应增加的各种费用、工程包干费用等，由工程预算部门主动找建设单位商洽作出决定，并在预算中或在合同中作出明确规定。

2. 工程价格变动资料

3. 取费标准变化与调价资料

合同预算部门应正确掌握有关取费项目、取费标准的变化，掌握多个时期调价系数的数据以及定额费用的变动情况，并及时向基层施工单位及负责概预算的编制人员，负责工程经济索赔人员说明情况，要求贯彻执行，以保证作到在竣工结算时该调整的费用一律不得漏算。

4. 各类经济资料的管理

合同预算部门是一个园林工程施工企业全面经营管理的业务部门，该部门除了应该作好自身对外多项经营工作外，还应督促各施工基层单位作好施工索赔及基层单位的各项经营管理工作，作好资料的管理和搜集工作并应保管好各种经营管理资料，索赔资料，以全面作好经营管理工作。

（二）图纸变更资料管理

（1）对原施工图结构、构造的修改：其中包括结构形式、断面尺寸、材料标量的改变，层高及跨度的变更等。

（2）建筑装修的修改：其中包括有木装修、楼地面、内外装饰等做法上的修改及标准的提高。

（3）安装工程的修改：其中包括给排水、电气、暖气和弱电工程等部分，设置范围和标准的变更等。

（4）增加项目：包括增加设计图纸上没有的工程项目，和图纸上原有项目中增加面积、层次、设施、变更做法等变更资料。

以上资料应由技术部门经办后，将资料及时交预算部门存档，以做调整造价之用。技术部门应对施工现场进行技术监督，凡是设有变更洽商资料的，一律不得随意更改图纸内容。

（三）地基处理及地基加深的洽商

在基础施工中发现地基土质不好，地下墓穴道及其他地下障碍物，需进行清除，并要进行地基加固，基础加深等技术处理的，必须及时办理技术洽商或现场经济签证。

（四）材料代用洽商

在施工过程中，如果发生原设计材料品种、规格、型号没有或必须用其他的品种、规格、型号的材料代用时，必须办理工程洽商，洽商手续可以由技术部门向设计单位办理。

（五）现场经济签证管理

现场发生的经济签证内容是多方面的，现概括如下：

（1）施工区域的障碍物清理，旧房屋的拆除等发生的费用。

（2）施工区域内设计标高与自然标高不符的土方处理，如果土方量较大，必须单独编制土方工程概预算，一般情况可以由施工工长在现场单独办理签证。

（3）在施工过程中突然发现图纸中的问题，而又必须立即处理的必须随时在现场办理经济签证。

（4）没有入标或预算的地下排水工程，如果现场按时签证时，要对降低地下水位所采用的排水措施，应逐日做好记录，并办理签证手续后，交预算部门进行经济结算。

（5）由于图纸中的错误或矛盾引起的工程返工，修补所增加的费用资料，由技术部门或施工现场办理签证。如造成停工、窝工、其经济损失由施工单位向建设单位办理经济签证。

（6）施工中突然发生的或长时间的停水、停电造成施工单位的经济损失，应由工长办理签证。

（7）由于建设单位的责任造成的材料倒运，仓库及工地用房搬迁等原因而引起的由施工单位发生的费用，应由工长办理签证。

（8）由建设单位供应的材料，门窗，预制构件，由于质量不好而需要修理加工的损失费用应由建设单位承担，在现场应由工长办理必要的经济手续。

（六）停工损失费的办理

由于建设单位的原因造成合同以内的工程停建或中途停建，应由建设单位承担施工单位的经济损失，包括以下项目：

（1）已经做了施工准备工程，建设单位要求停止开工的，建设单位应赔偿施工管理上的损失及已经投入的工料费，赔偿成品、半成品构件已经提前加工的损失费。

（2）建设单位中途无故停止建造的工程，除盘点已完的工程按正常预决算收回应取得费用外，建设单位应赔偿施工单位的停建损失费。停建损失费应由施工单位提出数据，经建设单位审查后赔偿。

（3）凡是停建的工程，已经进厂的预制构件，门窗、半成品等应由施工单位材料部门按规定移交给建设单位，并办理经济结算手续，对于积压的材料原则上也应移交给建设单位，如果施工单位还可以用与其他工程的，可以留下，但造成的人工倒运费应由建设单位承担。

（4）建设单位和施工单位单方无故停工，除应由责任方赔偿停建损失费以外，还应赔偿对方违约金，违约金应在合同中有明确规定。

二、现场经济签证办理的方式

现场经济签证大致有三种方式，第一种是签证工程量；第二种是签证人工、材料、机械工程量；第三种是按照被签证对象实耗记录或凭据进行签证。

（一）签证工程量

签证工程量就是按照预算范围以外发生或增加的工程量向建设单位办理签证手续。它一般用于以下情况：

（1）有图纸可以计算工程量的情况，它一般用于现场临时增加的项目或变更图纸的内容，而且可以随时计算工程量的情况。

（2）可以用实测的方法测出工程量，而且可以套用定额计算单价的，例如地基不好需用砼或好土加固的，但无图纸可以计算，只有用实测方法计算工程量。

（3）增加或变更的项目工程量已经明确的情况，一般用于预制构件、门窗、半成品数量、型号、规格、计量都是已知的情况。

（二）签证人工、材料、机械数量

按人工、材料、机械消耗量进行签证多半是在工作进行之前先办签证，而后再施工。进行这种签证往往凭经验进行估算，准确性较差。但是作为甲乙双方的经济手续要求来说，必须先签证后施工。但可按消耗量进行估算。适用于一些无法计算工程量的项目，例如障碍物的清理，零星工程，打调修补，搬迁，拆除等。

（三）按实耗记录或凭据进行签证

按实耗记录或凭据进行签证，是对被签对象在施工过程中记录下所消耗的人工、材料、机械台班或者依凭据进行签证的。例如某些地下排水就是以所消耗的人工数量及水泵台班的数量的记录为准，特殊构件、材料、半成品的制作、加工、采购的费用一般以发票、凭据为准办理经济签证。

以上三种签证不管是哪一种，施工单位应本着最大限度节约消耗的原则压缩签证数量，不能以高估、冒算、乱夯、乱要来加大签证数量。能签证的工程量尽量办理签证；办估算，要做到实事求是，尽量减少误差。

第二节 加入 WTO 后园林工程预算的发展趋势

一、我国园林工程造价管理的现状

我国工程造价在唐朝就有记载，但发展缓慢。新中国成立后。有了很大的发展。但未形成一个系统的学科。党的十一届三中全会后。社会主义市场经济逐步完善，工程造价的研究得到了很大的发展。逐步形成了一个新兴的学科。1985 年成立了中国第一个建设概预算定额委员会，1990 年在此基础上成立了中国建设工程造价管理协会，1996 年国家人事部和建设部已确定并行文建立注册造价工程师制度，标志着该学科已逐步发展为一个独立、完善的学科体系。

经过十多年的发展，我国的工程造价管理工作取得了可喜的成绩，但是，我国的工程造价管理与西方发达国家相比还有很大的差距，具体表现在以下几个方面：

（1）工程造价管理的观念落后。我国工程造价管理的产生有其复杂的背景，在现实工作中计划经济模式的烙印还相当深。绝大多数工作还停留在“三性一静（定额的统一性、综合性、指令性和工料、机价的静态性）基础上。往往“三算（估算、预算、决算）分离，“三超”现象严重。因此，我们必须树立“全过程、全方位的动态工程造价管理”的新理念。

（2）法律、法规不健全。尽管我国已有了相关的法律、法规，但是由于多方面的原因，这些法律、法规不够健全，在实践贯彻中还存在着许多问题。同时有法不依、执法不严的现象屡见不鲜，比如招投标法在实际中经常扭曲，设标、串标现象还很严重。因此，加强行业立法，与国际惯例接轨已成为当务之急。

（3）工程造价管理人员的素质低下。目前，我国工程、造价管理领域的从业人员有 80 多万，这 80 多万的从业人员中达到本科学历的不到三分之一，绝大多数是大专、电大、函大毕业，有的甚至还没有专科文凭。从专业上看，正规高等院校工程造价专业毕业的不到百分之一，大部分都来源于工程经济、投资经济、工程管理与概预算相近的专业，这些人员从事工程造价管理很难进行全过程、全方位、动态的工程造价管理。另外，工程造价师执业资格考试刚刚起步，目前取得资格证书的还不足全行业从业人员的1%，能够充当总经济师的更是凤毛麟角。

二、我国园林工程造价管理的发展趋势

首先是工程造价管理的国际化趋势。随着中国经济日益融入全球市场，在我国的跨国公司和跨国项目日益增多，我国的许多园林工程项目还要通过国际招标、咨询或BOT方式完成。目前，我国工程造价管理已初步产生两种运作趋势。同时，我国园林工程企业走出国门在海外投资和经营的项目也在增加。因此，随着经济全球化的到来，工程造价管理的国际化正形成趋势和潮流。特别是我国 加入WTO后，国内园林工程市场国际化，国外园林工程市场全球化，必然会冲击我国现行的工程造价管理体系，向国际化进军。

与此同时，外国企业必然会利用其在资本、技术、管理、人才服务等方面的优势挤占我国的国内市场，尤其是工程总承包市场。面对日益激烈的市场竞争，我国园林工程企业必须以市场为导向转换经营模式，努力增强应变能力，自强不息，勇于进取，在竞争中学会生存，在搏击中学会发展。

另一方面，入世后根据最惠国待遇和国民待遇，我们将获得更多的机会，并能更加容易地进入国际市场。同时，加入WTO后我国的园林工程企业可以同其他成员国国家企业拥有同等的权利，并享有同等的关税减免。在贸易自由化原则指导下减少对外工程承包的审批程序，将会有更多的园林工程施工公司从事国际工程承包，并逐步过度到自由经营工程造价管理的国际化趋势。其次，国际间的学术交流日益频繁。2000年6月5～17日，中国工程造价管理协会组成6人的代表团，赴澳大利亚参加了第四届亚太地区测量师大会，并与新西兰测量师学会进行了考察访问。2001年5月25～26日，在北京召开了“国际造价研讨会”所有这些表明，工程造价国际化已成为必然趋势，各国都在努力寻求国际间的合作，寻求自己发展的空间。

其次是工程造价管理的信息化趋势。伴随着INTERNET走进千家万户以及知识经济的到来，工程造价管理的信息化已成为必然趋势。在信息高速膨胀的今天，工程造价管理越来越依赖于电脑手段，其竞争从某种意义上讲已成为信息战。另一方面，作为21世纪的主导经济——知识经济已经到来，与之相应的工程造价管理也必然发生新的革命。知识经济时代的工程造价管理将由过去的劳动密集型转变为知识密集型。知识经济可以理解为把知识转化为效益的经济；知识经济在利用较少的自然资源和人力资源的同时，更重视利用智力资

源。知识产生新的创意，形成新的成果，带来新的财富，这一过程靠传统的方式已无法实现。在这一过程中电脑又发挥了不可替代的作用。目前，西方发达国家已经在园林工程造价管理中运用了网络技术，通过网上招投标，开始实现了园林工程造价管理的网络化、虚拟化。另外，园林工程造价软件也开始被大量应用，专门从事园林工程造价管理软件开发研究工作的软件公司不断产生。21 世纪的园林工程造价管理将更多的依靠电脑技术和网络技术已成为现实，未来的园林工程造价管理必将成为信息化管理。

三、我国园林工程造价管理的对策

（一）必须加强法律、法规建设，与国际惯例接轨

《建筑法》和《招投标法》已相继实施，相信中国建筑市场将越来越规范。园林工程造价管理作为园林工程建设项目的一部分应该积极贯彻这两个法律，促使我国园林工程造价管理走上法制化轨道。因为普及法律只是从客观上加以规范，不可能对园林工程造价管理的各个方面都作出详细的评定，因此，园林工程造价管理应该从加强自身相关法律、法规的建设，与国际惯例全面接轨。特别是我国已加入 WTO，中国园林工程建筑业必然要走出国门，参与国际竞争，开拓国际市场就必须与国际惯例全面接轨。面对变幻莫测的国际市场，我们只有慎重并吃透国际惯例、法规、标准等，才有可能按国际惯例进入国际市场，同时受到国际法律的保护。

（二）必须大力推行“工程量清单”的办法

2000 年 1 月 1 日，正式开始实施的《招投标法》中规定：中标人的中标报价不低于成本价。何为不低于成本价呢？是指不低于社会平均成本还是企业个别成本呢？如果不低于社会平均成本就是预算成本，那么就与我国的社会主义市场经济不相符。市场经济条件下，随着科学技术的发展，新材料、新工艺、新技术的引入，许多园林工程施工企业以低于社会成本报价已成为完全可能的。如果指不低于企业个别成本，那么我们如何知道一个企业的真实成本呢？面对这些问题，我们必须彻底改变过去完全依靠定额的做法。2000 年 12 月 19～20 日，中国工程造价管理协会在北京召开了工程量清单招投标法座谈会，表明在社会主义市场经济条件下推行“量价分离”是完全必要的。同时也受到越来越多的社会各界人士的高度重视。根据中央人民广播电台 3 月 12 日报道，南宁市已宣布采用实物定量、市场定价的方法进行工程招投标。目前我国采用的定额是“量价合一”的参考性文件。企业根据定额所做的报价往往比市场参考价高出许多，不能真实反映市场情况。采用新的招投标报价法可以鼓励企业把自己最新的设备，先进的技术、方法展现给业主，以最合理、最能反映目前市场运营情况的报价进行投标。可以进一步规范园林工程建筑市场，使我国的园林工程等建筑市场真正向国际市场接轨，以迎接加入 WTO 的挑战。

众所周知，“量价合一”的定额与市场经济运行规律是不相符的，然而定额又是完成单位产品消耗量的标准，它是客观的、科学的、公正的，具有法律的属性。既然定额是标准，其属性又是法定的，因此定额实际上是工程量计算规则与计量标准。所以，我们不但不能废除定额，而且应该加大定 额编写补充的力度，为推行“工程量清单办法”奠定良好的基础。

（三）必须加强项目库的组建

香港工料测量师协会是相当中国造价协会的组织，他们在工程造价管理的实际中，具体做法是参考过去的类似项目，根据经验来确定工程的造价。实际表明，他们的做法是非常有效的，但是他们保存的类似历史项目的资料相当丰富，也就是通常所说的项目库相当完善，内容丰富，这为准确确定工程造价提供了可靠的保证。近年来，也有许多人把神经网络工程理论用到了工程造价管理中，神经网络方法也就是模拟人脑的思维进行各种活动。在工程造价管理中，神经网络模拟人脑搜索类似的历史项目资料，最后凭经验来确定工程造价。实际上神经网络方法与香港的模式是一样的，只不过把这一复杂工作交给计算机来完成而已。加入 WTO 后，面对全球化、网络化，我们有必要在工程造价中引入这些先进方法，这就要求我们必须在相当长的时期内，都应从两个方面来考虑：一方面是社会平均水平，另一方面是企业个别水平，这样我们也可以避免在评标时，去判断企业报价是否低于成本报价这个敏感而又复杂的问题。

（四）必须加强工程造价管理人才培养

在市场经济条件下，工程造价管理人员的工作已从被动反映造价结构转向能动影响项目决策。但人才质量与企业需求之间的矛盾还相当突出，因此如何造就一批适应社会主义现代化建设需要的工程造价管理人才，已成为迫切需要解决的问题。一方面，高等院校应该担负教育现代工程造价管理人才的重任。自 1986 年南方冶金学院创办第一个工程造价管理本科专业，到目前为止，全国已经有十多个高等院校设立了这一学科。但是，从这十多年来看，所培养的毕业生大部分至今还留在概预算的层次上，很少有符合全过程、全方位、动态工程造价管理概念的要求。所以，我们必须加强工程造价管理的学科建设，在高校建立硕士点、博士点，以培养一批懂技术、懂经济、懂法律、兼管理，同时精通计算机和外语的高素质的工程造价管理人才；另一方面。大力推行注册造价工程师职业力度。注册造价工程师1997年在全国9个省试点考试，1998年在全国考试。几年来，已培养了一批注册造价工程师，但这还不到我国所需工程造价管理人员80万的1%，离10%的目标相差甚远。我们必须大力推行注册造价工程师制度，以培养更多的、高素质的造价工程师，同时为培养工程总经济师及高级管理人才打下良好的基础。

（五）工程造价管理必须信息化、网络化

在计算机网络技术日益普及的今天，面对强大的信息流，传统的管理模式、管理方法显然已经无能为力了。我们必须寻求更加现代化的管理手段，充分发挥现代化管理手段，既是向国际接轨的需要，也是工程造价管理的需要。为此，我们应努力作好工程造价管理信息化、网络化方面的工作。

（六）必须加强协会建设

中国建设工程造价协会自1990年成立以来，在建设部的引导下，开展了一系列卓有成效的工作。随着社会主义市场经济体制的逐步完善。协会的工作面临着巨大的挑战。为迎接竞争日益激烈的国际市场，中国建设工程造价协会必须尽快实行行业改革，加强自身建设；大力培养高素质人才，完善注册造价工程师执业制度；全面推行工程量清单制度；建立行业管理和自律制度，完善相关法律、法规，逐步与国际惯例接轨，以促进我国包括园林工程造价在内的工程造价管理事业更上一层楼。

思考练习题：

1. 试述园林工程经济资料的管理内容。
2. 叙述经济签证办理的方式。
3. 简述加入“WTO”以后，我国园林工程预算的发展趋势。

下　　篇

园林工程施工组织管理

第七章

园林工程施工概述

园林工程是以市政工程原理为基础，以园林艺术理论为指导，进行研究工程造景技艺，并使其应用于实践的一门学科。其中心内容是：探讨在最大限度地发挥园林的综合功能的前提下，妥善处理工程设施与园林景观之间的协调统一关系，通过严格的成本控制和科学的施工管理，实现优质低价的工程产品。简言之，就是探讨市政工程的园林化。

第一节　园林工程概述

一、园林工程的特征

园林工程的产品是建设供人们游览、欣赏的游憩环境，形成优美的环境空间，构成精神文明建设的精品，它包含一定的工程技术和艺术创造，是山水、植物、建筑、道路、广场等造园要素在特定境域的艺术体现。因此，园林工程和其他工程相比有其突出的特点，并体现在园林工程施工管理的全过程之中。

（一）生物性

植物是园林最基本的要素，特别是现代园林中植物所占比重越来越大，植物造景已成为造园的主要手段。由于园林植物品种繁多、习性差异较大、立地类型多样，园林植物栽培受自然条件的影响较大。为了保证园林植物的成活和生长，达到预期设计效果，栽植施工时就必须遵守一定的操作规程，养护中必须符合其生态要求，并要采取有力的管护措施。这些就使得园林工程具有明显的生物性特征。

（二）艺术性

园林工程的另一个突出特点，它是一门艺术工程，具有明显的艺术性。园林艺术是一门综合性艺术，涉及到造型艺术、建筑艺术和绘画、雕刻、文学艺术等诸多艺术领域。要使竣工的工程项目符合设计要求，达到预定功能，就要对园林植物讲究配置手法，各种园林设施必须美观舒适，整体上讲究空间协调，即既追求良好的整体景观效果，又讲究空间合理分隔，还要层次组织得错落有序，这就要求采用特殊的艺术处理，所有这些要求都体现在园林工程的艺术性之中。缺乏艺术性的园林工程产品，不能成为合格的产品。

（三）广泛性

园林工程的规模日趋大型化，要求协同作业。加之新技术、新材料、新工艺的广泛应用，对施工管理提出了更高的要求。园林工程是综合性强、内容广泛、涉及部门较多的建设工程，大的、复杂的综合性园林工程项目涉及到地貌的融和、地形的处理、建筑、水景、给水排水、园路假山、园林植物栽种、艺术小品点缀、环境保护等诸多方面的内容；施工中又因不同的工序需要将工作面不断转移，导致劳动资源也跟着转移，这种复杂的施工环节需要有全盘观念、有条不紊；园林景观的多样性导致施工材料也多种多样，例如园路工程中可采取不同的面层材料，形成不同的路面变化；园林工程施工多为露天作业，经常受到自然条件（如刮风、冷冻、下雨、干旱等）的影响，而树木花卉栽植、草坪铺种等又是季节性很强的施工项目，应合理安排，否则成活率就会降低，而产品的艺术性又受多方面因子的影响，必须仔细考虑。诸如此类错综复杂的众多问题，就需要对整个工程进行全面的组织管理，这就要求组织者必须具有广泛的多学科知识与先进技术。

（四）安全性

园林工程中的设施多为人们直接利用，现代园林场所又多是人们活动密集的地段、点，这就要求园林设施应具足够的安全性。例如建筑物、驳岸、园桥、假山、石洞、索道等工程，必须严把质量关，保证结构合理、坚固耐用。同时，在绿化施工中也存在安全问题，例如大树移植注意地上电线、挖沟挑坑注意地下电缆，这些都表明园林工程施工不仅要注意施工安全，还要确保工程产品的安全耐用。

二、园林工程的种类

根据园林工程兴建的程序，园林工程包括土方工程、给水及排水工程、水景工程、园路工程、假山工程、种植工程、园林供电工程等七部分。而中国园林为突出中华民族的传统民族风格，以自然山水园中的山、水、石为重点，山中包含假山工程。而土方工程、给水及排水工程及园林供电工程与其他工程类相似，故本书以介绍假山工程、水景工程、园路工程和栽植工程的施工组织与管理为主要内容。

（一）假山工程

假山是中国传统园林的重要组成部分，以独具中华民族文化艺术魅力，而在各类园林中得到了广泛的应用。通常所说的假山，包括假山和置石两部分内容。

假山是以造景、游览为主要目的，以自然山水为蓝本，经过艺术概括、提炼、夸张，以自然山石为主要材料，用人工再造的山景或山水景物的统称。假山的布局多种多样，体量大小不一，形式千姿百态。与置石相比假山具有体量大而集中，布局严谨，能充分利用空间，可观可游，令人有置身于自然山林之感。假山根据堆叠材料的不同可分为石山、石山带土、土山带石三种类型。

置石是以具有一定观赏价值的自然山石，进行独立造景或作为配景布置，主要表现山石的个体美或局部组合美，而不具备完整山形的山石景物。比之假山置石体量较小，因而布置容易且灵活方便，置石多以观赏为主，而更多的是以满足一些特殊要求的某一具体功能方面的要求，而被广泛采用。置石依布置方式的不同可分为特置、对置、散置、群置等。

另外，还有近年流行的园林塑山，即采用石灰、砖、水泥等非石质性材料经过人工塑造的假山。园林塑山又可分为塑山和塑石两类。园林塑山在岭南园林中出现较早，经过不断的发展与创新，已作为一种专门的假山工艺，不仅遍及广东，而且亦在全国各地开花结果。园林塑山根据其骨架材料的不同，又可分为两种：砖骨架塑山，即以砖做为塑山的骨架，适用于小型塑山及塑石；钢骨架塑山，即以钢材做为塑山的骨架，适用于大型塑山。随着科技的不断创新与发展，会有更多、更新的材料和技术工艺应用于假山工程中，而形成更加现代化的园林假山产品。

（二）水景工程

水是万物之源，水体在园林造景中有着更为重要的作用，水景工程指园林工程中与水景相关工程的总称。所涉及的内容有水体类型、各种水体布置、驳岸、护坡、喷泉、瀑布等。

水无常态，其形态依自然条件而定，而形状可圆可方、可曲可直、可动可静与特定的环境有关。这就为水景工程提供了广阔的应用前景，常见的园林水体多种多样，根据水体的形式可将其分为自然式、规则式或混合式三种。又可按其所处状态将其分为静态水体、动态水体和混和水体三种。

1. **静态水体**

湖池属静态水体。湖面宽阔平静，具平远开朗之感。有天然湖和人工湖之分。天然湖是大自然施于人类的天然园林佳品，可在大型园林工程中充分利用。人工湖是人工依地势就低挖凿而成的水域，沿岸因境设景，可自成天然图画。人工湖形式多样，可由设计者任意发挥，一般面积较小，岸线变化丰富且具有装饰性，水较浅，以观赏为主，现代园林中的流线型抽象式水池更为活泼、生动，富于想象。

2. **动态水体**

（1）动态水体是水可流动性的充分利用，可以形成动态自然景观，补充园林中其他景观的静止、古板而形成流动变化的园林景观，给人以丰富的想象与思考。是现代园林艺术中多用的一种水体方式。常用的动态水体有溪涧、瀑布、跌水、喷泉等几种形式。溪涧是连续的带状动态水体。溪浅而阔，涧深而窄。平面上蜿蜒曲折，对比强烈，立面上有缓有陡，空间分隔开合有序。整个带状游览空间层次分明，组合合理，富于节奏感。

（2）瀑布属动态水体，以落水景观为主。有天然瀑布和人工瀑布之分，人工瀑布是以天然瀑布为蓝本，通过工程手段而修建的落水景观。瀑布一般由背景、上游水源、落水口、瀑身、承水潭和溪流五部分构成，瀑身是观赏的主体。

（3）跌水是指水流从高向低呈台阶状逐级跌落的动态水景。既是防止流水冲刷下游的重要工程设施，又是形成连续落水、观景的手段。

（4）喷泉又称喷水，是由一定的压力使水喷出后形成各种喷水姿态，以形成升落结合的动水景观，既可观赏又能起装饰点缀园景的作用。喷泉有天然喷泉和人工喷泉之分。人工喷泉设计主题各异，喷头类型多样，水型丰富多彩。随着电子工业的发展，新技术新材料的广泛应用，喷泉已成为集喷水、音乐、灯光于一体的综合性水景之一，在城镇、单位，甚至私家园林工程中被广泛应用。

园林中的各种水体需要有稳定、美观的岸线，因而在水体的边缘多修筑驳岸或进行护坡处理。驳岸是一面临水的挡土墙，是支持陆地和防止岸壁坍塌的人工构筑物。按照驳岸的造型形式分可为规则式、自然式和混合式三种。护坡是保护坡面防止雨水径流冲刷及风浪拍击的一种水工措施。目前常见的有草皮护坡、灌木（含花木）护坡、铺石护坡。

（三）园路工程

园路是贯穿全园的交通网络，又是联系组织各个景区和景点的自然纽带，又可形成独特的风景线，因而成为组成园林风景的造景要素，能为游人提供活动和休息场所。因而园路除了担负交通、导游、组织空间、划分景区功能外，还具有造景作用。园路包括道路、广场、游憩场所等，多用硬质材料铺装。

园路一般由路基、路面和道牙（附属工程）三部分组成。常见园路类型有：

（1）整体路面：包括水泥混凝土路面、沥青混凝土路面。

（2）块料路面：包括砖铺地、冰纹路、乱石路、条石路、预制水泥混凝土方砖路、步石与汀步、台阶与蹬道等。

（3）碎料路面：包括花街铺地、卵石路、雕砖卵石路等。

（四）栽植工程

植物是绿化的主体，又是园林造景的主要要素。植物造景是造园的主要手段。因此，园林植物栽植自然成为园林绿化的基本工程。由于园林植物的品种繁多，习性差异较大，多数栽植场地立地条件较差，为了保证其成活和生长，达到设计效果，栽植时必须遵守一定的操作规程，才能保证工程质量。栽植工程分为种植、养护管理两部分。种植属短期施工工程，养护管理属长期、周期性工程。栽植施工工程一般分为现场准备、定点放线、起苗、苗木运输、苗木假植、挖坑、栽植和养护等。

第二节　园林工程施工程序

园林工程作为建设项目 中的一个类别，它必须遵循建设程序，即建设项目从设想、选择、评估、决策、设计、施工到竣工验收、投入使用、养护保修，发挥社会效益的整个过程，而其中各项工作必须遵循有其先后次序的法则。其建设程序可分为以下 7 步：

第一步　据地区发展需要，提出项目建议书。

第二步　在踏勘、现场调研的基础上，提出可行性研究报告。

第三步　有关部门进行项目立项。

第四步　根据可行性研究报告编制设计文件，进行初步设计。

第五步　初步设计批准后，作好施工前的准备工作。

第六步　组织施工，竣工后验收并交付使用。

第七步　经过一段时间的运行，一般是 1－2 年期的保修养护管理，应再进行项目后评价。

一、园林工程项目建议书阶段

大型园林工程项目建议书是根据当地的国民经济发展和社会发展的总体规划等多方面要求，经过调查、预测分析后所提出的。它是投资建设决策前，对拟建设项目的轮廓设想，主要是说明该项目立项的必要性、条件的可行性、获取效益的可靠性，以供上一级机构进行决策之用。

在园林建设项目建议书中其内容一般有：

（1）建设项目的必要性和依据。

（2）建设项目的规模、地点以及自然资源、人文资源情况及社会地域经济条件。

（3）建设项目的投资估算以及资金筹措来源。

（4）建设项目建成后的社会效益、经济效益生态效益的估算。

按现行规定，凡属大中型或限额以上的园林工程项目建议书，首先要报送行业归口主管部门，同时抄送国家计委。行业归口部门初审后再由国家计委审批。而小型和限额以下园林工程项目建议书应按项目隶属关系由部门或地方计委审批。

二、园林工程项目可行性研究报告阶段

当项目建议书一经批准，即可着手进行可行性研究，其基本内容为：

（1）园林工程项目建设的目的、性质、提出的背景和依据。

（2）园林工程建设项目的规模、市场预测的依据等。

（3）园林工程项目建设的地点位置、当地的自然资源与人文资源的状况，即现状分析。

（4）园林工程项目内容，包括面积、总投资、工程质量标准、单项造价等。

（5）园林工程项目建设的进度和工期估算。

（6）园林工程项目投资估算和资金筹措方式，如国家投资、外资合营、自筹资金等。

（7）园林工程项目的经济效益和社会效益生态效益分析。

三、园林工程项目的设计工作阶段

设计是对拟建工程的实施，在技术上和经济上所进行的全面而详尽的安排，是园林工程建设的具体化。园林工程项目设计过程一般分为三个阶段，即初步设计、技术设计和施工图设计。一般园林工程仅需要进行初步设计和施工图设计即可，对大型、复杂、有特定要求的园林工程，要做出技术设计。

四、建设准备阶段

园林工程项目在开工建设前要切实作好各项准备工作，其主要内容为：

（1）征地、拆迁、平整场地，其中拆迁是一项政策性很强的工作，应在当地政府及有关部门的协助下，共同完成此项工作。

（2）完成施工所用的供电、水、道路设施工程。

（3）组织设备及材料的定货等准备工作。

（4）组织施工招、投标工作，精心选定施工单位。

五、园林工程项目的建设实施阶段

（一）园林工程施工的方式

园林工程施工方式有两种：一种是由实施单位自行施工，另一种是委托承包单位负责完成。目前常用的是通过公开招标以决定承包单位进行施工。其中最主要的一项工作是订立承包合同（在特殊的情况下，可采取订立意向合同等方式）。承包合同的主要内容为：

（1）所承担的施工任务的内容及工程完成的时间。

（2）双方在保证完成任务前提下所承担的义务和权利。

（3）甲方支付工程款项的数量、方式以及期限等。

（4）双方未尽事宜应本着友好协商的原则处理，力求完成相关工程项目的协议。

（二）园林工程施工管理

开工之后，工程管理人员应与技术人员密切合作，共同搞好施工中的管理工作。园林工程施工管理一般包括工程管理、质量管理、安全管理、成本管理、劳务管理及文明施工管理等 6 个方面内容。

（1）工程管理：开工后，工程现场组织行使自主的施工管理。对甲方而言，是如何在确保工程质量的前提下，保证工程的顺利进行，以在规定的工期内完成建设项目。对乙方来说，则是以最少的人力、物力投入以获得符合要求的高质量园林产品并取得最好的经济效益。工程管理的重要指标是工程速度，因而应在满足经济施工和质量要求的前提下，求得切实可行的最佳工期，是获得较好经济效益的关键。

为保证如期完成工程项目，应编制出符合上述要求的施工计划，包括合理的施工顺序、作业时间和作业均衡、成本等等。在制定施工计划过程中，将上述有关数据图表化，以编制出工程表。工程上也会出现预料不到的情况，因而在整个施工过程中可对编制的工程表补充或修正，灵活运用，以使其更符合客观实际。

（2）质量管理：质量管理是施工管理的核心，是获得高质量产品和获得较高社会效益的基础。其目的是为了有效地建造出符合甲方要求的高质量的项目产品，因而需要确定施工现场作业标准量，并测定和分析这些数据，把相应的数据填入图表中并加以研究运用，即进行质量管理。有关管理人员及技术人员正确掌握质量标准，根据质量管理图进行质量检查及生产管理，是确保质量优质稳定的关键。

（3）安全管理：安全管理是一切工程管理的重要内容。这是杜绝劳动伤害、创造秩序井然的施工环境的重要管理业务，也是保证安全生产、实现经济效益的主要措施之一。应在施工现场成立相关的安全管理组织，制定安全管理计划以便有效地实施安全管理，严格按照各工种的操作规范进行操作，并应经常对技术人员和工人包括临时用工进行安全教育。

（4）成本管理：园林建设工程是公共事业，甲乙双方的目标应是一致的，就是以最小的投放，将高质量的园林作品交付给社会，以获得好的社会效益和经济效益。因而必须提高成本意识，实行成本管理。成本管理不是追逐利润的手段，利润应是成本管理的结果。

（5）劳务管理：劳务管理是指施工过程中对参与工程的各类劳务人员的组织与管理，是施工管理的主要内容之一。应包括招聘合同手续、劳动伤害保险、支付工资能力、劳务人员的生活管理等，它不仅是为了保证工程劳务人员的有关权益，同时也是项目顺利完成的必要保障。

（6）文明施工管理：现代施工要求做到文明施工，即就是通过科学合理的组织设计，协调好各方面的关系，统筹安排各个施工环节，保证设备材料进场有序，堆放整齐，尽量减少夜间施工对外部环境的影响，做到现场施工协调、有序、均衡、文明。

六、园林工程项目的竣工验收阶段

竣工验收阶段是形成商品性园林工程产品的最后一个环节。是全面考核园林建设成果、检验设计和工程质量的重要步骤，也是园林建设转入对外开放及使用的标志。

(1) 竣工验收的范围：根据国家现行规定，所有园林工程建设项目必须按照上级批准的设计文件所规定的内容和施工图纸的要求全部建成并进行验收。

(2) 竣工验收的准备工作：主要有整理技术资料、绘制竣工图纸，并应符合归档要求、编制竣工决算。

(3) 组织项目验收：工程项目全部完工后，经过单项验收，符合设计要求，并具备竣工图表、竣工决算、工程总结等必要的文件资料，由项目主管单位向负责验收的单位提出竣工验收申请报告，再由验收单位组织相应的人员进行审查、验收，作出评价，对合格的工程作出通过验收的决定，对不合格的工程则不予通过验收。对工程的遗留问题则应提出具体意见，限期完成。

(4) 确定对外开放日期：园林工程项目验收合格后，应及时移交使用部门并确定对外开放时间，以尽早发挥项目的经济效益与社会效益。

七、园林工程项目的后评价阶段

园林工程建设项目的后评价是工程项目竣工并使用一段时间后，再对立项决策、设计施工、竣工使用等全工程进行系统评价的一种技术经济活动，是固定资产投资管理的一项重要内容，也是固定资产管理的最后一个环节。通过对建设项目的后评价可以达到肯定成绩、总结经验、研究问题、吸取教训、提出建议、改进工作，不断提高项目决策水平的目的。

目前我国开展建设项目的后评价一般按三个层次组织实施，即项目单位的自我评价、行业评价、主要投资方或各级计划部门的评价。

思考练习题：

1. 园林工程的特征是什么？
2. 园林工程的种类有哪些？
3. 试述园林工程的施工程序？

第八章

园林建设工程的招标与投标

第一节　园林工程项目承包活动概述

一、工程项目承包的概念和内容

（一）工程项目承包的概念

工程项目承包是一种商业行为，是商品经济发展到一定程度的产物。

园林建设工程项目承包的含义：是指在园林工程项目建设市场中，作为供应者的园林企业（即承包人）对作为需求者的建设单位（即发包人）作出承诺，负责按对方的要求完成某一园林建设工程项目的全部或其中一部分工作，并按商定的价格取得相应的报酬。在交易过程中，承发包双方之间存在着经济上、法律上的权利、义务与责任的各项公正、公开、公平的关系，并通过合同予以明确。它是社会主义市场经济条件下，园林工程项目实现的主要方式。

（二）工程项目承包的内容

工程项目承包的内容，就其工程项目本身而言，是指建设过程中各个阶段的全部工作。对一个承包单位来说，一项承包活动可以是建设过程的全部工作，也可以是某一阶段的全部或一部分工作。其内容可分为：

1. 项目的可行性研究

项目的可行性研究的任务是根据城市规划和城市绿地系统规划的要求，对园林建设项目在技术、工程、环境效益、社会效益和经济效益上是否合理可行、是否最佳，进行全面分析、论证，并作出方案比较评价，为投资决策提供可靠的依据。可行性研究通常由咨询、监理、设计机构承担，也可由具有这一职能资质的工程承包单位承担。可行性研究的结论不论是否可行，也不论委托人是否采纳，都须按事先协议支付报酬。

项目可行性研究要作为投资决策和筹措资金的依据，投资决策机构和资金供应机构要进行评估。并必须委托资深园林设计研究单位或组织专家评审组对其进行评估。

2. 项目的工程勘察

工程项目勘察的任务是查明工程项目建设地点的地形地貌、地表土壤特征及植被状况、地质构造、水文系条件等自然地质条件，并作出鉴定和综合评价。

工程项目勘察结束后，要按规定写出项目勘察报告，编制各种图表。工程项目勘察必须由专门的工程勘察机构完成。

3. 项目设计

设计内容包括：

（1）项目总体规划设计

（2）项目初步设计

（3）项目施工图设计：一般由专门的具有相应资质证书的设计单位完成。近年来，在一些合资建设项目招标中，特别是一些专业技术要求较高的工程，如屋顶花园工程、塑山叠石工程，也有按国家惯例由施工单位完成施工图设计的。

（4）项目设计概（预）算：此项工作要求由专业设计机构承担。

4. 项目的材料和设备的供应

项目的材料、设备、设施的供应，一般通过招标选择物资供应部门解决。

5. 园林工程施工

园林工程项目施工一般分为施工现场准备工作、项目建筑安装工程和项目绿化工程三大部分。

（1）施工现场准备工作：即“三通一平”，施工临时用房及仓库等临时设施的建设。

（2）建设安装工程：指园林建设项目中的永久性房屋建筑、构筑物的土建工程和设备、设施的安装施工，是招标承包的内容之一。

园林建设工程的土建工程：包括土石方工程、塑山叠石工程、水池工程、房屋构筑物、园林小品的基础工程、砖石、钢筋及金属结构工程、防水、装修和装饰工程、园路广场工程。设备和设施安装，供电照明线路铺设及电器设备安装、给排水、喷泉、喷灌线路、游戏、娱乐、健身设施的安装，建筑供热、供气系统的安装等。

（3）绿化工程：包括整理绿化用地、筛土、换土和施肥等前期工作及花草树木的种植和管理养护等内容。

6. 提供劳务

园林工程建设提供劳务是指按照发包单位的要求，为完成园林建设任务提供有组织的劳动力。广义的提供劳务也包括合作和技术服务。

7. 工程项目的职工培训

职工培训是指施工过程中为保证新建项目顺利完成并投入使用，在建设期间按要求分期培训合格的管理人员和技术工人。如温室管理、大型游艺设施的使用维护等工作。

8. 工程项目管理

工程项目管理是指对整个建设工程全过程的组织管理工作。一般由专业咨询机构承担，在我国也可由工程总承包公司承担。分为为建设单位服务的工程项目管理和为施工单位服务的项目管理。

二、园林工程项目承包商及其分类与企业资质等级

（一）承包商及其分类

从事园林工程项目承包经营活动的企业，国际上通称园林工程项目承包商。

（1）园林工程总承包企业：指从事园林工程建设项目全过程承包活动的智力密集型企业。应具备的能力是：工程勘察设计、工程施工管理、材料设备采购、工程技术开发应用及工程建设咨询等。

（2）园林工程施工承包企业：指从事园林工程建设项目施工阶段的承包活动的企业。应具备的能力是：工程施工承包与施工管理。

（3）园林工程项目专项分包企业：指从事园林工程建设项目施工阶段专项分包和承包限额以下小型工程活动的企业。应具备的能力：在园林工程总承包企业和园林施工承包企业的管理下，进行专项园林工程分包，对限额以下的小型园林工程实施承包与施工管理。

（二）园林工程的企业资质

园林工程企业资质是指园林工程承包商的资格和素质，是园林工程承包经营者必须具备的基本条件。按我国现行规定，将承包商的建设业绩、人员素质、管理水平、资金数量、技术含量等作为主要指标，将不同的园林工程的建设施工企业按其资格和素质划分成2～4个资质等级，并规定了相应的承包工

程范围，由国家规定的机构发给资质等级证。资格等级证要根据企业的变化，定期评定及时更换。详细内容见附录五建设部关于《建筑企业资质等级标准》（试行）的通知。

第二节　园林工程施工招标

一、园林工程招标、投标概述

园林工程招标、投标同一般的工程的招标、投标一样，是一种商品交易行为，包括招标和投标两方面的内容。

工程招标是国际上广泛应用的达成建设工程交易的主要方式，其目的是为计划兴建的工程项目选择适当的承包单位。

一般是由唯一的买主（卖主）设定标底，招请若干个卖主（买主）通过秘密报价进行竞争，从中选择优胜者达成交易协议，随后按协议实现标底。

园林工程承包商应具备一定的条件，才能在投标竞争中获胜，而被招标单位选中。这些条件主要是：一定的园林工程施工技术、经济实力和施工管理经验，完全能胜任将要承包的任务。另外效率高，价格合理，信誉良好，也是投标竞争获胜的重要条件。

招标投标中应坚持鼓励竞争，防止垄断的原则。为了规范招投标活动，保护国家利益、社会公共利益和招投标活动当事人的合法权益，提高经济效益，保证项目质量，必须依照法律规范招投标行为。为此制定的《中华人民共和国招标投标法》已于九届人大第十一次会议通过，并于2000年1月1日起施行。

二、招投标的园林工程建设项目

主要有项目的勘察、设计、施工、监理以及工程建设的重要设备、材料的采购等。按其社会关系和投资渠道可分为：

（1）大型基础设施、公用事业等关系社会利益、公众安全的园林工程建设项目。

（2）全部或部分使用国有资金或国家融资的园林工程建设项目。

（3）使用国际组织或外国政府贷款、援助资金的园林工程建设项目。

（4）集体、私营企业投资或援助资金的园林工程建设项目。

三、园林工程施工招标应具备的条件

（一）建设单位招标应具备的条件：

（1）建设单位必须是法人或依法成立的其他组织。

（2）建设单位有招标园林工程相应的资金或资金已落实，以及具有相应的技术管理人员。

（3）建设单位有组织编制园林工程招标文件的能力。

（4）建设单位有审查投标单位园林工程建设资质的能力。

（5）建设单位有组织开标、评标、定标底能力。

对如不具备2～5项条件的园林工程建设单位，必须委托有相应资质的咨询、监理单位代理招标。

（二）招标的园林工程建设项目应具备的条件

（1）项目概算已经批准。

（2）建设项目正式列入国家、部门或地方的年度固定资产投资计划。

（3）项目建设用地的征用工作已经完成。

（4）有能够满足施工需要的施工图纸和技术资料。

（5）项目建设资金和主要材料、设备的来源已经落实。

（6）已经建设项目所在地规划部门批准，施工现场已经完成“四通一清”或一并列入施工项目的招标范围。

园林工程施工招标可采用项目工程招标、分项工程招标、特殊专业工程招标等方式进行，但不得对分项工程的分部、分项工程进行招标。

四、园林工程的招标方式

园林工程招标方式同一般建设工程招标一样，其招标方式可分为公开招标和邀请招标两种。

（一）公开招标

公开招标是园林工程建设项目的主要方式。它是由招标人以招标公告的方式邀请不特定的法人或者其他组织投标，然后以一定的形式公开竞争，达到招标的目的的全过程。采用这种形式，可由招标单位通过国家指定报刊、信息网络或其他媒介发布招标公告，招标公告须载明招标人的名称、地址、性质、数量、实施地点及获取招标文件的办法等事项。并要求潜在投标人提供有关资质证明文件和企业业绩情况。

公开招标的优点：可以给一切有法人资格的承包商以平等竞争的机会参加投标。招标单位有较大的选择范围，有助于开展竞争，打破垄断，能促使承包商努力提高工程质量，缩短工期，降低造价。

其缺点是：审查投标者资格及标书的工作量大，招标费用支出较多。

（二）邀请招标

邀请招标是指招标人以投标邀请书的方式邀请特定的法人或其他组织投标。采用这种形式时，招标人应当向三个以上具备承担招标项目能力，资信良好的特定的法人或其他组织发出投标邀请书。邀请招标不仅可节省招标费用，而且能够提高每个投标者的中标机率，所以对招投标双方都有利。但由于限定了竞争范围，把许多可能的竞争者排除在外，被认为不完全符合自由竞争的机会均等的原则，所以邀请招标多在特定条件下采用，一些国家对此也作出了明确的规定：

（1）工程性质特殊，要求有专门经验的技术人员和熟练技工以及专用技术设备，只有少数承包公司能够胜任。

（2）公开招标费用过多，与工程投资不成比例。

（3）公开招标未能产生中标单位。

（4）由于工期紧迫或保密的要求等其他原因，而不宜公开招标。

五、园林工程招标程序

园林工程招标可分为准备阶段和招标阶段。按先后顺序应完成以下工作。

（一）向政府管理招标投标的专设机构提出招标申请

申请的主要内容：

（1）园林建设单位的资质。

（2）招标工程项目是否具备了条件。

（3）招标拟采用的方式。

（4）对招标企业的资质要求。

（5）初步拟订的招标工作日程等。

（二）建立招标班子，开展招标工作

在招标申请被批准后，园林建设单位组织临时招标机构，统一安排和部署招标工作。

1. **招标工作人员组成**

一般由分管园林建设或基建的领导负责，由工程技术、预算、物资供应、财务、质量管理等部门作为成员。要求工作人员懂业务、懂管理、作风正派、必须保守机密、不得泄露标底。

2. **主要任务**

（1）编制招标文件。

（2）招标文件的审批手续。

（3）组织委托标底的编制、审查、审定。

（4）发布招标公告或邀请书，审查资质，发招标文件以及图纸技术资料，组织潜在投标人员勘察项目现场并答疑。

（5）提出评标委员会成员名单并核准。

（6）发出中标通知。

（7）退还押金。

（8）组织签定承包合同。

（9）其他该办理的事项。

（三）编制招标文件

招标文件应当包括招标项目的技术要求，对投标人资格审查的标准，投标及报价要求和评标标准等所有实质性要求以及拟鉴定合同的主要条款，如招标项目需要划分标段，则应在标书文件中载明。

（四）标底的编制和审定

（五）发布招标人公告或招标邀请书

（六）投标申请

投标人应具备承担招标项目的能力，具有国家规定的投标人资格。

（七）审查投标企业的资质

审查的主要内容包括营业执照、企业资质等级证书、工程技术人员和管理人员、企业拥有的施工机械设备是否符合承包本工程的要求。同时还要考察其承担的同类工程质量、工期及合同履行的情况。审查合格后，通知其参加投标；不合格的通知其停止参加工程招标活动。

（八）分发招标文件

包括设计图纸和技术资料，向审查合格的投标企业分发招标文件，（包括设计图纸和有关技术资料等）同时由投标单位向招标单位交纳投标保证金。

（九）踏勘现场及答疑

组织投标企业在规定的踏勘施工现场，对招标文件，设计图纸等提出的疑点、有关问题进行交底或答疑。对招标文件中尚须说明或修改的可以纪要和补充文件形式通知投标企业，投标企业在编制标书时纪要和补充文件与招标文件具有同等效力。

（十）接受标书（投标）

投标企业应按招标文件要求认真组织编制标书，标书编好密封后，按投标截止日期前送交招标单位。招标单位逐一验收，出具收条，妥善保存，开标前任何单位和个人不准启封标书。

六、园林工程的招标工作机构

（一）招标工作机构人员组成

（1）决策人：主管部门任命的建设单位负责人或授权代表。

（2）专业技术人员：包括风景园林师、建筑师、结构、设备、工艺等专业工程师和估算师，他们的职责是向决策人提供咨询意见和进行招标的具体事务工作。

（3）一般工作人员。

（二）我国招标机构的主要形式

（1）由建设单位的基本建设主管部门或实行建设项目法人责任制的业主单位负责有关招标的全部工作。

（2）专业咨询机构受建设单位委托，承办招标的技术性和事务性工作，决策仍由建设单位做出。

七、园林工程招标的标底和招标文件

（一）标底

标底是招标工程的预期价格。

1. 标底的作用

（1）使建设单位预先明确自己在拟建工程上应承担的财务义务。

（2）是给上级主管部门提供核实投资规模的依据。

（3）作为衡量投标报价的准绳，也就是评标底主要尺度之一。

标底一经审定应密封保存至开标时，所有接触过标底的人员均负有保密责任，不得泄漏。

2. 编制标底应遵循的原则

（1）根据设计图纸及有关资料、招标文件，参照国家规定的技术经济标准定额及规范，确定工程量并编制标底。

（2）标底的价格一般包括成本、利润、税金三大部分，应控制在上级批准的总概算及投资包干的限额内。

（3）标底价格作为建设单位的期望计划价格，应力求与市场的实际变化吻合，要有利于竞争和保证工程质量。

（4）标底价格应考虑人工、材料、机械台班等价格变动因素，还应包括施工不可预见费、包干费和措施费。工程要求优良的，还应增加相应的费用。

（5）一个园林工程只能编一个标底。

3. 标底的编制方法

标底的编制与工程的概、预算编制方法基本相同，但在编制时要尽量考虑以下因素：

（1）根据不同的承包方式，考虑适当的包干系数和风险系数。

（2）根据现场条件及工期要求，考虑必要的技术措施费。

（3）对建设单位提供的价格以暂估价计算，对按实际须调整的材料、设备，要列出数量和估价清单。

（4）主要材料数量可在定额用量的基础上加以调整，使其反映实际情况。

4. 几种常用编制标底的方法简介

（1）以施工图预算为基础。即根据设计图纸和技术说明，按预算定额规定的分部、分项工程子目，逐项计算出工程量，再套用定额单价确定直接费，然后按规定的系数计算间接费、独立费、计划利润以及不可预见费等，从而计算出工程预期总造价，即标底。

（2）以概算为基础。即根据扩大初步设计和概算定额计算工程造价形成标底。

（3）以最终成品单位造价包干为基础。园林建设中的植草工程、喷灌工程按每平方米面积实行造价包干。具体工程的标底即依此为基础，并考虑现场条件、工期要求等因素来确定。

（二）招标文件

招标文件是作为建设项目需求者的建设单位向可能的承包商详细阐明项目建设意图的一系列文件的总称，也是投标单位编制投标书的主要客观依据。通常包括下列基本内容：

1. 工程综合说明

主要内容为：工程名称、规模、地址、发包范围、设计单位、场地和地基、土质条件、给排水、供电、道路及通讯情况、工期要求等。

2. 设计图纸和技术说明书

目的在于使投标单位了解工程的具体内容和技术要求，并能据以拟定施工方案和进度计划。设计图纸的深度可随招标阶段相应的设计阶段而有所不同。施工图阶段招标，则应提供全部施工图纸（可不包括大样）。

技术说明书应满足下列要求：

(1) 必须对工程的要求做出清楚而详尽的说明。使各投标单位都能有共同的理解，能比较有把握地估算出造价。

(2) 明确招标过程适用的施工验收技术规范，保修期及保修期内承包单位应负的责任。

(3) 明确承包单位应提供的其他服务，诸如监督分承包商的工作，防止自然灾害的特别保护措施，安全防护措施等。

(4) 明确有关专门施工方法及指定材料产地或来源、标准以及可选择的代用品的情况说明。

(5) 明确有关施工机械设备，临时设施，现场清理及其他特殊要求的说明。

3. 工程量清单和单价表

(1) 工程量清单：工程量清单是投标单位计算标价和招标单位评标底的依据。工程量清单通常以每一个体工程为对象，按分项、单项列出工程数量。

工程量清单由封面、内容目录和工程表三部分组成。

其基本格式如下：

① 封面

×××园林工程工程量清单

工程地址：

建设单位：

设计单位：

估算师：　　　（签名）　　　　年　　月　　日

② 内容目录

a 准备工作

b××××（分项工程甲）

c××××（分项工程乙）

d 直接合同（指定分包工程）

e 允许调整的开口项目

f 室外工程

g 其他工程和费用

h 不可预见费用

③工程量表

工程量表：工程量表格式如表 8－1

表 8－1　××××（分项工程甲）工程量表

编　号	项　目	简要说明	计量单位	工程数量	单价（元）	总价（元）
1	2	3	4	5	6	7

说明：

a.1～5 由招标单位填列。6～7 由投标单位填列

b. 工程项目应按地下（±0.00 以下）工程和上部工程分列

c. 工程单价，我国习惯作法，一般仅列直接费，待汇总后再加各项独立费和不可预见费，并按规定百分比计算间接费和利润。

d. 计算工程量所用的方法和单价应在工程量表的开头和末尾作以说明。

（2）单价表：单价表是采用单价合同承包方式时投标单位的报价文件和招标单位评定标底的依据，常用的有工程单价表和工程工料单价表二种。

a 单价表的基本格式如表 8－2

表 8－2　××××工程单价表

编　号	项　目	简要说明	计量单位	近似工程量	单价（元）
1	2	3	4	5	6

注：近似工程量仅供投标单位报价参考。

b 工程工料单价表格式如表 8－3

表 8－3　××××工程工料单价表

编　号	工种或材料名称	规　格	计量单位	单价（元）
1	2	3	4	5

4. 合同的主要条款

完整符合要求的合同条款，既能使投标单位明确中标后作为承包人应承担

的义务和责任，又可作为洽商签定正式合同的基础。

合同主要条款包括以下各项：

（1）合同所依据的法律、法规。

（2）工程内容（附工程项目一览表）。

（3）承包方式（包工包料、包工不包料、总价合同、单价合同或成本加酬金合同等）。

（4）总包价。

（5）开工、竣工日期。

（6）图纸、技术资料供应内容和时间。

（7）施工准备工作。

（8）材料供应及价款结算办法。

（9）工程公款结算办法；

（10）工程质量及验收标准。

（11）工程变更

①停工及窝工损失的处理办法；

②前竣工奖励及拖延工期罚款；

③竣工验收与最终结算；

④保修期内维修责任与费用；

⑤分包；

⑥争端的处理。

5. 要明确提交投标文件的截止时间和方式及开标的地点方式等

八、园林工程招标的开标、评标和议标

（一）开标

开标应按招标文件中确定的提交投标文件截止时间的同一时间公开进行。开标地点应为招标文件中预先确定的地点。开标会议由招标单位的法人或其指定的代理人主持，邀请所有投标人到场，也可邀请上级主管部门及银行等有关单位代表参加。还有的请公证机关派公证员到场。

开标的一般程序是：

（1）由招标单位工作人员介绍参加开标的各方到场人员和开标主持人，公布招标单位法定代表人证件或代理人委托书及证件。

（2）开标主持人检验各投标单位法定代表人或其他指定代理人的证件、委

托书，并确认无误。

（3）宣布评标方法和评标委员会成员名单。

（4）开标时，由投标人或其委派代表检查投标文件的密封情况，也可由招标人委托公证机构检查并公证。经确认无误后，由工作人员当众拆封，宣读投标单位名称，投标价格和投标文件的其他主要内容。开封过程应当记录，并存档备查。

（5）启封标箱，开标主持人当众检查启封标书。如发现无效标书，经半数以上的评委确认，并当场宣布无效。

按我国现行规定，有下列情况之一者，投标书宣布无效：

①标书未密封。

②无单位和法定代表人或其他指定代理人的印鉴。

③未按规定格式填写标书，内容不全或字迹模糊，辨认不清。

④标书逾期送达。

⑤投标单位未参加开标会议。

（6）按标书送达时间或以抽签方式排列投标单位唱标次序，各投标单位依次当众予以拆封，宣读各自投标书的要点。

（7）当场公开标底。

如全部有效标书的报价都超过标底规定的上、下限幅度时，招标单位可宣布全部报价为无效报价，招标失败，另行组织招标或邀请协商。此时暂不公布标底。

（二）评标

评标的原则是公平竞争、公正合理、对所有投标单位一视同仁。

评标委员会由招标人代表，技术、经济方面的专家5人以上组成，成员总数应为单数，其中技术经济专家不得少于成员总人数的2/3。召集人由招标单位法定代表人或其指定代理人担任。

评标在开标后立即进行，也可在随后进行。一般应对各投标单位的报价、工期、主要材料用量、施工方案、工程质量标准和工程产品保修养护的承诺以及企业信誉度进行综合评价，为选优确定中标单位提供依据。

常用的评标方法主要有：

1. 加权综合评分法

先确定各项评标指标的权数。如报价为40%，工期为15%，质量标准为15%，施工方案为10%，主要材料用量为10%，企业实力和社会信誉为10%，合计100%。

$$WT=\sum_{i=1}^{n}B_iW_i$$

式中：WT——每一投标单位的加权综合评分；

B_i——第 i 项指标的评分系数；

W_i——第 i 项指标的权数。

评分系数可分为两种情况确定：

(1) 定量指标：如报价、工期、主要材料用量，可通过标书数值与标底数值之比值求得。令标底数值为 B_{io}，标书数值为 B_{it}，则

$$B_i=B_{io}/B_{it}$$

(2) 定性指标：如质量标准，施工方案，投标单位实力及社会信誉，由评委确定。评分系数在一定范围内（如 0.9～1.1）浮动。

2. 接近标底法

以报价为主要尺度，选报价最接近标底者为中标单位，这种方法比较简单，但要以标底详尽，正确为前提。

3. 加减综合评分法

以报价为主要指标，以标底为评分基数，例如定为 50 分。合理报价范围为标底的 ±5%，报价比标底每增减 1% 扣 2 分或加 2 分。超过合理标价范围的不论上下浮动，每增减 1% 都扣 3 分。其他为辅助指标，满分分别为工期 15 分、质量标准 15 分、施工方案 10 分、实力与社会信誉 10 分。每一投标单位的各项指标分值相加，总分最高者为中标单位。

4. 定性评议法

以报价为主要尺度，其他因素作为定性分析评议。由于这种方法主观随意性大，现已很少应用。

（三）决标

决标又称定标。评标委员会按评标办法对投标书进行评审后，应提出评标报告，推荐中标单位，经招标单位法人认定后报上级主管部门同意，当地招投标管理部门批准后，由招标单位按规定在有效时期内发中标和未中标通知书。

要求中标单位在规定期限内签定合同。未中标单位退还招标文件，领回投标保证金，招标即告圆满结束。

开标到决标时间：小型园林工程不超过 10 天，大中型园林工程不超 30 天，特殊情况可适当延长。

中标单位确定后，一般情况下招标单位应在 7 天内给中标单位发送中标通知书。中标通知书发出 30 天内，中标单位应与招标单位签定工程承包合同。

第三节　园林工程施工投标

园林工程施工企业进行施工投标是其获得施工工程的必由之路，也是施工企业决策人、技术管理人员在取得工程承包权前的主要工作之一。

一、园林工程投标工作机构和投标程序

（一）投标工作机构

为了在投标中获胜，园林施工企业应设置投标工作机构。投标工作机构由施工企业决策人、总工程师或技术负责人、总经济师或合同预算部门、材料部门负责人，办事人员等组成投标决策委员会，以研究决策企业是否参加各项投标工作。

（二）投标程序

园林工程投标程序与其他工程投标一样一般为：

报名参加投标→办理资格预审→取得招标文件→研究招标文件→调查投标环境→确定投标策略→制定施工方案→编制标书→投送标书。

二、园林工程投标资格预审

参加报名投标后，在申请投标资格预审时，园林施工企业应向招标单位提交以下有关资料：

（1）企业营业执照和资质证书。

（2）企业简历。

（3）自有资金情况。

（4）全员职工人数，包括技术人员，技术工人数量和平均技术等级，主要技术人员的资质等级证书，企业自有的主要施工机械设备一览表等情况。

（5）近年来曾承建的主要工程及质量情况。

（6）现有主要施工任务，包括在建和尚未开工工程一览表。

（7）投标资格预审表（如表 8-4）

表 8-4　投标资格预审表

<table>
<tr><td colspan="3">企业名称：</td><td colspan="3">法定代表人：</td></tr>
<tr><td colspan="3">企业所有制类别：</td><td colspan="3">资质等级：</td></tr>
<tr><td colspan="3">企业主管单位：</td><td colspan="3">经营范围：</td></tr>
<tr><td colspan="3">企业组建时间：</td><td colspan="3">营业地址及电话号码：</td></tr>
<tr><td colspan="3">开户银行：</td><td colspan="3">帐号：</td></tr>
<tr><td colspan="3">资本金：</td><td colspan="3">生产经营用固定资产：</td></tr>
<tr><td rowspan="7">企业概况</td><td rowspan="4">自有人数</td><td>管理人员：　人</td><td rowspan="4">其中技术人员</td><td>高级工程师：　人</td><td rowspan="4">批准民工人数：</td></tr>
<tr><td>固定工：　人</td><td>工程师：　人</td></tr>
<tr><td>合同人：　人</td><td>助理工程师：　人</td></tr>
<tr><td>合计：　人</td><td>技术员：　人</td></tr>
<tr><td rowspan="3">现有任务情况</td><td colspan="2">今年计划开复工面积：　m^2</td><td colspan="2">迄今已开复工面积　m^2</td></tr>
<tr><td colspan="2">今年计划竣工面积：　m^2</td><td colspan="2">迄今已竣工面积　m^2</td></tr>
<tr><td colspan="4">注：上列开复工及竣工面积为截止到________月底的数字</td></tr>
<tr><td rowspan="5">拟投入本工程施工力量</td><td colspan="2" rowspan="2">本工程拟由__________分公司（工区、处）__________工队施工</td><td colspan="2">项目负责人姓名：</td><td>职务及职称：</td></tr>
<tr><td colspan="2">技术负责人员姓名：</td><td>职务及职称：</td></tr>
<tr><td colspan="5">人员安排：</td></tr>
<tr><td colspan="5">主要施工机械安排：</td></tr>
<tr><td colspan="5">其他：</td></tr>
<tr><td>审批意见</td><td colspan="5">审批单位（印）　　　　经办人（签名）　　年　月　日</td></tr>
</table>

三、园林工程投标前的准备工作

（一）研究招标文件

资格预审合格后，取得招标文件，即进入投标前的准备工作阶段。首先要仔细认真研究招标文件，充分了解其内容和要求，发现应澄清的疑点。其过程为：

（1）研究工程综合说明，以对工程作一整体性的了解。

（2）熟悉并详细研究设计图纸和技术说明书，使制定施工方案和报价有确切的依据。一定要吃透，对不清楚或矛盾之处，要请招标单位解释订正。

(3) 研究合同主要条款，明确中标后应承担的义务和责任及应享有的权利。其要点包括：承包方式，开竣工时间及提前或推后交工期限的奖罚，材料供应及价款结算办法，预付款的支付和工程款结算办法，工程变更及停工、窝工等造成的损失处理办法等。

(4) 熟悉投标单位须知，明确招标要求，在投标文件中要尽量避免出现与招标要求不相符合的情况。

(二) 调查投标环境

投标环境是招标工程项目施工的自然、经济和社会条件。投标环境直接影响工程成本，因而要完全熟悉掌握投标市场环境，才能做到心中有数。

主要内容有：场地的地理位置；地上、地下障碍物种类、数量及位置；土壤（质地、含水量、pH 值等）；气象情况（年降雨量、年最高温度、最低温度、霜降日数及灾害性天气预报的历史资料等）；地下水位；冰冻线深度以及地震裂度；现场交通状况（铁路、公路、水路）；给水排水；供电及通讯设施。材料堆放场地的最大可能容量，绿化材料苗木供应的品种及数量、途径以及劳动力来源和工资水平、生活用品的供应途径等。

(三) 投标策略

投标策略是能否中标的关键，也是提高中标效益的基础。投标企业应首先要根据企业的内外部情况及项目情况，慎重考虑，作出是否参与投标的决策，然后在以下投标策略中选用合适的投标策略。

常见投标策略有以下几种：

(1) 做好施工组织设计，采取先进的工艺技术和机械设备；优选各种植物及其他造景材料；合理安排施工进度；选择可靠的分包单位，力求以最快的速度，最大限度的降低工程成本，以技术与管理优势取胜。

(2) 尽量采用新技术、新工艺、新材料、新设备，新施工方案，以降低工程造价，提高施工方案的科学性，以此赢得投标成功。

(3) 投标报价是能否夺标的重要内容，是投标策略的关键。在保证企业相应利润的前提下，实事求是地以低报价取胜。

(4) 为争取未来优胜，宁可目前少盈利或不盈利，以成本报价在招标中获胜，为今后占领市场打下基础。

(四) 制定施工方案

施工方案是招标单位评价投标单位水平的重要资料依据，也是投标单位实施工程的基础。应由投标单位的技术负责人制定。内容包括：

（1）施工的总体部署和场地总平面布置。

（2）施工总进度和单项（单位）工程进度。

（3）主要施工方法。

（4）主要施工机械数量及配置。

（5）劳动力来源及配置。

（6）主要材料品种的规格、需用量、来源及分批进场的时间安排。

（7）大宗材料和大型机械设备的运输方式。

（8）现场水电用量、来源及供水、供电设施。

（9）临时设施数量及标准。

（10）特殊构件的特定要求与解决的方法。

关于施工进度的表示方式，有的招标文件专门规定必须用网络图，如无此规定亦可用传统的横道图。施工方案只要抓住重点，简明扼要即可。

（五）报价

报价是投标全过程的核心工作，对能否中标，能否盈利，盈利多少起决定性作用。

1. 要做出科学有效的报价必须完成以下工作

（1）看图：了解工程内容，工期要求、技术要求。

（2）熟悉施工方案，核算工程量。

（3）根据造价部门统一制定的概（预）算定额为依据进行投标报价。如大型园林施工企业有自己的企业定额，则可以以此为依据自主报价。

（4）确定现场经费，间接费率和预期利润率，并要留有一定的伸缩余地。

2. 报价内容

我国现行园林建设工程费构成见表 8－5。

表 8－5　我国现行园林建设工程费构成表

<table>
<tr><th colspan="3">费用项目</th><th>参考计算方法</th></tr>
<tr><td rowspan="3">直接工程费</td><td>直接费</td><td>人工费、材料费、施工机械使用费</td><td>∑人工工日概预算定额×工资单价×实物工程量
∑材料概预算定额×材料预算价格×实物工程量
∑机械概预算定额×机械台班预算单价×实物工程量</td></tr>
<tr><td colspan="2">其他直接费</td><td>按定额</td></tr>
<tr><td>现场经费</td><td>临设费、现场管理费</td><td>土建工程：（人工费＋材料费＋机械使用费）×取费率
绿化工程：（人工费＋材料费＋机械使用费）×取费率
安装工程：人工费×取费率</td></tr>
</table>

（续）

费用项目		参考计算方法
间接费	企业管理费、财务费、其他费用	土建工程：直接工程费×取费率 绿化工程：直接工程费×取费率 安装工程：人工费×取费率
盈利	计划利润	（直接工程费＋间接费）×计划利润率
税金	含营业税、城乡维护建设税、教育附加费	（直接工程费＋间接费＋计划利润）×税率

（1）直接工程费

①直接费包括人工费、材料费和施工机械使用费，是施工过程中耗费的，构成工程实体并有助于工程形成的多项费用。

②其他直接费指直接费以外的施工过程中发生的其他费用。如冬、雨季施工、夜间施工增加费、二次搬运费等。具体到单位工程来讲，可能发生，也可能不发生，需要根据现场施工条件而定。

③现场经费指为施工准备、组织施工生产和管理所需的费用。

（2）间接费：指虽不直接由施工工艺过程所引起，但却与工程总体条件有关的园林施工企业为组织施工和进行经营管理以及间接为园林施工生产服务的各项费用。

（3）计划利润：按规定应计入园林建设工程造价的利润。

（4）税金：按税法规定应计入园林工程造价内的营业税、城建税和教育附加费。

3. 报价决策

报价决策的工作内容首先是计算基础标价，即根据工程量清单和报价项目单价表，进行初步测算，对有些单价可做适当调整，形成基础报价；其次，要进行风险预测和盈亏分析；第三步，在前二项工作的基本上，最后测算可能的最高标价和最低标价。

基础标价、测算的最低标价和测算的最高标价分别按下列公式进行计算：

基础标价＝∑报价项目×单价

最低标价＝基础标价－（估计盈利×修正系数）

最高标价＝基础标价＋（风险损失×修正系数）

考虑到在一般情况下，无论各种盈利因素或风险损失，很少有可能在一个工程上百分之百地出现，所以应加一修正系数，这个修正系数凭经验一般取0.5～0.7。

四、园林工程投标标书的编制和报送

（一）标书的编制

园林施工企业作出报价决定后，即进行标书的编制。

投标书一般包括：标书编制说明、总报价书、单项工程报价书、工程量清单和单价表、施工技术措施和总体布置以及施工进度计划图表、主要材料规格要求、厂家、价格、一览表等，但没有统一的格式，而是由地方招标管理部门印制，由招标单位发给投标单位使用。

（二）标书的投送

标书投送时，应注意以下几点：

（1）标书编制好后，要由负责人签署意见，并按规定分装，密封，派专人在投标截止日期前送达指定地点，并取得收据。邮寄时，一定要考虑路途时间。

（2）投送标书时，须将招标文件包括图纸，技术规范，合同条件等全部交还招标的建设单位，切勿丢失。

（3）将报价的全部计算分析资料加以整理汇编，归档备查。

思考练习题：

1. 园林工程承包的内容有哪些？
2. 工程招标应具备的条件是什么？
3. 公开招标的概念及优缺点是什么？
4. 园林工程建设招标的程序有哪些？
5. 标底的概念、作用及编制标底的原则和方法是什么？
6. 开标的一般程序是什么？评标方法有哪几种？什么叫决标？
7. 根据某一园林工程，编制一份招标文件。
8. 投标的程序是什么？申请投标资格预审时，要提交哪些资料？
9. 投标准备工作有哪些？投标的策略有哪几种？
10. 施工方案的内容有哪些？
11. 简述投标报价的内容，决策和准备工作的内容。
12. 针对某一园林工程，做一本投标书。

第九章

园林工程施工合同的管理体系

第一节　园林工程施工合同概述

一、园林工程施工合同的概念、作用

园林工程施工合同是指发包人与承包人之间为完成商定的园林工程施工项目，确定双方权利和义务的协议。依据工程施工合同，承包方完成一定的种植、建筑和安装工程任务，发包人应提供必要的施工条件并支付工程价款。

园林工程施工合同是园林工程的主要合同，是园林工程建设质量控制、进度控制、投资控制的主要依据。在市场经济条件下，建设市场主体之间相互的权利义务关系主要是通过市场确立的，因此，在建设领域加强对园林工程施工合同的管理具有十分重要的意义。

园林工程施工合同的当事人中，发包人和承包人双方应该是平等的民事主体。承包、发包双方签订施工合同，必须具备相应经济技术资质和履行园林工程施工合同的能力。在对合同范围内的工程实施建设时，发包人必须具备组织能力；承包人必须具备有关部门核定经济技术的资质等级证书和营业执照等证明文件。

园林工程建设的发包人可以是具备法人资格的国家机关、事业单位、国有企业、集体企业、私营企业、经济联合体和其他社会团体，也可以是依法登记的个人合伙企业、个体经营者或个人，经合法完备手续取得甲方资格，承认全部合同条件，能够而且愿意履行合同规定义务（主要是支付工程价款能力）的合同当事人。发包人既可以是建设单位，也可以是取得建设项目总承包资格的项目总承包单位。

园林工程施工的承包人应是具备与工程相应资质和法人资格的，并被发包人接受的合同当事人及其合法继承人。承包人应是施工单位。

在园林工程施工合同中，工程师受发包人委托或者委派对合同进行管理，在园林工程施工合同管理中具有重要的作用（虽然工程师不是施工合同当事人）。施工合同中的工程师是指监理单位派的总监理工程师或发包人指定履行合同的负责人，其身份和职责由双方在合同中约定。

二、园林工程施工合同的特点

园林工程施工合同不同于其他合同，其具有以下显著特点：

（一）合同目标的特殊性

园林工程施工合同中的各类建筑物、植物产品，其基础部分与大地相连，不能移动。这就决定了每个施工合同中的项目都是特殊的，相互间具有不可替代性，这还决定了施工生产的流动性。植物、建筑所在地就是施工生产场地，施工队伍、施工机械必须围绕建筑产品不断移动。

（二）园林工程合同履行期限的长期性

在园林工程建设中植物、建筑物的施工，由于材料类型多、工作量大，施工工期都较长（与一般工业产品相比），而合同履行期限又长于施工工期，因为工程建设的施工单位应当在合同签订后才开始，而需加上合同签订后到正式开工前的一个较长的施工准备时间和工程全部竣工验收后，办理竣工结算及保修期的时间，特别是对植物产品的管护工作需要更长的时间。此外，在工程的施工过程中，还可能因为不可抗力、工程变更、材料供应不及时等原因而导致工期顺延。所有这些情况，决定了施工合同的履行期限具有长期性。

（三）园林工程施工合同内容的多样性

园林工程施工合同除了应具备合同的一般内容外，还应对安全施工、专利技术使用、发现地下障碍和文物、工程分包、不可抗力、工程设计变更、材料设备的供应、运输、验收等内容作出规定。在施工合同的履行过程中，除施工企业与发包人的合同关系外，还应涉及与劳务人员的劳动关系、与保险公司的保险关系、与材料设备供应商的买卖关系、与运输企业的运输关系等。所有这些，都决定了施工合同的内容具有多样性和复杂性的特点。

（四）园林工程合同监督的严格性

由于园林工程施工合同的履行对国家的经济发展、人民的工作、生活和生存环境等都有重大影响，因此，国家对园林工程施工合同的监督是十分严格的。具体体现在以下几个方面：

1. 对合同主体监督的严格性

园林工程施工合同主体一般只能是法人。发包人一般只能是经过批准进行工程项目建设的法人，必须有国家批准的建设项目，落实投资计划，并且应当具备相应的协调能力；承包人则必须具备法人资格，而且应当具备相应的从事园林工程施工的经济、技术等资质。

2. 对合同订立监督的严格性

考虑到园林工程的重要性和复杂性，在施工过程中经常会发生影响合同履行的纠纷，因此，园林工程施工合同应当采用书面形式。

3. 对合同履行监督的严格性

在园林工程施工合同履行的纠纷中，除了合同当事人及其主管机构应当对合同进行严格的管理外，合同的主管机关（工商行政管理机构）、金融机构、建设行政主管机关（管理机构）等，都要对施工合同的履行进行严格的监督。

第二节　园林工程施工合同的签订

一、签订园林工程施工合同应具备的条件

（1）初步设计已经批准。

（2）工程项目已经列入年度建设计划。

（3）有能够满足工程施工需要的设计文件和有关技术资料。

（4）建设资金已经落实。

（5）招标工程的中标通知书已经下达。

二、签订园林工程施工合同应遵守的原则

（一）遵守法律、法规和计划的原则

订立园林工程施工合同，必须遵守国家法律、行政法规；和对园林工程建设的特殊要求与规定，也应遵守国家的建设计划。由于园林工程施工对当地经济发展、社会环境与人们生活有多方面的影响，国家或地方有许多强制性的管理规定，施工合同人必须遵守。

（二）平等、自愿、公平的原则

签订园林工程施工合同的当事人双方同签定其他合同当事人双方一样，都具有平等的法律地位，任何一方都不得强迫对方接受不平等的合同条件。当事人有权决定是否订立合同和合同的内容，合同内容应当是双方当事人真实意思的体现。合同的内容应当是公平的，不能损害一方的利益，对于显失公平的合同，当事人一方有权申请人民法院或者仲裁机构予以变更或者撤销。

（三）诚实信用的原则

要求在订立园林工程施工合同时要诚实，不得有欺诈行为，合同当事人应当如实将自身和工程的情况介绍给对方。在履行合同时，施工当事人要守信用、严格履行合同。

三、签订园林工程施工合同的程序

（一）签订合同的两个阶段

园林工程施工合同作为合同的一种，其订立也应经过要约和承诺两个阶段。

1. 要约

要约，是指合同当事人一方向另一方提出订立合同的要求，并列出合同的条款，以及限定其在一定期限内作出承诺的意思表示。

要约是一种法律行为。它表现在要约规定的有效期限内，要约人要受到要约的约束，受约人若按时和完全接受要约条款时，要约人负有与受约人签订合同的义务。否则，要约人对由此造成受约人的损失应承担法律责任。

要约具有法律约束力，须具备以下 4 个条件：

（1）要约是特定的合同当事人的意思表示。

（2）要约必须是要约人与他人以订立合同为目的。

（3）要约的内容必须具体、确定。

（4）要约经受约人承诺，要约人即受要约的约束。

2. 承诺

承诺，是指当事人一方对另一方提出的要约，在要约有效期限内，作出完全同意要约条款的意思表示。

承诺也是一种法律行为。承诺必须是要约的相对人在要约有效期限内以明示的方式作出，并送达要约人；承诺必须是承诺人作出完全同意要约的条款，方为有效。如果要约的相对人对要约中的某些条款提出修改、补充、部分同意，附有条件，或者另行提及新的条件，以及迟到送达的承诺，都不能视为有效的承诺，而被称为新要约。

同样，承诺要具有法律约束力，必须具备以下 3 个条件：

（1）承诺须由受约人作出。

（2）承诺的内容应与要约的内容完全一致。

（3）承诺人必须在要约有效期限内作出承诺，并送达要约人。

（二）签订合同的两种方式

园林工程施工合同签订的方式有两种：即直接发包和招标发包。对于必须进行招标的园林建设项目的施工应通过招标投标确定工程施工企业。

首先，同其他合同一样，园林工程施工合同的签订受严格的时限约束，要求中标通知书发出后，中标的园林工程施工企业应与建设单位及时签订合同。依据招标投标法的规定，中标通知书发出 30 天内签订合同工作必须完成。签订合同人必须是中标施工企业的法人代表或委托代理人。投标书中已确定的合同条款在签订时一般不得更改，合同价应与中标价相一致。如果中标施工企业在规定的有效期限内拒绝与建设单位签订合同，则建设单位可不再返还其投标时在投资银行的保证金。建设行政主管部门或其授权机构还可视情况给予一定的行政处罚。

四、园林工程施工合同的示范文本

双方共同签定的协议书是园林工程施工合同示范文本的主要内容，又是园林工程施工合同文本中总纲性的文件，它规定了当事人双方最主要的权利和义务，规定了组成合同的文件及合同当事人履行合同义务的承诺，并要求合同当事人在这份文件上签字盖章，具有法律效力。协议书的内容包括工程概况、工程承包范围、合同工期、质量标准、合同价款、组成合同的文件及双方的承诺等。

园林工程施工合同协议一般包括通用条款、专用条款和工程施工合同文本附件 3 部分：

（1）园林工程施工合同中的通用条款是根据合同法等法律对承发包双方的权利义务作出的规定，除双方协商一致对其中的某些条款作了修改、补充或取消外，双方都必须履行。它是根据双方协商条款编写出来的一份完整的园林建设工程施工合同文件。

（2）园林工程施工合同专用条款是考虑到园林建设工程的内容各不相同，

工期、造价也随之变动。承、发包商各自的能力、施工现场的环境和条件也各不相同，通用条款不能完全适用于各个具体园林工程，必须对其作必要的修改和补充。但是所形成的通用条款和专用条款要成为双方统一意愿的体现。专用条款的条款号应与通用条款要相一致，并由当事人根据工程的具体情况予以明确或者直接对通用条款进行修改、补充。

(3) 园林工程施工合同文本的附件则是对施工合同当事人的权利义务的进一步明确，并使得施工合同当事人一目了然，便于执行和管理。具体内容见附录三园林建设工程施工合同范例某市秦龙小区小游园施工合同。

第三节　园林工程施工合同的履行、变更、转让和终止

一、园林工程施工合同的履行

(一) 园林工程施工合同履行的概念

园林工程施工合同履行是指合同当事人双方依据合同条款的规定，实现各自享有的权利，并承担各自负有的义务。就其实质来说，是合同当事人在合同生效后，全面地、适时地完成合同义务的行为。

合同的履行是合同法的核心内容，也是合同当事人订立合同的根本目的。当事人双方在履行合同时，必须全面地、善始善终地履行各自承担的义务，使当事人的权利得以实现，从而为各社会组织及自然人之间的生产经营及其他交易活动的顺利进行创造条件。

(二) 园林工程合同履行的原则

依照合同法的规定，合同当事人双方应当按照合同约定全面履行自己的义务，包括履行义务的主体、标底、数量、质量、价款或报酬以及履行的方式、地点、期限等，都应当按照合同的约定全面履行。

(1) 园林工程施工合同履行必须遵守诚实信用的原则，该原则贯穿于合同的订立、履行、变更、终止等全过程。因此，当事人在订立合同时，要讲诚实，要守信用，要善意，当事人双方要互相协作，合同才能圆满地履行。

诚实信用的原则的基本内容，是指合同当事人善意的心理状况，它要求当

事人在进行民事活动中不得有欺诈行为，要恪守信用，尊重交易习惯，不得回避法律和歪曲合同条款。正当竞争，反对垄断，尊重社会公共利益和不得滥用职权等。

（2）公平合理是园林工程施工合同履行的另一原则。合同当事人双方自订立合同起，直到合同的履行、变更、转让以及发生争议时对纠纷的解决，都应当依据公平合理的原则，按照合同法的规定，履行其义务。

（3）签订园林工程施工合同的当事人不得擅自单方变更合同是合同履行的又一个重要原则。合同依法成立，即具有法律约束力，因此，合同当事人不得单方擅自变更合同。合同的变更，必须按合同法中有关规定进行，否则就是违法行为。

二、园林工程施工合同的变更

园林工程施工合同的变更与一般合同的变更相一致。

（一）合同变更的概念

合同变更是指合同依法成立后，在尚未履行或尚未完全履行时，当事人依法经过协商，对合同的内容进行修改或调整所达成的协议。

合同变更时，当事人应当通过协商，对原合同的部分内容条款作出修改、补充或增加新的条款。例如，对原合同中规定的标底数量、质量、履行期限、地点和方式、违约责任、解决争议的办法等作出变更。当事人对合同内容变更取得一致意见时方为有效。

（二）合同变更的法律规定

合同法规定："当事人协商一致，可以变更合同。"法律、行政法规规定变更合同应当办理批准、登记手续的，依照其规定办理。

当事人因重大误解、显失公平、欺诈、胁迫或乘人之危而订立的合同，受损害一方有权请求人民法院或者仲裁机构作出变更或撤销合同中的相关内容的决定。

（三）必须遵守法定的程序

合同法、行政法规规定变更合同应当办理批准、登记等手续，必须依据其规定办理。因此，当事人要变更有关合同时，必须按照规定办理批准、登记手续，否则合同之变更不发生效力。

三、园林工程施工合同的转让

园林工程施工合同的转让分为债权人转让权利和债务人转移义务二种。但无论哪一种都必须办理批准、登记手续。

（一）债权人转让权利

债权转让是指园林工程施工合同债权人通过协议将其债权全部或者部分转让给第三人的行为，债权转让又称债权让与或合同权利的转让。

（二）债务人转移义务

债务转移，是指园林工程施工合同债权人与第三人之间达成协议，并经债权人同意，将其义务全部或部分转移给第三人的法律行为。债务转移又称债务承担或合同义务转让。

（三）转让权利或转移义务的批准或登记

合同法第八十七条规定：“法律、行政法规规定转让权利或者转移义务应当办理批准、登记等手续的，依据其规定。”

法律、行政法规规定了特定的合同的成立、生效要经过批准、登记，否则不能成立。因此，园林工程施工合同的权利转让或者义务转移也须经过批准、登记。因为，需要批准、登记的合同都是具有特定性质的合同，在批准、登记时，合同主体——当事人是重要的审查内容，无论是合同债权转让还是合同债务转移，都会引起合同主体的变化，所以要规定进行批准、登记等手续。

四、园林工程施工合同的权利义务终止

（一）合同终止的概念及法律规定

合同终止是指合同当事人双方依法使相互间的权利义务关系终止，也即合同关系消除。

合同法第九十一条规定：“有下列情形之一的，合同的权利义务终止：

（1）债务已经按照约定履行；

（2）债务相互抵消；

（3）债务人依法将标的物提存；

（4）债权人免除债务；

（5）债权债务同归于一人；

（6）法律规定或者当事人约定终止的其他情形。

合同法规定合同终止的情形有六种。但在现实的交易活动中，合同终止的原因绝大多数是属于第一种情形，按照约定履行，是合同当事人订立合同的出发点，也是订立合同的归宿，是合同法调整的合同法律关系的最理想的效果。

（二）合同的解除

1. 合同解除的概念

合同解除是指合同当事人依法行使解除权或者双方协商决定，提前解除合同效力的行为。合同解除包括：约定解除和法定解除两种类型。

2. 合同解除的法律规定

（1）约定解除合同。合同法第九十三条规定："当事人协商一致，可以解除合同。当事人可以约定一方解除合同的条件。解除合同的条件成熟时，解除权人可以解除合同。"

（2）法定解除合同。所谓法定解除合同，是指解除条件由法律直接参与的合同解除合同。当事人在行使合同解除权时，应严格按照法律规定行事，从而达到保护自身合法权益的目的。

合同法第九十四条规定："有下列情形之一的，当事人可以解除合同：

①因不可抗力致使不能实现合同目的；

②在履行期限届满之前，当事人一方明确表示或者以自己的行为表明不履行主要债务；

③当事人一方迟延履行主要债务，经催告后在合理期限内仍未履行；

④当事人一方迟延履行债务或者有其他违约行为致使不能实现合同目的；

⑤法律规定的其他情形。

第四节　园林工程施工合同的管理

一、园林工程施工合同管理的目的及任务

（一）园林工程施工合同管理的目的

1. 发展和完善社会主义园林工程市场经济

我国经济体制改革的目标是建立社会主义市场经济，以利于进一步解放和发展生产力，增强经济实力，参与国际市场经济活动。因此，培育和发展园林工程市场，是我国园林系统建立社会主义市场体制的一项十分重要的工作。

在园林工程建设领域中，首先要加强园林工程市场的法制建设，健全市场法规体系，以保障园林工程市场的繁荣和园林业的发达。欲达到此目的，必须加强对园林工程建设合同的法律调整和管理，认真做好园林工程施工合同管理工作。

2. 建立现代园林工程施工企业制度

现代企业制度的建立，对企业提出了新的要求，企业应当依据公司法的规定，遵循“自主经营、自负盈亏、自我发展、自我约束”的原则，这就促使园林工程施工企业必须认真地、更多地考虑市场的需求变化，调整企业发展方向和工程承包方式，依据招标投标法的规定，通过工程招标投标签订园林工程施工合同，以求实现与其他企业、经济组织在工程项目建设活动中的协作与竞争。

园林工程施工合同，是项目法人单位与园林工程施工企业进行承包、发包的主要法律形式，是进行工程施工、监理和验收的主要法律依据，是园林工程施工企业走向市场经济的桥梁和纽带。订立和履行园林工程施工合同，直接关系到建设单位和园林工程施工企业的根本利益。因此，加强园林工程施工合同的管理，已成为在园林工程施工企业中推行现代企业制度的重要内容。

3. 规范园林工程施工的市场主体、市场价格和市场交易

建立完善园林工程施工市场体系，是一项经济法制建设工程。它要求对市场主体、市场价格和市场交易等方面的经济关系加以法律调整。

(1) 市场主体：市场主体进入市场进行交易，其目的就是为了开展和实现工程项目承包发包活动，也即建立工程建设项目合同法律关系。欲达到此目的，有关各方主体必须具备和符合法定主体资格，也即具有订立园林工程合同的权利能力和行为能力，方可订立园林工程承包合同。

(2) 园林工程施工的市场价格：园林市场价格，是一种市场经济中的特殊商品价格。在我国，正在逐步建立“政府宏观指导，企业自主报价，竞争形成价格，加强动态管理”的园林建筑市场价格机制。

(3) 园林工程施工的市场交易：是指园林产品的交易通过工程建设招标投标的市场竞争活动，最后采用订立园林工程施工合同的法定形式，以形成有效的园林工程施工合同的法律关系。

4. 加强合同管理，提高园林工程施工合同的履约率

牢固树立合同法制观念，加强工程建设项目合同管理，必须从项目法人、项目经理、项目工程师作起，坚决执行合同法和建设工程合同行政法规以及“合同示范文本”制度，从而保证园林工程建设项目的顺利建成。

5. 加强园林工程施工合同管理，努力开拓国际市场

发展我国园林工程业，努力提高其在国际工程市场中的份额，十分有利于发挥我国园林工程的技术优势和人力资源优势，推动国民经济的迅速发展。改革开放以来在开拓和开放国际工程承、发包过程中，我们贯彻“平等互利，形式多样，讲求实效，共同发展”的经济合作方针和“守约、保质、薄利、重义”的经营原则，在国际工程承包市场上树立了信誉，获得了外国先进的工程管理经验，加快了我国园林工程施工合同管理与国际园林工程施工惯例接轨的步伐。

（二）园林工程施工合同管理的任务

（1）要发展和培育园林工程施工市场，振兴我国的园林工程施工业，就必须建立开发现代化的园林工程施工市场。市场的模式应当是：市场机制（即供应、价格、竞争）健全，市场要素完备，市场保障体系和市场法规完善，市场秩序良好。为了形成高质量的园林工程施工的市场模式，必须培育合格的市场主体，建立市场价格机制，强化市场竞争意识，推动园林工程项目招标投标，确保工程质量，严格履行园林工程施工合同。

（2）努力推行法人责任制、招标投标制、工程监理制和合同管理制。认真完善和实施“四制”，并作好协调关系，是摆在园林工程建设管理工作面前的重要任务。现代园林工程管理中的“四制”，是一个相互促进、相互制约的有机组合体，是主体运用现代管理手段和法制手段，实现园林工程施工市场经济发展和促进社会进步的统一体。因此，工程建设管理者必须学会正确运用合同管理手段，为推动项目法人负责制服务；工程师依据合同实施规范性监理，落实工程招标与合同管理一体化的科学管理。

（3）全面提高园林工程建设管理水平，培育和发展园林工程市场经济，是一项综合的系统工程，其中合同管理只是一项子工程。但是，工程合同管理是园林工程科学管理的重要组成部分和特定的法律形式。它贯穿于园林工程施工市场交易活动的全过程，众多园林工程施工合同的全部履行，是建立一个完善的园林工程施工市场的基本条件。因此，加强园林工程施工合同管理，全面提高工程建设管理水平，必将在建立统一的、开放的、现代化的、机制健全的社会主义园林工程施工市场经济体制中，发挥重要的作用。

（4）园林工程施工合同管理是控制工程质量、进度和造价的重要依据。园林工程合同管理，是对园林工程建设项目有关的各类合同，从条件的拟定、协商、签署、履行情况的检查和分析等环节进行的科学管理，以期通过合同管理实现园林工程项目“三大控制”的任务要求，维护当事人双方的合法权益。

二、园林工程施工合同管理的方法和手段

（一）园林工程施工合同管理的方法

1. 健全园林工程合同管理法规，依法管理

在园林工程建设管理活动中，要使所有工程建设项目从可行性研究开始，到工程项目报建、工程项目招标投标、工程建设承发包，直至工程建设项目施工和竣工验收等一系列活动全部纳入法制轨道。就必须增强发包商和承包商的法制观念，保证园林工程建设项目的全部活动依据法律和合同办事。

2. 建立和发展有形园林工程市场

建立完善的社会主义市场经济体制，发展我国园林工程发包承包活动，必须建立和发展有形的园林工程市场。有形园林工程市场必须具备及时收集、存贮和公开发布各类园林工程信息的三个基本功能，为园林工程交易活动，包括工程招标、投标、评标、定标和签订合同提供服务，以便于政府有关部门行使调控、监督的职能。

3. 完善园林工程合同管理评估制度

完善的园林工程合同管理评估制度是保证有形的园林工程市场的重要保证，又是提高我国园林工程管理质量的基础，也是发达国家经验的总结。我国在这一方面，还存在一定的差距。面临加入WTO后的全球化进程要尽快建立完善这方面的制度，要使我国的园林工程合同管理评估制度符合以下几点要求：第一、合法性，指工程合同管理制度符合国家有关法律、法规的规定；第二、规范性，指工程合同管理制度具有规范合同行为的作用，对合同管理行为进行评价、指导、预测，对合同行为进行保护奖励，对违约行为进行预测、警示或制裁等；第三、实用性，指园林工程合同管理制度能适应园林建设工程合同管理的要求，以便于操作和实施；第四、系统性，指各类工程合同的管理制度是一个有机结合体，互相制约、互相协调，在园林工程合同管理中，能够发挥整体效应的作用；第五，科学性，指园林工程合同管理制度能够正确反映合同管理的客观经济规律，保证人们运用客观规律进行有效的合同管理。才能实现与国际惯例接轨。

4. 推行园林工程合同管理目标制

园林工程合同管理目标制，就是要使园林工程各项合同管理活动按照达到预期结果和最终目的的。其过程是一个动态过程，具体讲就是指工程项目管理机构和管理人员为实现预期的管理目标和最终目的，运用管理职能和管理方法

对工程合同的订立和履行施行管理活动的过程。其过程主要包括：合同订立前的目标制管理、合同订立中的目标制管理、合同履行中的目标制管理和减少合同纠纷的目标制管理等五部分。

5. 园林工程合同管理机关必须严肃执法

园林工程合同法律、行政法规，是规范园林工程市场主体的行为准则。在培育和发展我国园林工程市场的初级阶段，具有法制观念的园林工程市场参与者，要学法、懂法、守法，依据法律、法规进入园林工程市场，签订和履行工程建设合同，维护自身的合法权益。而合同管理机关，对违犯合同法律、行政法规的应从严查处。

由于我国社会主义市场经济尚处初创阶段，特别是园林工程市场因其周期长、流动广、艺术性强、资源配置复杂因其周期长、流动广、艺术性强、资源配置复杂以及生物性等特点，依法治理园林市场的任务十分艰巨。在工程合同管理活动中，合同管理机关应严肃执法的同时，又要运用动态管理的科学手段，实行必要的"跟踪"监督，可以大大提高工程管理水平。

（二）园林工程施工合同管理的手段

园林工程施工合同管理是一项复杂而广泛的系统工程，必须采用综合管理的手段，才能达到预期目的，其常用的手段有：

1. 普及合同法制教育，培训合同管理人才

认真学习和熟悉必要的合同法律知识，以便合法地参与园林工程市场活动。发包单位和承包单位应当全面履行合同约定的义务，不按照合同约定履行义务的，依法承担违约责任。工程师必须学会依据法律的规定，公正地、公开地、独立地行使权力，努力作好园林工程合同的管理工作。这就要进行合同法制教育，通过培训等形式，培养合格的合同管理人才。

2. 设立专门合同管理机构并配备专业的合同管理人员

建立切实可行的园林建设工程合同审计工作制度，设立专门合同管理机构，并配备专业的管理人员。以强化园林建设工程合同的审计监督，维护园林工程建筑市场秩序，确保园林建设工程合同当事人的合法权益。

3. 积极推行合同示范文本制度

积极推行合同示范文本制度，是贯彻执行中华人民共和国合同法，加强建设合同监督，提高合同履约率，维护园林建筑市场秩序的一项重要措施。一方面有助于当事人了解、掌握有关法律、法规，使园林工程合同签订符合规范，避免缺款少项和当事人意思表达不真实，防止出现显失公平和违约条款；另一方面便于合同管理机关加强监督检查，也有利于仲裁机构或人民法院及时裁判纠纷，维护当事人的合法权益，保障国家和社会公共利益。

4. 开展对合同履行情况的检查评比活动，促进园林工程建设者重合同，守信用

园林工程建设企业应牢固树立“重合同，守信用”的观念。在发展社会主义市场经济，开拓园林工程建筑市场的活动中，园林工程建设企业为了提高竞争能力，建筑企业家应该认识到“企业的生命在于信誉，企业的信誉高于一切”的原则的重要性。因此，园林工程建设企业各级领导应该经常教育全体员工认真贯彻岗位责任制，使每一名员工都来关心工程项目的合同管理，认识到自己的每一项具体工作都是在履行合同约定的义务，从而保证工作项目合同的全面履行。

5. 建立合同管理的微机信息系统

建立以微机数据库系统为基础的合同管理系统。在数据收集、整理、存贮、处理和分析等方面，建立工程项目管理中的合同管理系统，可以满足决策者在合同管理方面的信息需求，提高管理水平。

6. 借鉴和采用国际通用规范和先进经验

现代园林工程建设活动，正处在日新月异的新时期，我国加入“WTO”后园林工程承发包活动的国际性更加明显。国际园林工程市场吸引着各国的业主和承包商参与其流转活动。这就要求我国的园林工程建设项目的当事人学习、熟悉国际园林工程市场的运行规范和操作惯例，为进入国际园林工程市场而努力。

思考练习题：

1. 园林工程施工合同的概念、作用及特点有哪些？
2. 园林工程施工合同签订的条件、原则及程序是什么？
3. 根据某一园林工程，按园林工程施工合同示范文本的要求模拟签订一份施工合同。
4. 试述园林工程施工合同的履行、变更、转让和终止的概念及相关法律规定。
5. 园林工程施工合同管理的目的和任务是什么？
6. 园林工程施工合同管理方法和手段有哪些？

第十章

园林工程施工组织设计

第一节 园林工程施工组织设计的作用、分类及原则

园林工程施工组织设计是有序进行施工管理的开始和基础，是园林工程建设单位在组织施工前必须完成的一项法定的技术性工作。

一、园林工程施工组织设计的作用

园林工程施工组织设计是以园林工程（整个工程或若干单项工程）为对象编写的用来指导工程施工的技术性文件。其核心内容是如何科学合理地安排好劳动力、材料、设备、资金和施工方法这五个主要的施工因素。根据园林工程的特点和要求，以先进的、科学的施工方法与组织手段使人力和物力、时间和空间、技术和经济、计划和组织等诸多因素合理优化配置，从而保证施工任务依质量要求按时完成。

园林工程施工组织设计是应用于园林工程施工中的科学管理手段之一，是长期工程建设中实践经验的总结，是组织现场施工的基本文件和法定性文件。因此，编制科学的切合实际的、可操作的园林工程施工组织设计，对指导现场施工、确保施工进度和工程质量、降低成本等都具有重要意义。

园林工程施工组织设计，首先要符合园林工程的设计要求，体现园林工程的特点，对现场施工具有指导性。在此基础上，要充分考虑施工的具体情况，完成以下四部分内容：一是依据施工条件，拟定合理施工方案，确定施工顺序、施工方法、劳动组织及技术措施等；二是按施工进度搞好材料、机具、劳动力等资源配置；三是根据实际情况布置临时设施、材料堆置及进场实施；四

是通过组织设计协调好各方面的关系，统筹安排各个施工环节，做好必要的准备和及时采取相应的措施确保工程顺利进行。

二、园林工程施工组织设计的分类

园林工程施工组织设计一般由5部分构成：

(1) 叙述本项园林工程设计的要求和特点，使其成为指导施工组织设计的指导思想，贯穿于全部施工组织设计之中。

(2) 在此基础上，充分结合施工企业和施工场地的条件，拟定出合理的施工方案。在方案中要明确施工顺序、施工进度、施工方法、劳动组织及必要的技术措施等内容。

(3) 在确定了施工方案后，在方案中按施工进度搞好材料、机械、工具及劳动等资源的配置。

(4) 根据场地实际情况，布置临时设施，材料堆置及进场实施方法和路线等。

(5) 组织设计出协调好各方面关系的方法和要求，统筹安排好各个施工环节的连接。提出应做好的必要准备和及时采取的相应措施，以确保工程施工的顺利进行。

实际工作中，根据需要，园林工程施工组织设计一般可分为中标后施工组织设计和投标前施工组织设计两大类。

(一) 中标后施工组织设计

一般又可分为施工组织总设计、单位工程施工组织设计和分项工程作业设计等3种。

1. 工程施工组织总设计

施工组织总设计是以整个工程为编制对象，依据已审批的初步设计文件拟定的总体施工规划。一般由施工单位组织编制，目的是对整个工程的全面规划和有关具体内容的布置。其中，重点是解决施工期限、施工顺序、施工方法、临时设施、材料设备以及施工现场总体布局等关键问题。

2. 单位工程施工组织设计

单位工程施工组织设计是根据经会审后的施工图，以单位工程为编制对象，由施工单位组织编制的技术文件。

(1) 编制单位工程施工组织设计的要求①单位工程施工组织设计编制的做具体内容，不得与施工组织总设计中的指导思想和具体内容相抵触。

②按照施工要求，单位工程施工组织方案的编制深度，以达到工程施工阶

段即可。

③应附有施工进度计划和现场施工平面图。

④编制时要做到简练、明确、实用，要具有可操作性。

(2) 编制单位工程施工组织设计的内容

其内容主要包括以下 6 个方面：

①说明工程概况和施工条件。

②说明实际劳动资源及组织状况。

③选择最有效的施工方案和方法。

④确定人、材、物，等资源的最佳配置。

⑤制定科学可行的施工进度。

⑥设计出合理的施工现场平面图等。

3. 分项工程作业设计

多由最基层的施工单位编制，一般是对单位工程中某些特别重要部位或施工难度大、技术要求高，需采取特殊措施的工序，才要求编制出具有较强针对性的技术文件。例如园林喷水池的防水工程，瀑布出水口工程，园路中健身路的铺装，护坡工程中的倒渗层，假山工程中的拉底、收顶等。其设计要求具体、科学、实用并具可操作性。

(二) 投标前施工组织设计

投标前施工组织设计，是作为编制投标书的依据，其目的是为了中标。主要内容包括：

(1) 施工方案、施工方法的选择，对关键部位、工序采用的新技术、新工艺、新机械、新材料，以及投入的人力、机械设备的决定等；

(2) 施工进度计划，包括网络计划、开竣工日期及说明；

(3) 施工平面布置，水、电、路、生产、生活用地及施工的布置，用以与建设单位协调用地；

(4) 保证质量、进度、环保等项计划必须采取的措施；

(5) 其他有关投标和签约的措施。

三、园林工程施工组织设计的原则

园林工程施工组织设计要做到科学、实用，这就要求在编制思路上应吸收多年来工程施工中积累的成功经验；在编制技术上要遵循施工规律、理论和方法；在编制方法上应集思广益，逐步完善。为此，园林工程施工组织设计的编制应遵循下列基本原则。

（一）遵循国家法规、政策的原则

国家政策、法规对施工组织设计的编制有很大的影响，因此，在实际编制中要分析这些政策对工程施工有哪些积极影响，并要遵守哪些法规，如合同法、环境保护法、森林法、园林绿化管理条例、环境卫生实施细则、自然保护法及各种设计规范等。在建设工程承包合同及遵照经济合同法而形成的专业性合同中，都明确了双方的权利义务，特别是明确的工程期限、工程质量保证等，在编制时应予以足够重视，以保证施工顺利进行，按时交付使用。

（二）符合园林工程特点，体现园林综合艺术的原则

园林工程大多是综合性工程，并具有随着时间的推移其艺术特色才慢慢发挥和体现的特点。因此，组织设计的制订要密切配合设计图纸，要符合原设计要求，不得随意更改设计内容。同时还应对施工中可能出现的其他情况拟定防范措施。只有吃透图纸，熟识造园手法，采取针对性措施，编制出的施工组织设计才能符合施工要求。

（三）采用先进的施工技术，合理选择施工方案的原则

园林工程施工中，要提高劳动生产率、缩短工期、保证工程质量、降低施工成本、减少损耗，关键是采用先进的施工技术、合理选择施工方案以及利用科学的组织方法。因此，应视工程的实际情况，现有的技术力量、经济条件，吸纳先进的施工技术。目前园林工程建设中采用的先进技术多应用于设计和材料等方面。这些新材料，新技术的选择要切合实际，不得生搬硬套，要以获得最优指标为目的，做到施工组织在技术上是先进的，经济上是合理的，操作上是安全可行的，指标上是优质高标准的。

施工方案应进行技术经济比较，比较时数据要准确，实事求是。要注意在不同的施工条件下拟定不同的施工方案，努力达“五优”标准，即到所选择的施工方法和施工机械最优，施工进度和施工成本最优，劳动资源组织最优，施工现场调度组织最优和施工现场平面最优。

（四）周密而合理的施工计划、加强成本核算，做到均衡施工的原则

施工计划产生于施工方案确定后，根据工程特点和要求安排的，是施工组织设计中极其重要的组成部分。施工计划安排得好，能加快施工进度，保证工程质量，有利于各项施工环节的把关，消除窝工、停工等现象。

周密而合理的施工计划，应注意施工顺序的安排，避免工序重复或交叉。要按施工规律配置工程时间和空间上的次序，做到相互促进，紧密搭接；施工方式上可视实际需要适当组织交叉施工或平行施工，以加快速度；编制方法要

注意应用横道流水作业和网络计划技术；要考虑施工的季节性，特别是雨季或冬季的施工条件；计划中还要正确反映临时设施设置及各种物资材料、设备的供应情况，以节约为原则，充分利用固有设施，减少临时性设施的投入；正确合理的经济核算，强化成本意识。所有这些都是为了保证施工计划的合理有效，使施工保持连续均衡。

（五）确保施工质量和施工安全，重视园林工程收尾工作的原则

施工质量直接影响工程质量，必须引起高度重视。施工组织设计中应针对工程的实际情况，制订出切实可行的保证措施。园林工程是环境艺术工程，设计者呕心沥血地艺术创造，完全凭借施工手段来体现。为此，要求施工必须一丝不苟，保质保量，并进行二度创作，使作品更具艺术魅力。

“安全为了生产，生产必须安全”，施工中必须切实注意安全，要制订施工安全操作规程及注意事项，搞好安全教育，加强安全生产意识，采取有效措施作为保证。同时应根据需要配备消防设备，做好防范工作。

园林工程的收尾工作是施工管理的重要环节，但有时往往难以引起人们的注意，使收尾工作不能及时完成，而因园林工程的艺术性和生物性特征，使得收尾工作中的的艺术再创造与生物管护显得更为重要。这实际上将导致资金积压，增加成本，造成浪费。因此，应十分重视后期收尾工程，尽快竣工验收，交付使用。

四、园林工程施工的准备工作

（一）施工准备工作

园林工程施工准备工作是指对设计图纸和施工现场确认核实后，进行的施工准备。按准备工作范围可分为：全场性施工准备、单位（项）工程施工条件准备和分部（项）工程作业条件准备等三种。

（二）施工准备工作的内容

1. 技术准备

（1）认真作好扩大初步设计方案的审查工作：园林工程施工任务确定以后，应提前与设计单位结合，掌握扩大初步设计方案的编制情况，使方案的设计，在质量、功能、艺术性等方面均能适应当前园林建设发展水平，为其工程施工扫除障碍。

（2）熟悉和审查施工工程图纸：园林建设工程在施工前应组织有关人员研究熟悉设计图纸的详细内容，以便掌握设计意图，确认现场状况以便编制施工组织设计，提供各项依据。审查工程施工图纸通常按图纸自审、会审和现场签证等三个阶段进行。

①图纸自审由施工单位主持，并要求写出图纸自审记录；

②图纸会审由建设单位主持，设计和施工单位共同参加，并应形成“图纸会审记要”，由建设单位正式行文、三方面共同会签并盖公章，作为指导施工和工程结算的依据；

③图纸现场签证是在工程施工中，依据技术核定和设计变更签证制度的原则，对所发现的问题进行现场签证，作为指导施工、竣工验收和结算的依据。在研究图纸时，特别需要注意的是特殊施工说明书的内容、施工方法、工期以及所确认的施工界限等。

(3) 原始资料调查分析：原始资料调查分析，不仅要对工程施工现场所在地区的自然条件、社会条件，进行收集。整理分析和不足部分补充调查外，还包括工程技术条件的调查分析。调查分析的内容和详尽程度以满足工程施工要求为准。

(4) 编制施工图预算和施工预算

①施工图预算应按照施工图纸所确定的工程量、施工组织设计拟定的施工方法、建设工程预算定额和有关费用定额，由施工单位编制。施工图预算是建设单位和施工单位签定工程合同的主要依据，是拨付工程价款和竣工决算的主要依据，也是实行招投标和工程建设包干的主要依据，是施工单位安排施工计划、考核工程成本的依据。

②施工预算是施工单位内部编制的一种预算。在施工图预算的控制下，结合施工组织设计的平面布置、施工方法、技术组织措施以及现场施工条件等因素编制而成的。

(5) 编制施工组织设计：拟建的园林建设工程应根据其规模、特点和建设单位要求，编制指导该工程施工全过程的施工组织设计。

2. 物资准备

园林建设工程物资准备工作内容包括土建材料准备、绿化材料准备、构(配)件和制品加工准备、园林施工机具准备等四部分。

3. 劳动组织准备

劳动组织准备包括：

(1) 确定的施工项目管理人员应是有实际工作经验和相应资质证书的的专业人员。

(2) 有能进行指导现场施工的专业技术人员。

(3) 各工种应有熟练的技术工人，并应在进场前进行有关的技术培训和入场教育。

4. 施工现场准备

大中型的综合园林工程建设项目应做好完善的施工现场准备工作。

(1) 施工现场控制网测量：根据给定永久性坐标和高程，按照总平面图要求，进行施工场地控制网测量，设置场区永久性控制测量标桩。

(2) 做好"四通一清"，认真设置消火栓：确保施工现场水通、电通、道路、通讯畅通和场地清理；应按消防要求，设置足够数量的消火栓。园林工程建筑中的场地平整要因地制宜，合理利用竖向条件，既要便于施工，减少土方搬运量，又要保留良好的地形景观，创造立体景观效果。

(3) 建造施工设施：按照施工平面图和施工设施需要量计划，建造各项施工设施，为正式开工准备好用房。

(4) 组织施工机具进场：根据施工机具需要量计划，按施工平面图要求，组织施工机械、设备和工具进场，按规定地点和方式存放，并应进行相应的保养和试运转等项准备工作。

(5) 组织施工材料进场：根据各项材料需要量计划，组织其有序进场，按规定地点和方式存货堆放；植物材料一般应随到随栽，不需提前进场，若进场后不能立即栽植的，要选择好假植地点，严格按假植技术要求认真假植并做好养护工作。

(6) 做好季节性施工准备：按照施工组织设计要求，认真落实雨季施工和高温季节施工项目的施工设施和技术组织措施。

5. 施工场外协调

(1) 材料选购、加工和订货：根据各项材料需要量计划，同建材生产加工、设备设施制造、苗木生产单位取得联系，签订供货合同，保证按时供应；植物材料因为没有工业产品的整齐划一，所以要在去多家苗圃仔细号苗的基础上，选择符合设计要求的优质苗木。园林中特殊的景观材料如山石等需事先根据设计需要进行选择以作备用。

(2) 施工机具租赁或订购：对于本单位缺少且需用的施工机具，应根据需要量计划，同有关单位签订租赁合同或订购合同。

(3) 选定转、分包单位，并签订合同，理顺转、分、承包的关系，但应防止将整个工程全部转包的方式。

第二节　园林工程施工组织设计的编制程序

一、园林工程施工组织设计编制的依据

园林工程施工组织是一项复杂的系统工程，编制时要考虑多方面因素，方能完成。其主要依据如表 10－1 所示。

表 10－1　施工组织设计的编制依据表

编制依据	主要内容
1. 园林建设项目基础文件	建设项目可行性研究报告及批准文件； 建设项目规划红线范围和用地批准文件； 建设项目勘察设计任务书、图纸和说明书； 建设项目初步设计或技术设计批准文件，以及设计图纸和说明书； 建设项目总概算或设计总概算； 建设项目施工招标文件和工程承包合同文件
2. 工程建设政策、法规和规范资料	关于工程建设报建程序有关规定； 关于动迁工作有关规定； 关于园林工程项目实行施工监理有关规定； 关于园林建设管理机构资质管理的有关规定； 关于工程造价管理有关规定； 关于工程设计、施工和验收有关规定
3. 建设地区原始调查资料	地区气象资料； 工程地形、工程地质和水文地质资料； 土地利用情况； 地区交通运输能力和价格资料； 地区绿化材料、建筑材料、构配件和半成品供应情况资料； 地区供水、供电、供热和电讯能力和价格资料； 地区园林施工企业状况资料； 施工现场地上、地下的现状，如水、电、电讯、煤气管线等状况
4. 类似施工项目经验资料	类似施工项目成本控制资料； 类似施工项目工期控制资料； 类似施工项目质量控制资料； 类似施工项目技术新成果资料； 类似施工项目管理新经验资料

二、园林工程施工组织设计编制程序

施工组织设计必须按一定的先后顺序进行编制，才能保证其科学性和合理性。施工组织设计的编制程序如下：

（1）熟悉园林施工工程图，领会设计意图，收集有关资料，认真分析，研究施工中的问题。

（2）将园林工程合理分项并计算各自工程量，确定工期。

（3）确定施工方案，施工方法，进行技术经济比较，选择最优方案。

（4）编制施工进度计划（横道图或网络图）

（5）编制施工必需的设备、材料、构件及劳动力计划。

（6）布置临时施工、生活设施，做好“三通一平”工作。

（7）编制施工准备工作计划。

（8）绘出施工平面布置图。

（9）计算技术经济指标，确定劳动定额，加强成本核算。

（10）拟订技术安全措施。

（11）成文报审。

三、园林工程施工组织设计的主要内容

园林施工组织设计的内容一般是由工程项目的范围、性质、特点及施工条件、景观艺术、建筑艺术的需要来确定的。由于在编制过程中有深度上的不同，无疑反映在内容上也有所差异。但不论哪种类型的施工组织设计都应包括工程概况、施工方案、施工进度计划和施工现场平面布置等，简称“一图一表一案”。

（一）工程概况

工程概况是对拟建工程的基本性描述，目的是通过对工程的简要说明了解工程的基本情况，明确任务量、难易程度、质量要求等，以便合理制订施工方法、施工措施、施工进度计划和施工现场布置图。

工程概况内容包括：

（1）说明工程的性质、规模、服务对象、建设地点、建设工期、承包方式、投资额及投资方式。

（2）施工和设计单位名称、上级要求、图纸状况、施工现场的工程地质、

土壤、水文、地貌、气象等因子。

(3) 园林建筑数量及结构特征。

(4) 特殊施工措施以及施工力量和施工条件。

(5) 材料的来源与供应情况、“三通一平”条件、运输能力和运输条件。

(6) 机具设备供应、临时设施解决方法、劳动力组织及技术协作水平等。

(二) 施工方法和施工措施

施工方法和施工措施是施工方案的有机组成部分，施工方案优选是施工组织设计的重要环节之一。因此，根据各项工程的施工条件，提出合理的施工方法，拟订保证工程质量和施工安全的技术措施，对选择先进合理的施工方案具有重要作用。

1. 拟定施工方法的原则

在拟定施工方法时，应坚持以下基本原则：

(1) 内容要重点突出，简明扼要，做到施工方法在技术上先进，在经济上合理，在生产上实用有效。

(2) 要特别注意结合施工单位的现有技术力量，施工习惯，劳动组织特点等。

(3) 还必须依据园林工程工作面大的特点，制定出灵活易操作的施工方法，充分发挥机械作业的多样性和先进性。

(4) 对关键工程的重要工序或分项工程（如基础工程），比较先进的复杂技术，特殊结构工程（如园林古建）及专业性强的工程（自控喷泉安装）等均应制定详细、具体的施工方法。

2. 施工措施的拟定

在确定施工方法时不单要拟定分项工程的操作过程、方法和施工注意事项，而且还要提出质量要求及其应采取的技术措施。这些技术措施主要包括：施工技术规范、操作规程的施工注意事项、质量控制指标及相关检查标准；季节性施工措施；降低施工成本措施；施工安全措施及消防措施等。同时应预料可能出现的问题及应采取的防范措施。

例如卵石路面铺地工程，应说明土方工程的施工方法，路基夯实方式及要求，卵石镶嵌方法（干栽法或湿栽法）及操作要求，卵石表面的清洗方法和要求等。驳岸施工中则要制定出土方开槽、砌筑、排水孔、变形缝等施工方法和技术措施。

3. 施工方案技术经济分析

由于园林工程的复杂性和多样性，每项分工程或某一施工工序可能有几种施工方法，产生多种施工方案。为了选择一个合理的施工方案，提高施工经济效益，降低成本和提高施工质量，在选择施工方案时，进行施工方案的技术经济分析是十分必要的。

施工方案的技术经济分析方法有定性分析和定量分析两种。前者是结合经验进行一般的优缺点比较，例如是否符合工期要求；是否满足成本低，经济效益高的要求；是否切合实际，操作性是否强；是否达到一定的先进技术水平；材料、设备是否满足要求；是否有利于保证工作质量和施工安全等。定量的技术经济分析是通过计算出劳动力、材料消耗、工期长短及成本费用等诸多经济指标进行后再比较，从而得出好的施工方案。在比较分析时应坚持实事求是的原则，力求数据确凿、才能具有说服力，不得变相润色后再进行比较。

（三）施工计划

园林工程施工计划涉及的项目较多，内容庞杂，要使施工过程有序，保质保量完成任务必须制订科学合理的施工计划。施工计划中的关键是施工进度计划，它是以施工方案为基础编制的。施工进度计划应以最低的施工成本为前提合理安排施工顺序和工程进度，并保证在预定工期内完成施工任务。它的主要作用是全面控制施工进度，为编制基层作业计划及各种材料供应计划提供依据。工程施工进度计划应依据总工期、施工预算、预算定额（如劳动定额，单位估价）以及各分项工程的具体施工方案、施工单位现有技术装备等进行编制。

1. 施工进度计划编制的步骤

（1）工程项目分类及确定工程量；

（2）计算劳动量和机械台班数；

（3）确定工期；

（4）解决工程间的相互搭接问题；

（5）编制施工进度；

（6）按施工进度提出劳动力、材料及机具的需要计划。

根据上述编制步骤，将计算出的各因子填入施工进度计划表 10－2 中，即成为最常见的施工进度计划，这种格式也称横道图（或条形图）。它由两部分组成，左边是工程量、人工、机械的计算数量；右边是用线段表达工程进度的图表，可表明各项工程的搭接关系。

2. 施工进度计划的编制

（1）工程项目分类：将工程按施工顺序列出。一般工程项目划分不宜过多，园林工程中不宜超过 25 个，应包括施工准备阶段和工程验收阶段。分类时视实际情况需要而定，宜简则简，但不得疏漏，着重于关键工序。表 10－3 是园林工程常见的分部工程目录。

表 10－2 施工进度计划表

<table>
<tr><th rowspan="3">项次</th><th rowspan="3">分项分部工程</th><th colspan="2">工程量</th><th rowspan="3">劳动量</th><th colspan="2">机械</th><th rowspan="3">每天工作人数</th><th rowspan="3">工作日</th><th colspan="15">施 工 进 度</th></tr>
<tr><th rowspan="2">单位</th><th rowspan="2">数量</th><th rowspan="2">名称</th><th rowspan="2">数量</th><th colspan="5">月</th><th colspan="5">月</th><th colspan="5">月</th></tr>
<tr><th>5</th><th>10</th><th>15</th><th>20</th><th>25</th><th>30</th><th>35</th><th>40</th><th>45</th><th>50</th><th>55</th><th>60</th><th>65</th><th>70</th><th>75</th></tr>
<tr><td></td><td></td><td></td><td></td><td></td><td></td><td></td><td></td><td></td><td></td><td></td><td></td><td></td><td></td><td></td><td></td><td></td><td></td><td></td><td></td><td></td><td></td><td></td><td></td></tr>
<tr><td></td><td></td><td></td><td></td><td></td><td></td><td></td><td></td><td></td><td></td><td></td><td></td><td></td><td></td><td></td><td></td><td></td><td></td><td></td><td></td><td></td><td></td><td></td><td></td></tr>
</table>

表 10－3 园林工程常见分部工程目录

工种目录	工种目录	工种目录	工种目录
(1) 准备及临时设施工程 (2) 平整建筑用地工程 (3) 基础工程 (4) 模板工程 (5) 混凝土工程	(6) 土方工程 (7) 给水工程 (8) 排水工程 (9) 安装工程 (10) 屋工工程 (11) 抹灰工程 (12) 瓷砖工程	(13) 防水工程 (14) 脚手架工程 (15) 木工工程 (16) 油饰工程	(17) 供电工程 (18) 灯饰工程 (19) 栽植整地工程 (20) 掇山工程 (21) 栽植工程 (22) 收尾工程

在一般的园林绿化工程预算中，园林工程的分部工程项目常趋于简单，通常分为：土方、基础垫基工程、砌筑工程、混凝土及钢筋混凝土工程、地面工程、抹灰工程、园林路灯工程、假山及塑山工程、园路及园桥工程、园林小品工程、给排水工程及管线工程等十一项。

(2) 计算工程量：按施工图和工程计算方法逐项计算求得。并应注意工程量单位的一致；

(3) 计算劳动量和机械台班量

$$某项工程劳动量=\frac{该工程的工程量}{该工程的产量定额}$$（或等于该项工程的工程量×时间）

（注：时间定额＝1/产量定额；各种定额参考各地的施工定额手册）

$$需要机械台班量=\frac{工程量}{机械产量定额}$$（或等于工程量×机械时间定额）

(4) 确定工期（即工作日）

$$所需工期=\frac{工程的劳动量（工日）}{工程每天工作的人数}$$

工程项目的合理工期应满足三个条件，即最小劳动组合、最小工作面和最适宜的工作人数。最小的劳动组合是指明某个工序正常安全施工时的合理组合人数，如人工打夯至少应有 6 人才能正常工作。最小工作面指明每个工作人员或班组进行施工时有足够的工作面，并能充分发挥劳动者潜能确保安全施工时的作业面积，例如土方工程中人工挖土最佳作业面积每人 4～6m^2。最适宜的工作人数即最可能安排的人数，它不是绝对的，根据实际需要而定，例如在一定工作面范围内，依据增加施工人数来缩短工期是有限度的，但可采用轮班制作业形式达到缩短工期的目的。

（5）编制进度计划：编制施工进度计划应使各施工段紧密搭接并考虑缩短工程总工期。为此，应分清主次，抓住关键工序。首先分析消耗劳动力和工时最多的工序。如喷水池的池底池壁工程，园路的基础和路面装饰工程等。待确定主导工序后，其他工序适当配合、穿插或平行作业，做到作业的连续性、均衡性、衔接性。

编好进度计划初稿后应认真检查调整，看看是否满足总工期，接搭是否合理，劳动力、机械及材料能否满足要求。如计划需要调整时，可通过改变工程工期或各工序开始和结束的时间等方法调整。

（6）落实劳动力、材料、机具的需要量计划：施工计划编制后即可落实劳动资源的配置。组织劳动力，调配各种材料和机具并确定劳动力、材料、机械进场时间表。时间表是劳动、材料、机械需要量计划的常见表格形式。现介绍出劳动力需要量计划见表 10－4，各种材料（建筑材料、植物材料）配件、设备需要量计划见表 10－5，工程机械需要计划见表 10－6。

表 10－4　劳动力需要量计划

序号	工程名称	人数	月份												备注
			1	2	3	4	5	6	7	8	9	10	11	12	

表 10－5　各种材料（建筑材料、植物材料）配件、设备需要计划

序号	各种材料、配件、设备名称	单位	数量	规格	月份												
					1	2	3	4	5	6	7	8	9	10	11	12	

表 10-6 工程机械需要量计划

序号	机械名称	型号	数量	使用时间	退场时间	供应单位	月份						备注
							1	2	3	…	11	12	

(四) 施工现场平面布置图

施工现场平面布置图是用以指导工程现场施工的平面图，它主要解决施工现场的合理工作问题。施工现场平面图的设计主要依据工程施工图、本工程施工方案和施工进度计划。布置图比例一般采用 1：200～1：500。

1. 施工现场平面布置图的内容

(1) 工程临时范围和相邻的部位；

(2) 建造临时性建筑的位置、范围；

(3) 各种已有的确定建筑物和地下管道；

(4) 施工道路、进出口位置；

(5) 测量基线、监测监控点；

(6) 材料、设备和机具堆放场地、机械安置点；

(7) 供水供电线路、加压泵房和临时排水设备；

(8) 一切安全和消防设施的位置等。

2. 施工现场平面布置图设计的原则

(1) 在满足现场施工的前提下应布置紧凑，使平面空间合理有序，尽量减少临时用地。

(2) 在保证顺利施工的条件下，为节约资金，减少施工成本，应尽可能减少临时设施和临时管线。要有效利用工地周边可利用的原有建筑物作临时用房；供水供电等系统管网应最短；临时道路土方量不宜过大，路面铺装应简单，合理布置进出口；为了便于施工管理和日常生产，新建临时房应视现场情况多作周边式布置，且不得影响正常施工。

(3) 最大限度减少现场运输，尤其避免场内多次搬运：场内多次搬运会增加运输成本，影响工程进度，应尽量避免。方法是将道路做环形设计，合理安排工序、机械安装位置及材料堆放地点；选择适宜的运输方式和运距；按施工进度组织生产材料等。

(4) 要符合劳动保护、技术安全和消防的要求：场内的各种设施不得有碍于现场施工，而应确保安全，保证现场道路畅通。各种易燃物品和危险品存放应满足消防安全要求，严格管理制度，配置足够的消防设备并制作明显识别的标记。某些特殊地段，如易塌方的陡坡要有标注并提出防范意见和措施。

3. 现场施工布置图设计方法

一个合理的现场施工布置图有利于现场顺利均衡地施工。其布置不仅要遵循上述基本原则，同时还要采取有效的设计方法，按照适当的步骤才能设计出切合实际的施工平面图。

(1) 现场踏察，认真分析施工图、施工进度和施工方法。

(2) 布置道路出入口，临时道路作环形设计，并注意承载能力。

(3) 选择大型机械安装点，材料堆放等：园林工程山石吊装需要起重机械，应据置石位置作好停靠地点选择。各种材料应就近堆放，以利于运输和使用。混凝土配料，如砂石、水泥等应靠近搅拌站。植物材料可直接按计划送到种植点；需假植时，就地就近假植，以减少搬运次数，提高成活率。

(4) 设置施工管理和生活临时用房：施工业务管理用房应靠近施工现场，并注意考虑全天候管理的需要；生活临时用房可利用原有建筑，如需新建，应与施工现场明显分开，园林工程中可沿工地周边布置，以减少对景观的影响。

(5) 供水供电管网布置：施工现场的给排水是施工的重要保障。给水应满足正常施工、生活和消防需要，合理确定管网。如自来水无法满足工程需要时，则要布置泵房抽水。管网宜沿路埋设。施工场地应修筑排水沟或利用原有地形满足工程需要，雨季施工时还要考虑洪水的排除问题。

现场供电一般由当地电网接入，应设临时配电箱，采用三相四线供电，保证动力设备所需容量。供电线路必须架设牢固、安全，不影响交通运输和正常施工。

实际工作中，可制订几个现场平面布置方案，经过分析比较，最后选择布置合理、技术可行、方便施工、经济安全的方案。

第三节 园林工程施工组织设计编制的方法

园林工程施工组织设计要求合理安排施工顺序和施工进度计划，用以控制施工进度与施工组织。目前，表示工程计划的方法最为常见的是条形图法（横道图）和统筹法（网络图）两种。

一、条形图计划技术与网络图计划技术

例如要编制一个钢筋混凝土结构的喷水池施工进度计划，可采用如图 10－1（a）的横道图进度计划或图 10－1（b）的双代号网络图进度计划，两种计划均采用流水施工方式施工。从图 10－1（a）中可以看出，横道条形图进度计划是以时间参数为依据的，图右边的横向线段代表各工作或工序的起止时间与先后顺序，表明彼此之间的搭接关系。用条形图组织施工进度计划编制简单、直观易懂，至今在流水施工中应用甚广。但这种方法也有明显的缺点，它不能全面地反映各工作或工序间的相互联系及彼此间的影响；它不能建立数理逻辑关系，因此无法进行系统的时间分析，不能确定重点、关键性工序或主攻的对象，不利于充分发挥施工潜力，也不能通过先进的计算机技术进行计算优化。因而，往往导致所编制的进度计划过于保守或与实际脱节，也难以准确有效预测、妥善处理和监控计划执行中出现的各种情况。

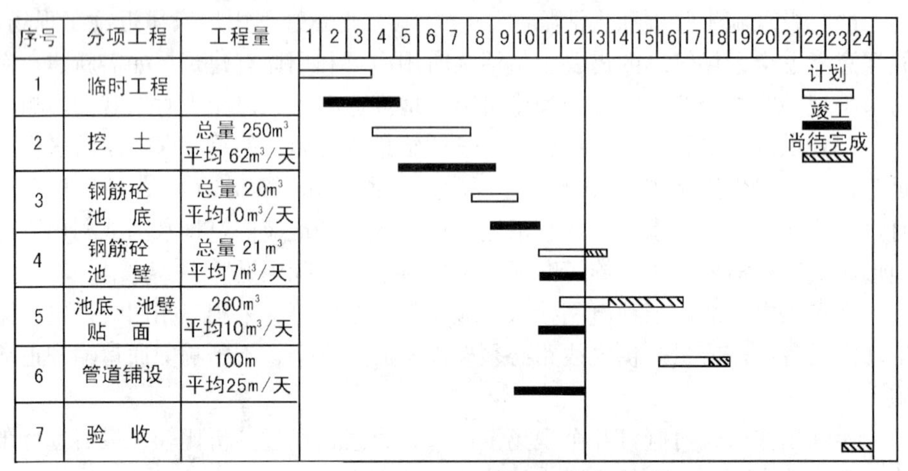

（a）横道图

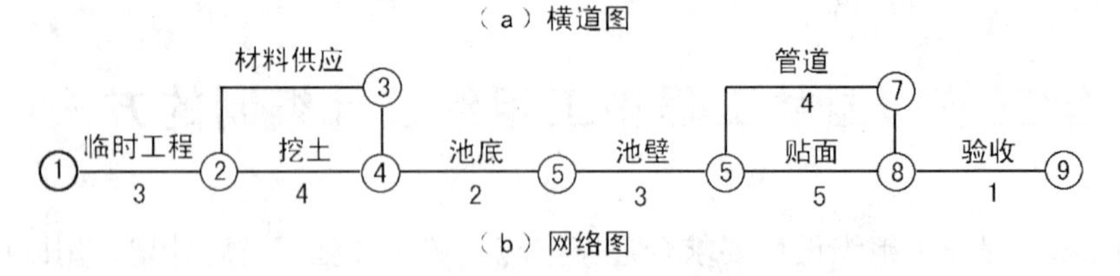

（b）网络图

图 10－1　喷水池横道图和网络图施工进度

而图 10－1（b）网络计划技术是将施工进度看作一个系统模型，系统中可以清楚看出各工序之间的逻辑制约关系，哪些工序是关键、重点工序，或是影响工期的主要因素。同时由于它是有方向有序的模型，便于计算机进行技术调整优化。因而，它较条形图计划技术更科学、更严密，更利于调动一切积极因素，更有效把握和控制施工进度，是工程施工进度现代化管理的主要手段。

二、条形图法

条形图法也称横道图、横线图。它简单实用，易于掌握，在绿地项目施工中得到广泛应用。常见的有作业顺序表和详细进度表两种。

编制条形图进度计划要确定工程量、施工顺序、最佳工期以及工序或工作的天数、搭接关系等。

（一）作业顺序表

如图 10－2 是某绿地铺草工程的作业顺序表，图右边表示作业量的比率，左边则是按施工顺序标明的工程或工序。它清楚地反映了各工序的实际情况，对作业量的完成率一目了然，便于实际操作。但工种间的关键工程不明确，不适合较复杂的施工管理。

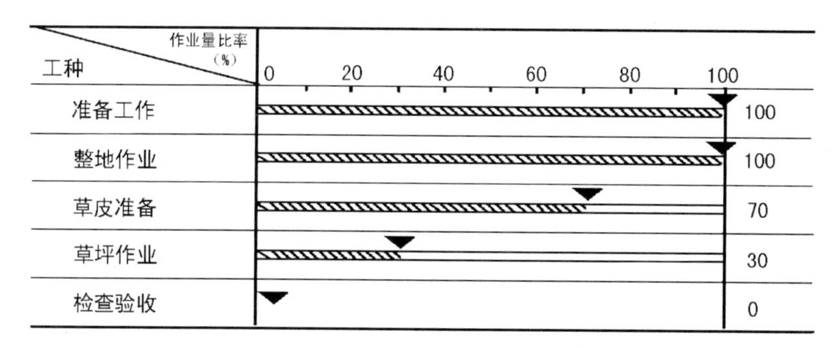

图 10－2　铺草作业顺序表

（二）详细进度表

详细进度表是最普遍、应用最广的条形图进度计划表，经常所说的横道图就是指施工详细进度表。

1. 条形图详细进度计划编制

详细进度计划表是由两部分组成，左边以工种（或工序、分项工程）为纵坐标，包括工程量、各工种工期、定额及劳动量等指标；右边以工期为横坐标，通过线框或线条表示工程进度，如图 10－3 所示。

工种	单位	数量	开工日	完工日	4 月 5 10 15 20 25 30
准备作业	组	1	4月1日	4月5日	
定　点	组	1	4月1日	4月1日	
土山工程	m^3	5000	4月10日	4月15日	
栽植工程	株	450	4月15日	4月24日	
草坪种植	m^3	900	4月24日	4月28日	
收　尾	队	1	4月28日	4月30日	

图 10－3　施工详细进度表

根据图 10－3，说明详细进度计划表的编制方法如下：

(1) 确定工序（或工程项目、工种）。一般要按施工顺序，作业搭接客观次序排列，可组织平行作业，但最好不安排交叉作业。项目不得疏漏也不得重复。

(2) 根据工程量和相关定额及必须的劳动力，加以综合分析，制定各工序（或工种、项目）的工期。确定工期时可视实际情况酌加机动时间，但要满足工程总工期要求。

(3) 用线框在相应栏目内按时间起止期限绘成图表，需要清晰准确。

(4) 清绘完毕后，要认真检查，看是否满足总工期需要。图中能否清楚看出时间进度和应完成的任务指标等。

2. 条形图的应用

利用条形图表示施工详细进度计划就是要对施工进度合理控制，并根据计划随时检查施工过程，达到保证顺利施工，降低施工费用，符合总工期的目的。

图 10－1（a）是按条形图制定的喷水池施工进度。图中反映：工程工期 24 天，其中临时工程 3 天，土方工程 5 天……工程验收 1 天，当第 17 天水池贴面完工后需消毒保养 6 天才进行最后验收；前三项工程均比原计划迟开工，但能满足池壁工程施工要求；第五、六项工程则比原计划早开工且进度较快；在第 12 天检查时，尚待完成的工程量较原计划要少，因此有利于保证工期。

图 10－4 是某护岸工程的横道图施工进度计划。原计划工期 20 天，由于各工种相互衔接，施工组织严密，因而各工种均提前完成，节约工期 2 天。在第 10 天清点时，原定刚开工的铺石工序实际上已完成了工程量的 1/3。

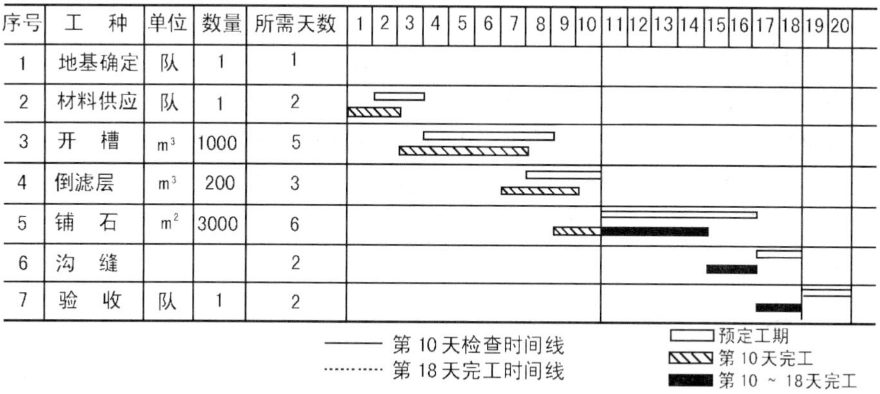

序号	工　种	单位	数量	所需天数	1	2	3	4	5	6	7	8	9	10	11	12	13	14	15	16	17	18	19	20
1	地基确定	队	1	1																				
2	材料供应	队	1	2																				
3	开　槽	m^3	1000	5																				
4	倒滤层	m^3	200	3																				
5	铺　石	m^2	3000	6																				
6	沟　缝			2																				
7	验　收	队	1	2																				

——— 第10天检查时间线
········· 第18天完工时间线
预定工期
第10天完工
第10 ~ 18天完工

图 10－4　护岸横道施工进度计

综合以上两例可见，条形图控制施工进度简单实用，一目了然，适用于小型园林绿地工程。由于条形图法对工程的分析以及重点工序的确定与管理等诸多方面的局限性，限制了它在更广阔的领域中应用。为此，对复杂庞大的工程项目必须采用更先进的计划技术——网络计划技术。

三、网络图法

网络图法又称统筹法，它是以网络图为基础的用来指导施工的全新计划管理方法。20世纪50年代中期首先出现于美国，60年代初传入我国并在工业生产管理中应用。其基本原理为：将某个工程划分成多个工作（工序或项目），按照各工作之间的逻辑关系找出关键线路编成网络图，用以调整、控制计划，求得计划的最佳方案，以此对工程施工进行全面监测的指导。用最少的人力、材料、机具、设备和时间消耗，取得最大的经济效益。

网络图是网络计划技术的基础，它是依据各工作面的逻辑关系编制的，是施工过程时间及资源耗用或占用的合理模拟，比较严密。目前，应用于工程施工管理的网络图有单代号网络图和双代号网络图两种。这里着重介绍双代号网络图。

（一）网络图识读

网络图主要由工序、事件和线路3部分组成，其中每道工序均用一根箭线和两个节点表示，箭线两端点编号用以表明该箭线所表示的工序，故称“双代号”，如图10－5（a）所示。

1. 工序

工序是指某项目按实际需要划分的既费时间又耗资源的分项目，用一条箭线和两个节点表示。凡消耗时间或消耗资源的工序称实际工序；既不耗损时间也不损耗资源的工序，称虚工序，它仅表示相邻工序间的逻辑关系，用一根虚箭线表示，如图 10－5（b）。箭线的前端称头，后端称尾，头的方向说明工序结束，尾的方向说明工序开始。箭线的上方填写工序名称，下方填写完成该工序所需的时间。

图 10－5 护岸横道施工进度计

如果将某工序称为本工序，那么紧靠其前的工序就称为紧前工序，而紧靠后面的工序则称为紧后工序，与之平行的称平行工序。如图 10－6，A 为紧前工序，B 为本工序，C 为平行工序，D 为紧后工序。

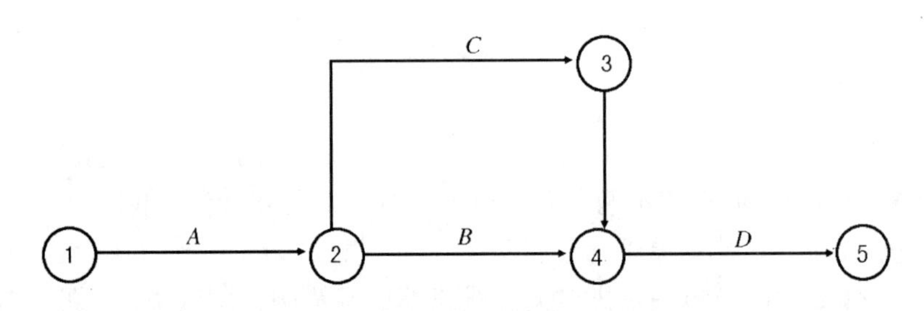

图 10－6 工序间的相互关系

2. 事件

即结合点，工序间交接点，用圆圈表示。网络图中，第一个结合点（节点）叫起始点，表明某工序的开始；最后一个节点叫结束节点，表明该工序的完成。由本工序至起始点间的所有工序称先行工序，本工序至结束节点间所有工序称后续工序。

3. 线路

关键线路是指网络图中从起始节点开始沿箭线方向直至结束节点的全路线，其他称非关键线路。关键线路上的工序均称关键工序，关键工序应做重点管理。

（二）网络图逻辑关系表示

工程施工中，各工序间存在着相互的依赖和制约关系，即指逻辑关系。清楚分析工序间的逻辑关系是绘制网络图的首要条件。因此，弄清本工序、紧前工序、紧后工序、平行工序等逻辑关系，才能清晰绘制出正确的网络图。

如图 10－7，工程划分 7 个工序，由 A 开始，A 完工后 B、C 动工；完成后开始 D、E；F 要开始必须待 C、D 完工后；G 要动工则等 E、F 结束后。就 F 而言，A、B、C、D 均为其紧前工序；E 为其平行工序；G 为其紧后工序。

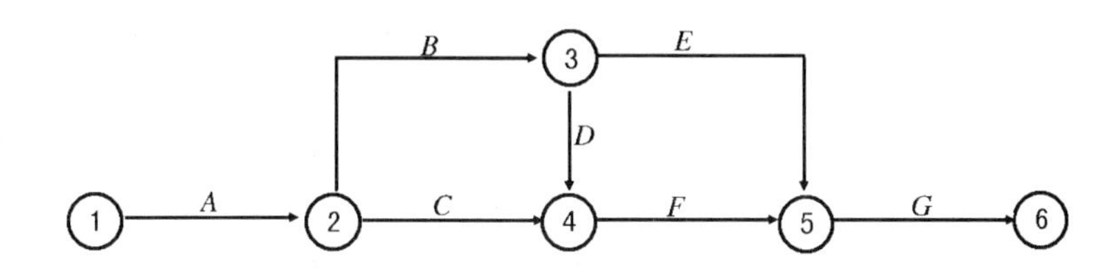

图 10－7　工序的逻辑关系

（三）编制网络图的基本原则

（1）同一对结合点之间，不能有两条以上的箭线。网络图中进入节点的箭线允许有多条，但同一结合点进来的箭线则只能有一条。图 10－8（a）中②－③有三根箭线，应表示三道工序，但无法弄清其中 B、C、D 属哪道工序，因而造成混乱。为此，需增加虚工序，分清逻辑工序关系，故图 10－8（b）是正确的。

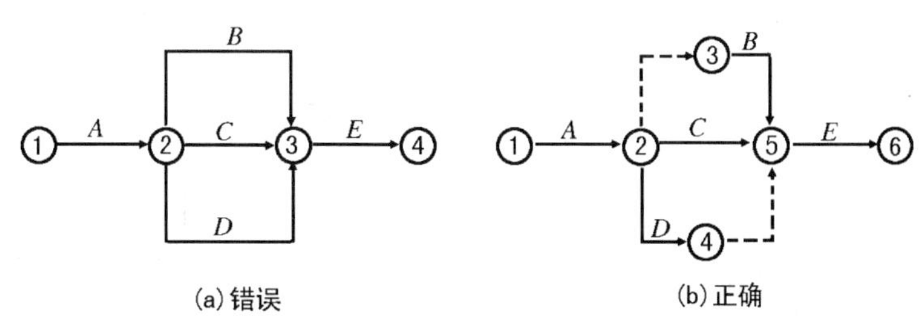

图 10－8　同一节点进来的

（2）网络图中不允许出现循环回路。循环回路如图 10－9（a）中的③－④－⑤，这在实际施工中是不存在的，因而是错误的，应按施工顺序更正如图 10－9（b）所示，是正确的。

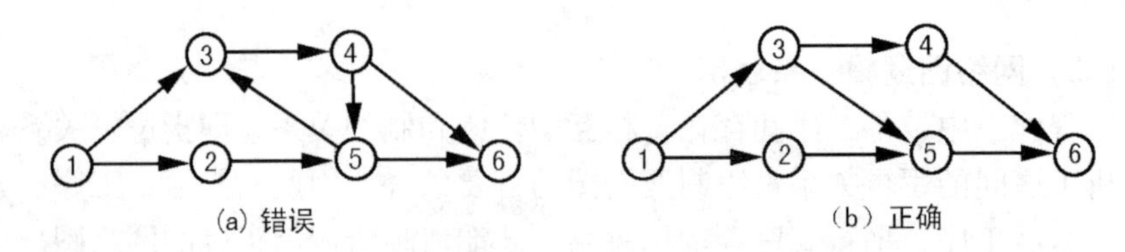

图 10－9　网络图循环回路

(3) 网络图中不得出现双向箭线和无箭头线段。图 10－10 所示画法是错误的。

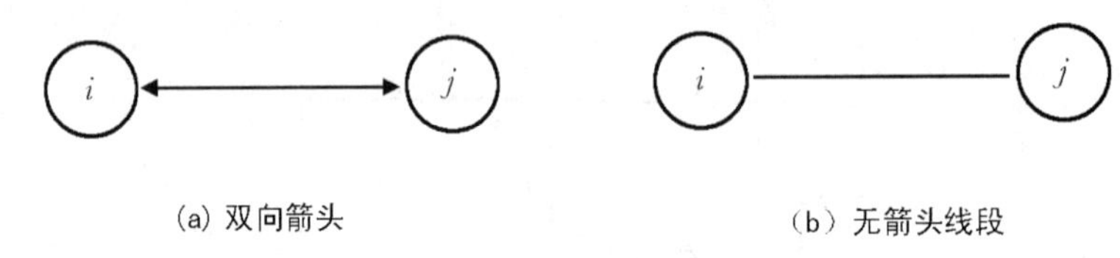

图 10－10　双向箭头和无箭头线段

(4) 一个网络图中只许有一个起点和一个终点，也不允许无箭尾节点或无箭头节点的箭线。因此，图 10－11（a）和图 10－12 均是错误的。

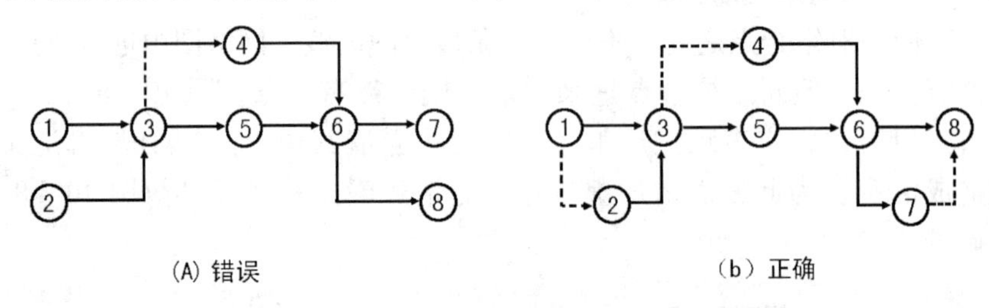

图 10－11　多个起始点和

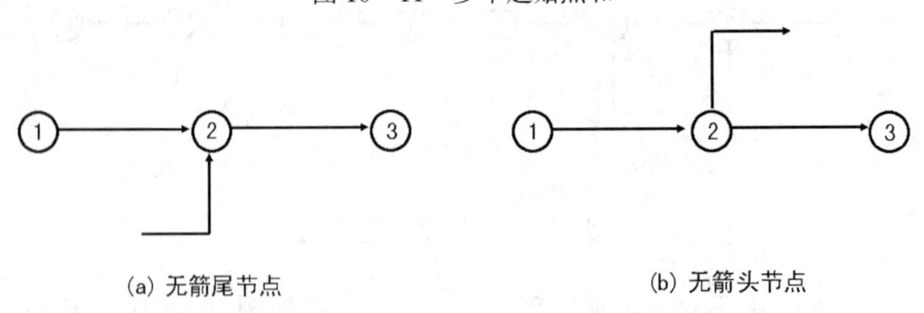

图 10－12　无箭尾节点和无箭

（四）网络图的编制方法

编制网络图应首先弄清楚三个基本内容：

第一是拟计划的工程由哪些工序组成；

第二是各工序之间的搭接关系如何；

第三是要完成每个工序需要多少时间。

然后按照以下步骤编制：

（1）分析工程，按每个工序的紧前工序通过矩阵图推出其紧后工序；

（2）根据紧前工序和紧后工序推算出各工序的开始节点和结束节点，方法是：

①无紧前工序的工序其开始节点号为零；

②有紧前工序的工序其开始节点号为紧前工序的起始节点号取最大值加 1；

③无紧后工序的工序其结束节点是各工序结束点的最大值加 1；

④有紧后工序的工序其结束点号为紧后工序开始节点号的最小值。

（3）根据节点号绘出网络图；

（4）用初绘的网络图与相关图表进行对照检查。

例如某工程各工序之间的关系如表 10－7 示，要求绘制网络图。

表 10－7　某工程各工序间的关系

工序名称	A	B	C	D	E	F	G
紧前工序	—	A	A	A	B	B·C	D·E·F
工序时间（天）	3	4	9	4	3	4	5

第一：由紧前工序确定其紧后工序，先绘矩阵图，以横坐标为紧前工序，纵坐标为紧后工序，如图 10－13 所示。

	A	B	C	D	E	F	G
A							
B	*						
C	*						
D	*						
E							
F							
G					*	*	*

图 10－13　矩阵图

第二：计算各工序的起始点和结束点，列表，如表10－8所示。

表10－8　各工序的起始点和结束点

工序名称	A	B	C	D	E	F	G
紧前工序	—	A	A	A	B	B·C	D·E·F
紧后工序	B·C·D	E·F	F	G	G	G	—
开始节点	0	1	1	1	2	2	3
结束节点	1	2	2	3	3	3	4

第三：根据各工序的起始节点和结束节点绘制网络图，如图10－14所示。

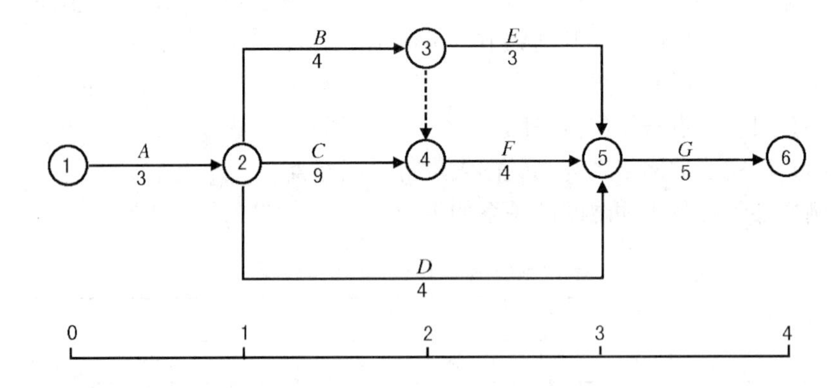

图10－14　网络图

（五）网络图时间参数计算

工程工期用日、月、年等时间单位表示，它是控制施工工期的直接因素。要使网络计划满足工程工期的要求或想方设法缩短工期，那么对工序的时间参数计算就显得十分重要。因此，在实际工作中要熟悉这些参数的计算。

为便于查找，现将各种计算因子及其计算方法列于表10－9，需要时可参照逐一计算，并将计算结果采用不同的符号标注于网络图中。

表 10-9 网络图时间参数的计算

计算类型	日程名称	代号	含义	计算方法	说明
时间计算	最早开始时间	EST	某工程能最早开始的时点	(1) 起始节点 EST 为零 (2) 紧前工序 EFT 的最大值	
	最早结束时间	EFT	某工程能最早结束的时点	工序的 EST 加上所需用日数	
	最迟开始时间	LST	某工序必须开工的时点	(1) 逆算法 (2) LST = LET - 所需天数	
	最迟结束时间	LFT	某工序必须结束的时点	紧后工序 LST 的最小值	
机动时间计算	全面机动时间	TF	整个网络空余时间	TF = LFT - EFT	工序总时差
	自由机动时间	FF	不影响后工序最长路径的最早时点	FT = 紧后工序 EST - 该工序 EFT	工序单时差
节点计算	最早节点时间	ET	由起始节点至某工序最长路径的最早时点	(1) 起始节点 ET = 0 (2) 箭线方向各工序所需天数相加，取 ET 最大值	
	最迟节点时间	LT	任意节点至结束节点最长路径的最迟时点		
	节点机动时间	SL	各节点的空余时间	SL = LT - ET	工序单时差
关键路线计算	关键路线	CP	在路径中所需时间最多的路线	(1) 结束点至起始点 TF = 0 的线路 (2) 天数最多的线路	

（六）网络图的应用

园林工程施工管理中，网络计划技术是现代化管理技术。它能集中反映施工的计划安排和资源的合理配置，工程总工期及必须重点管理的工序等。因此，在实际施工管理中，通过应用网络图可以达到缩短工期、降低费用、合理利用资源等目的。

1. 工序时差的应用

网络图中工序时差的分析和利用是网络计划技术的核心内容，应给以充分重视并根据实际需要加以合理利用。

(1) 工序时差是指各工序可以机动利用的空余时间，它反映各工序可挖掘的潜力，一般分为工序总时差和工序单时差两种。总时差是网络图中全部工序可机动利用总的空余时间；单时差是在不影响紧后工序的条件下可利用的部分空余时间。通过工序时差的分析，目的是找出关键线路及相应的关键工序，然后再对关键线路进行重点管理，以及对整个施工进度全面控制。工序时差的应用着重在以下几个方面：

当工序面和资源允许时，适当增加劳动力加强关键工序，以求缩短关键线路的持续时间。

（2）如果总时差满足，可视实际需要划分更细的工序，争取利用平行工序，增加搭接时间，亦可缩短施工周期。

（3）若劳动资源保持一定水平，在工序时差允许的情况下周密组织各工序的开工和竣工时间，使有效的力量集中于关键工序中。

2. 工期优化

工期优化指计算工期大于指定工期时如何缩短计划计算工期以达到指定工期的目的。那么，在编制中应通过什么途经、什么方法、采取什么有效措施缩短工期呢？以下方法值得参考：

（1）认真分析施工图，确定不同的工种，再根据工种划分工序，合理排出工序顺序，即弄清彼此间逻辑关系；

（2）各工序的工作量要适当，对关键工序或内容复杂的工序必须简化，减少不必要的工作量；

（3）可适当利用非关键工序的时差，加强重点工序管理，对工程质量和安全影响不大的工序应尽量缩短其需要时间；

（4）多利用平行作业和交叉作业；

（5）先进技术、新材料的应用，提高效率；

（6）搞好劳动保护，制定奖励措施，充分挖掘劳动潜力；

（7）根据需要合理加班加点或加强夜间施工；

（8）请求纵向的领导组织支持和加强横向的协作关系；

（9）严格的劳动纪律和质量监控。

3. 成本－时间优化

成本时间优化是指在满足指定工期的条件下，检查各工序所需要时间与所需成本费用的关系，从而求得计划项目总费用最低、工期最佳的方法，也称CPM法。

从上述计划项目时间优化所采用的方法可见，要加快施工进度，缩短工期，一般需要增加劳动力、设备或采用更先进的技术措施，这无疑会提高施工成本。因而，实际中将不论施工费用多少，都难以再缩短工期的时点叫赶工时间；在正常施工条件下按指定工期完成施工的时间叫标准时间。前者的相应费用称赶工费用，后者的费用称标准费用。

图 10－15 是时间－成本曲线图，图中反映出工期与施工成本的关系。由标准时间和标准费用所确立的交点叫标准点；赶工时间与赶工费用的交点叫赶工点；连接赶工点和标准点所得的直线叫成本坡度，它反映的是随施工工期缩短成本递增的变化状况。

$$成本坡度=\frac{赶工费用-标准费用}{标准时间-赶工时间}$$

要正确进行时间－成本的优化组合，需要了解成本费用的构成，这是 CPM（critica1 path method）与日程计划的差别所在。

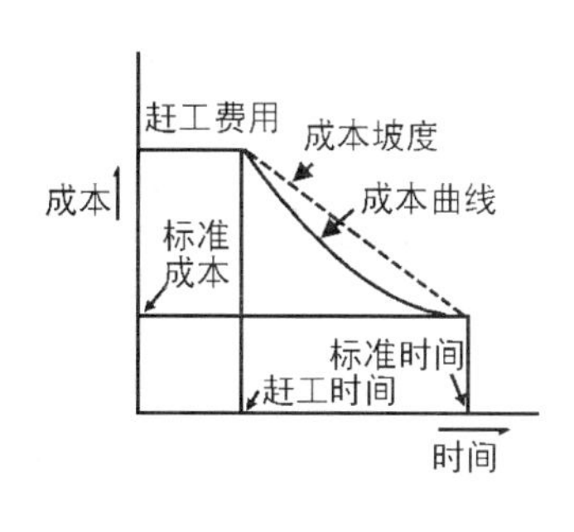

图 10－15 时间－成本曲线

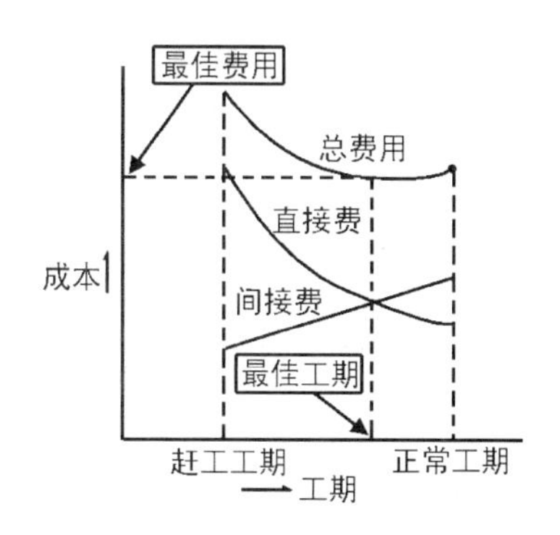

图 10－16 工期与费用曲线

某项工程的费用常由直接费用和间接费用两大类组成，直接费用是直接用于工程的费用，例如人工、材料消耗、能源消耗、设备折旧及技术改造费用等；间接费用是指与工程有关的施工组织和技术性经营管理等的全部费用，如现场管理费、办公费、物资储存保管和损失费、未完结工程的维护费和贷款利息等。时间－成本优化的目的就是要使直接费用和间接费用累加后总费用为最小，并以此费用确定工期，即为工程施工最佳工期。图 10－16 是最佳工期与总费用的关系曲线。

思考练习题：

1. 园林工程施工组织的作用、分类和原则是什么？
2. 试述园林工程施工准备工作。
3. 园林工程施工组织设计的主要内容是什么？
4. 针对某一园林工程，画出一张施工现场平面布置图。
5. 施工组织设计编制的方法有哪两种？试述之。
6. 针对某一园林工程，运用所学施工组织设计的编制方法做出该园林工程的施工组织设计。

第十一章

园林工程施工管理

施工管理是园林工程施工单位进行企业管理的重要内容，它是指从承接施工任务开始一直到工程竣工验收、交付使用的全过程中，对施工任务和施工现场所进行的全事务性内容的监控管理工作。包含在从施工准备、技术设计、施工方案、施工组织设计到组织现场施工、工程竣工验收、交付使用的全部过程之中。

第一节　园林工程施工管理概要

一、园林工程施工管理的任务与作用

（一）园林工程施工管理的任务

园林工程施工管理是施工管理单位在特定的园址，按设计图纸的要求进行的实际施工的综合性管理活动。其基本任务是根据建设项目的要求，依照已审批的技术图纸和制定的施工方案，对现场进行全面合理组织，使劳动资源得到合理配置，保证建设项目按预定目标优质、快速、低耗、安全地完成。

（二）园林工程施工管理的作用

随着我国园林事业的不断发展和现代高科技、新材料的开发利用，使园林工程日趋综合化、复杂化和技术的现代化，因而对园林工程的科学组织及对其现场施工科学管理是保证园林工程既符合景观质量要求又使成本最小的关键性内容，其主要作用表现在以下几方面：

(1) 加强园林工程施工管理，是保证项目按计划顺利完成的重要条件，是在施工全过程中落实施工方案，遵循施工进度的基础；

(2) 加强园林工程施工管理，能保证园林设计意图的实现，确保园林艺术

通过工程手段充分表现出来；

（3）加强园林工程施工管理能很好地组织劳动资源，适当调度劳动力，减少资源浪费，降低施工成本；

（4）加强园林工程施工管理能及时发现施工过程中可能出现的问题，并通过相应的措施予以解决，保证工程质量；

（5）加强园林工程施工管理能协调好各部门、各施工环节的关系，使工程不停工、不窝工而有条不紊地进行；

（6）加强园林工程施工管理有利于劳动保护、劳动安全和开展技术竞赛，促进施工新技术的应用与发展；

（7）加强园林工程施工管理能保证各种规章制度、生产责任、技术标准及劳动定额等得到遵循和落实，以使整个施工任务按质按量按时完成。

二、园林工程施工管理的主要内容

园林工程施工管理是一项综合性的管理活动，其主要内容包括：

（一）工程管理

即对整个工程的全面组织管理，包括前期工程及施工过程的管理，其关键是施工速度。它的重要环节有：做好施工前的各种准备工作；编制工程计划；确定合理工期；拟定确保工期和施工质量的技术措施；通过各种图表及详细的日程计划进行合理的工程管理，并把施工中可能出现的问题纳入工程计划内，做好必要的防范工作。

（二）质量管理

根据工程的质量特性决定质量标准。目的是保证施工产品的全优性，符合园林的景观及其他功能要求。根据质量标准对全过程进行质量检查监督，采用质量管理图及评价因子进行施工管理；对施工中所供应的物资材料要检查验收，搞好材料保管工作，确保质量。

（三）安全管理

搞好安全管理是保证工程顺利施工和保证企业经济效益的重要环节。施工中要杜绝劳动伤害，措施是建立相应的安全管理组织，拟定安全管理规范，落实安全生产的具体措施，监督施工过程的各个环节。如发现问题，要及时采取必要的措施努力避免或减少损失。

（四）成本管理

施工管理的目的就是要以最低投入，获得最好最大的经济收入。为此在施工过程中应有成本概念，既要保证质量，符合工期，又要讲究经济效益。要搞好预算管理，做好经济指标分析，大力降低工程成本，增加盈余。

（五）劳务管理

工程施工应注意施工队伍的建设，特别是对施工人员的园林植物栽培管理技术的培训，除必要的劳务合同、后勤保障外，应做好劳动保险工作。加强职业的技术培训，采取有竞争性的奖励制度调动施工人员的积极性。与此同时，也要制定生产责任制，确定先进合理的劳动定额，保障职工利益，明确其施工责任。

综合上述，施工管理包括了工程管理、质量管理、安全管理、成本管理和劳动管理。这五大管理应贯穿于整个项目的施工过程中。就具体的园林绿化工程，可具体归纳为以下几点：

（1）落实任务，签订工程承包合同；

（2）做好施工前各项准备，特别是现场施工条件的准备；

（3）编制施工计划，确定工期；

（4）抓好各种物资及机具、机械的供应准备工作，注意劳动力的合理组织和调配；

（5）布置合理细致的现场平面图并对其进行科学管理；

（6）对各工序各环节进行全面监控，及时发现问题，采取应急措施；

（7）搞好施工过程中的检查验收，特别是隐蔽性工程的现场检查和提前验收，最后组织工程交付验收工作。

（8）做好验收后栽种植物的养护和保修期的管理工作。

三、施工准备工作的实施

施工准备工作是保证工程顺利进行的重要一环，它直接影响工程施工进度、质量和经济效益，为此应引起足够的重视。

具体的准备工作应从以下几方面着手：

（一）熟悉设计图纸和掌握工地现状

施工前，应首先对园林设计图有总体的分析和了解，体会其设计意图，掌握设计手法，在此基础上进行施工现场踏察，对现场施工条件要有总体把握，哪些条件可充分利用，哪些必须清除，哪些属市政设施要加以注意等。

（二）做好工程事务工作

这主要是根据工程的具体要求，编制施工预算，落实工程承包合同，编制施工计划，绘制施工图表，制订施工规范、安全措施、技术责任制及管理条例等。

（三）准备工作

（1）通过现场平面布置图，进行基准点（控制点）测量，确定工作区的范围，搞好三通一平，并对整个施工区做全面监控。

（2）布置好各种临时设施，道路应做环状布置，职工生活及办公用房可沿周边设置，仓库应按需而设，做到最大限度降低临时性设施的投入。

（3）如需要占用其他类型的用地时，应做好协议工作，争取不占或少占其他用地。

（4）组织材料、机具进场。各种施工材料、机具等应有专人负责验收登记，做好按施工进度安排购料计划，进出库时要履行手续，认真记录，并保证用料规格质量。

（5）做好劳务的调配工作。应视实际的施工方式及进度计划合理组织劳动力，特别是采用平行施工或交叉施工时，更应重视劳力调配，避免窝工浪费。

四、竣工验收工作

园林工程竣工验收是建设单位对施工单位承包的工程进行最后的一次检查验收工作，它是园林工程施工的最后环节，是施工管理的最后阶段。搞好工程竣工验收，能尽早交付使用，向游人开放，尽快发挥其投资效益；同时通过验收，能及时发现工程收尾中可能出现的问题，特别是园林工程中栽种的花草、树木等的管护问题。以便采取措施予以解决，确保工程质量，使工程早日投入使用，这对施工单位和建设单位来说是双方有益而十分重要的一项工作。

（一）施工现场清理

工程所有项目完工后，施工单位要全面准备做好交工验收工作，在这当中应十分重视收尾工程，因为收尾工程直接影响到工程的全园竣工验收和交付使用，为此要组织好最后的收尾管理工作，将零星分散，易被忽视的地方做最后的修补。同时，要对整个施工现场进行全面的清理，给最后验收提供必要的条件。

现场清理的内容视工程而定，主要包括以下几方面：（1）园林建筑辅助脚手架的拆除；

（2）各种建筑或砌筑工程废料、废物的清理；

（3）水体水面清洁及水岸整洁处理；

(4) 栽植点、草坪的全面清洁工作；

(5) 各种置石、假山及小品施工碎物的清理；

(6) 园路工程沿线的清扫；

(7) 其他应清理的地方（如喷水池消毒清洁）。

现场清理时，要注意施工现场的整体性，不得损坏已完工的设施，不得破坏刚铺设的草地，不得伤及新植树木花草；各种废料垃圾应择点堆放；能继续利用的施工剩余物要清点入库。

做完上述工作后，施工单位应先进行自检，一些功能性设施和景点要预先检测（如给排水、供电、喷泉）。一切正常后，开始准备竣工验收资料。

（二）准备竣工验收资料

竣工验收资料是工程项目重要技术档案文件，也是使用单位在以后的修建、管护时的依据，又是建设单位基本档案的重要内容。施工单位在工程开工时应注意积累，派专人负责，并随施工进度整理造册，妥善保管，以便在竣工验收时提供完整的资料。竣工验收应准备的资料主要有：

(1) 工程一览表，工程竣工图；

(2) 图纸审查记录，说明书，各种技术检验单；

(3) 材料、设备的质量合格证，各种检测记录；

(4) 土建施工记录，各类结构说明，基础处理记录，重点湖岸施工登记等；

(5) 隐蔽工程及中间施工检查记录，说明书；

(6) 全工地的测量控制点位置及相关说明；

(7) 管网安装及初测结果记录；

(8) 种植成活检查结果，铺草工序记录等；

(9) 本行业或上级制定的相关技术规定。

（三）竣工验收的依据

(1) 双方签订的工程承包合同；

(2) 已批准的各种相关文件；

(3) 设计图纸、施工图、说明书；

(4) 国家和行业施工技术验收规范；

(5) 园林管理条例及各种设计规范。

（四）办理竣工验收手续

建设单位接到由施工单位递交的竣工验收申请和相关资料后，要会同有关部门组织工程的验收。验收合格后，合同双方应签订竣工交接鉴收证书，施工单位应将全套验收材料整理好，装订成册，交建设单位存档。同时办理工程移交手续，并根据合同规定办理工程结算手续。至此，双方的义务履行完毕，合同终止。

第二节　园林工程施工现场管理

一、园林工程的组织施工

园林工程组织施工是根据园林工程施工方案、施工组织设计对施工现场进行有计划、有组织的均衡施工活动，其目的是科学合理组织劳动资源，按施工进度，完成施工任务。组织施工应处理好3个基础问题：

（一）施工中的全局意识

园林工程是综合性艺术工程，工种复杂，材料繁多，施工技术要求高，这就要求现场施工管理全面到位，统筹安排。在加强关键工序施工时，不得忽视非关键工序的施工；在劳动力调配上注意工序特征和技术要求，要有针对性；各工序施工必须清楚衔接，材料机具供应到位，从而使整个施工过程在高效率、快节奏中进行。

（二）组织施工要科学、合理、实际

施工组织设计中确定的施工方案、施工方法、施工进度是科学合理组织施工的基础，应注意不同工作上的时间要求，合理组织资源，保证施工进度；同时搞好各工序的现场指挥协调工作，建立必要的岗位责任制，并做好施工现场的原始记录和统计工作。

（三）施工过程的全面监控

由于施工过程属繁杂的工程实施活动，各个环节都有可能出现一些在施工组织设计中未能考虑到的问题，这就必须根据现场情况及时调整和解决。这项工作应由有责任心、有经验、既有解决问题的能力又有魄力的同志负责，要贯穿于全工程的五大管理之中。

二、园林工程施工总平面图的管理

施工总平面图的管理是指根据施工现场布置图，对施工现场水平工作面的

全面控制活动。其目的是充分发挥施工场地的工作面特性，合理组织劳动资源，按进度计划有序地进行施工。

搞好施工总平面图的管理对工程顺利施工具有特殊意义。园林工程施工范围广、工序多，工作面分散，通过合理的现场布置，利于统筹全局，兼顾各施工点；利于资源的合理分配和调度；利于工程的质量和进度的监控；利于机具效率的充分发挥，从而保证施工的快速优质低耗，达到施工管理的目的。

要做好施工总平面图的管理工作，应重点考虑以下几方面内容：

(1) 现场平面图是施工总平面管理的依据，应认真贯彻落实现场平面布置图的设计要素，不得随意更改。

(2) 如在实际工作中发现现场布置图有不符合现场的情况，要针对具体的施工条件提出修改的意见，但均以不影响施工进度、施工质量为原则。

(3) 平面图管理的实质是水平工作面的合理组织。因此，要视施工进度、材料供应、季节条件及园林景观特点等做实际劳动力的安排，争取缩短工期。

(4) 在现有的游览景区内施工，要注意园内的秩序和环境，材料堆放、运输应有一定限制，避免景区混乱。

(5) 平面图管理要注意灵活性、机动性。对不同的工序或不同的施工阶段应采取相应的措施，例如夜间施工要调整供电线路，雨季施工须临时组织排水，突击施工要增加劳动力等。

(6) 平面图管理和高架作业管理一样，都必须重视生产安全。生产人员要有足够的工作面，不得破坏永久性的测量监控点，及时消除不安全隐患，加强消防意识，确保安全施工。

三、施工过程中的检查工作

园林设施多是游人直接使用和接触的，不能存在丝毫隐患，为此，应特别注意工程施工过程中的检查验收工作，要把它视为确保工程质量必不可少的环节，并贯穿于整个施工过程中。

(一) 检查的种类

根据检查的对象不同可将检查分为材料检查和中间作业检查两类。材料检查是对施工所需的材料、设备质量及数量的确认记录；中间作业检查是施工过程中作业结果的检查验收，其色施工阶段检查和隐蔽工程验收两种。

(二) 检查的方法

1. 材料检查，对于设计图纸中要求的所有材料必须按规定接受检查

接受检查时，要出示检查申请、材料入库记录、抽样指定申请、试验填报表及证明书等。具体应注意如下几点：

（1）物资采购要合乎国家技术质量标准要求，不得购买假冒伪劣产品及材料。

（2）所购材料必须有合格证书、质量检验证书和厂家名称、出产日期、有效使用期限等。

（3）做好材料进出库的检查登记工作。要派有经验的人员做仓库保管员，搞好验收、保管、发放及清点工作，做到“三把关，四拒收”（把好数量关、质量关、单据关；拒收凭证不全、手续不整、数量不符、质量不合格的材料）。

（4）绿化用植物材料要根据苗木质量标准检查验收，保证成活率，减少后期补植。

（5）检查员要履行职责，认真填报检查表格，数据要实事求是，做好造册存档，严禁弄虚作假。

2. 中间作业检查

这是工程竣工前对各工序施工状况的检查，应做好以下几点：

（1）对一般的工序可按日或施工阶段进行质量检查：检查时，要准备好合同及施工说明书、施工图、施工现场照片，各种证明材料和试验结果等；

（2）园林景观的外貌是重要的评价标准，应对其外观加以检验。主要通过形状、尺寸、质地、重量等评定判断，看是否达到质量标准。

（3）对园林绿化材料的检查，要以成活率及生长状况为主，进行多次检查。对隐蔽性工程，例如基础工程、管网工程，要及时申请检查验收，验收合格方可进行下道工序。

（4）在检查中如发现问题，应尽快提出处理意见。需返工的确定返工期限，需修整的制定必要的技术措施，并将具体内容登记入册。

四、施工调度工作

施工调度是保证合理工作面上的资源优化，有效地使用机械、合理组织劳动力的一种施工管理手段。其中心任务是通过劳动力的科学组织，使各工作面发挥最高的工作效率。调度的基本要求是平均合理，保证重点，兼顾全局。调度的方法是积累和取平。

如图 11－1 所示，网络图中反映四个施工工序 A、B、C、D 和两个施工阶段。其中 A、B、C、为第一施工阶段，但 C 工序可以在 14 天工期内任意 7 天完成，因此，时间上不太协和。另外，最早开工累积人数为 12 人，紧后工序仅需 7 天，若按此施工将会导致劳动力前期安排过紧，后期过松地现象，所以需要进行调配。方法是：

迟延 C 工序的开工日期，安排其从第 7 天开始，连续施工 7 天。这样保持了劳动力的平衡，整个施工阶段最多安排人数 10 人，最少时亦可用 9 人，从而取得合理优化。

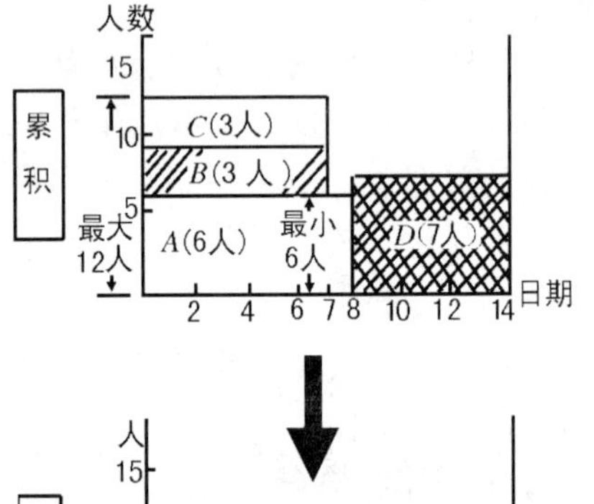

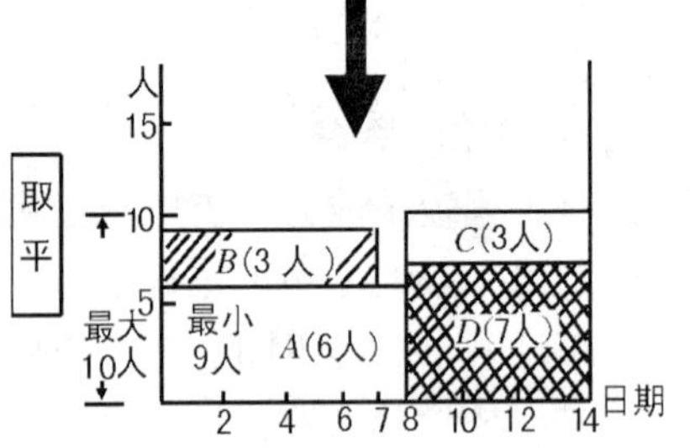

图 11－1　施工调度（累计·取平）

由此可见，进行施工合理调度，是个十分重要的管理环节。在实际工作中以下几点应予以重视：

（1）为减少频繁的劳动资源调配，施工组织设计必须切合实际，科学管理；

（2）施工调度着重于劳动力及机械设备的调配，应对劳动力技术水平、操作能力及机械性能效率等有准确的把握；

（3）施工调度时要确保关键工序的施工，不得抽调关键线路的施工劳动力；

（4）施工调度要密切配合时间进度，结合具体的施工条件，因地制宜，做到时间空间的优化组合。

综合上述施工现场管理的各项工作，实质上是一种科学的循环工作方法，这一方法被简称为 PDCA 法。P 指计划（p1an），D 指实施（do），C 指检查（check），A 指处理（action）。要做到科学操作 PDCA，必须制订行之有效的措施，有一种被称作“5W1H”工作法就很有现实意义。

其中“5W”代表：Why（为什么要制定这些措施或手段）；What（这些措施的实施应达到什么目的）；Where（这些措施应实施于哪个工序，哪个部门）；When（什么时间内完成），和 Who（由谁来执行）。“1H”代表 How（实际施工中应如何贯彻落实这些措施)。

5W1H工作法的实施保证了PDCA的实现，从而保证了工程施工进度和质量，最终达到施工管理的目标。是一种值得推广的施工调度方法。

第三节 园林工程的施工基层管理

在园林施工中基层的施工管理是不可忽视的方面，如基层施工作业计划的编制、施工任务单的管理、基层园林技术管理制度及工程质量的检验评定等，对确保园林工程质量、工期具有特殊意义，了解掌握这些专业管理知识，对园林施工管理大有裨益。

一、园林工程施工作业计划的编制

园林工程施工作业计划是根据年度计划和季度计划对基层施工单位（如工程队、班组）在特定时间内施工任务的行动的安排，它是季度施工任务的基层分解，由具体的执行单位操作的基层作业计划。

目前，施工作业计划多采用月度施工计划的形式，其下达的施工期限很短，但对保证年度计划的完成意义重大。因此，应重视月度施工作业计划的编制工作。

（一）编制园林工程施工作业计划的原则

综合性园林工程点多面广，具体的施工作业组织应有合理的时间和空间组合，彼此间必须相互协调并衔接。因之，详细、具体、清楚、易操作的基层作业计划是必不可少的。编制时，要综合各方面因素，遵循一定的原则，确保计划的合理性。

1. 集中力量保证重点工序施工，加快工程进度的原则

工程施工应抓重点工序，做到先重点后一般，要集中主要力量搞好重点项目的施工，这对大型园林项目建设尤为重要。此外，应有完成一处开放一处的施工意识。避免全园开花，战线过长，劳力分散，在保证安全工作面条件下，适当缩小工作面，加快施工速度，是月度作业计划的关键之处。

2. 年、季、月计划相结合的原则

年、季度计划是月度施工作业计划编制的依据，应做到：“月保季，季保年”的连锁式管理模型。月度计划尤应注意计划的比例性和均衡性。

3. 实事求是，量力而行的原则

月度施工作业计划的编制应充分考虑自身的技术力量、工程队（组）的劳力情况及施工条件。做到制定的指标切合实际，不过份超前，既有先进性也要留有余地，使基层施工组织更能发挥积极性和创造性。当然指标也不能过低，以量力而行为原则。

4. 编制中确定技术措施时，注意民主的原则

编制基层作业计划除作业量、用工、用料、进度及监控指标外，还要制订与之相关的技术措施。所定措施要具体可行，不得含糊难懂，要能为一般的施工人员所掌握。在制定措施时要注意发扬民主，听取有关人员的意见，需要采取新的措施时，要迅速落实，不得拖延，以免造成浪费。

（二）制定园林工程施工作业计划的依据

（1）相应的年度计划、季度计划。上级主管部门下达的各项指标及关键工程（或工序）的进度计划等。

（2）多年来基层施工管理的经验，尤其是资源调配及进度控制方面的成功经验。

（3）上月计划完成情况。主要分析施工进度、材料供应、机具选用，劳力调度及出现的具体问题。

（4）各种先进合理的计划定额指标，诸如劳动定额、物资材料消耗定额、物资储备定额，物资占用定额、费用开支定额、设备利用定额等。

（三）编制园林工程施工作业计划的程序

施工作业计划是由基层工程施工队编制的，报施工单位（如园林工程公司）审批。其程序归纳为：

（1）单位（或公司）下达指标；

（2）施工队根据指标进行全面调查研究后编出计划初稿；

（3）初稿报送单位（或公司），单位进行总计划平衡；

（4）施工队根据平衡后的计划重新调整作业计划，送公司审批；

（5）月底可得审批的下月施工作业计划。从中看出，本月必须申报完下月的计划，否则难以开工。

（四）园林工程施工作业计划的编制的内容和方法

园林工程施工作业计划的编制因工程条件和施工单位的习惯、管理经验的差异而有所不同。计划内容也有繁简之分，但一般都要有以下几方面内容：

（1）施工单位下达的年度计划及季度计划总表，表格式样如表11－1、11－2所示。

表 11－1　______施工队______年度施工任务计划总表

项次	工程项目	分项工程	工程量	定额	计划用工（工日）	进度	措施

表 11－2　季度施工计划

施工队名称	工程量	投资额	预算额	累计完成量	本季度计划工作量	形象进度	分月进度		
							月	月	月

（2）根据季度计划编制出月份工程计划总表，应将本月内完成的和未完成的工作量按计划形象进度形式填入表 11－3 内。

表 11－3　______施工队______年______月份工程计划汇总表

项次	工程名称	开工日期	计量单位	数量	工作量（万元）	累计完成		本月计划形象进度	承包工作总量（万元）	自行完成工作量（万元）	说明
						形象速度	工作量（万元）				

（3）按月工程计划汇总表中的本月计划形象进度，确定各单项工程（或工序）的本月日程进度，用横道图形式，并求出用工数量，见表 11－4 内。

表 11－4　施工队______年______月份施工日进度计划表

项目	建设单位	工程名称（或工序）	单位	本月计划完成工程量	用工（工日）			进 度 日 程						
					A	B	小计	1	2	3	…	29	30	31

注：A、B指单项工程中的工种类别，例如水池工程中的模板工，钢筋工、混凝土工，抹灰工，装饰工等。

（4）利用施工日进度计划确定月份的劳动力计划，按园林工程项目填入表 11－5 中。

表 11-5 ______施工队______年______月份劳动计划表

项次	工种	在册劳动力	园林工程项目													本月份计划×		
			临时设施	平整土地	土方工程	基础工程	建筑工程	给排水	栽植工程	铺装工程	假山工程	喷泉工程	油饰工程	电气工程	收尾工程	合计工日	需工天数	剩余或缺天数

(5) 综合月工程计划汇总表和施工日程进度表，制定必须的材料（含植物）、机具的月计划表。表的格式参照表 11-4 和表 11-5，要注意将表右边的月进度表改为日程进度。

计划编制时，应将法定休息日和节假日扣除，即每月的所有天数不能连算成工作日。另外还要注意雨天或冰冻等及其他灾害性天气影响，适当留有余地，一般须留总工作天数的 5%～8%。

二、园林工程的施工任务单的管理

园林工程施工任务单是由园林施工单位（或工程公司）按季度施工计划，给施工单位或施工队所属班组下达施工任务的一种管理方式。通过施工任务单，基层施工班组对施工任务、工程范围更加明确，对工程的工期、安全、质量、技术、节约等要求更能全面把握。因此，有利于施工任务单位组织施工，可以达到保质保量，安全顺利施工的目的。

(一) 施工任务单的基本要求

(1) 施工任务单是下达给施工班组的或施工队的，因此，施工任务单所规定的任务、指标应具体、明了，易掌握易落实。

(2) 施工任务单的制定要结合具体的下达对象及任务性质，做到合理实际，实事求是，留有余地。

(3) 任务单中规定的质量、安全、工作要求、技术、节约措施等要具体有效，易操作，技术先进、措施可行，费用节约并能密切地配合施工进度。

(4) 施工任务单的下达要及时，班组的填报应细致认真，数据确凿。

(二) 施工任务单的主要内容

表 11-6 是常见的施工任务单表格，由表中看出施工任务单的内容主要有：

表 11－6　施工任务单

第______施工队______组

工期	开工	竣工	天数
计划			
实际			

任务书编号______工地名称______工程（工序）名称______签发时间______年______月______日

<table>
<tr><th rowspan="2">定额编号</th><th rowspan="2">工程项目</th><th rowspan="2">计量单位</th><th colspan="4">计　划</th><th colspan="3">实　际</th><th rowspan="2" colspan="2">对工程质量、安全要求、技术、节约措施</th><th rowspan="2">验收意见</th></tr>
<tr><th>工程量</th><th>时间定额</th><th>每工产值</th><th>定额工口</th><th>工程量</th><th>定额工口</th><th>实际用工</th></tr>
<tr><td></td><td></td><td></td><td></td><td></td><td></td><td></td><td></td><td></td><td></td><td rowspan="2" colspan="2"></td><td></td></tr>
<tr><td></td><td></td><td></td><td></td><td></td><td></td><td></td><td></td><td></td><td></td><td></td></tr>
<tr><td></td><td></td><td></td><td></td><td></td><td></td><td></td><td></td><td></td><td></td><td rowspan="3">生产效率</td><td>定额用工</td><td></td></tr>
<tr><td></td><td></td><td></td><td></td><td></td><td></td><td></td><td></td><td></td><td></td><td>实际用工</td><td></td></tr>
<tr><td>合计</td><td></td><td></td><td></td><td></td><td></td><td></td><td></td><td></td><td></td><td>工作效率</td><td></td></tr>
</table>

（1）工程范围：指下达任务中的工程项目，有时也采用工序或某工程部位。

（2）工程量：即完成的控制指标数，多用万元为单位。

（3）时间定额和定额工日：时间定额指完成所有工程量所需的天数，也称工期；定额工日则是按劳动定额指标所确定的完成所有工作量必须的时间，用工日表示。

（4）每工产值：通过定额工日与工程量比较可确定每工产值。

（5）实际用工：完成该项目或工序实际的时间消耗，用工日表示。实际用工一般要求小于定额用工，以控制施工成本。

（6）生产效率：是说明劳动生产率的指标，由定额用工除以实际用工，用百分比表示。实际用工愈少，工效愈高。

（7）质量、安全、技术、节约要求及措施：是施工任务单重要内容，必不可少。

（三）施工任务单的贯彻执行

施工任务单是基层班组施工管理的主要依据，应认真贯彻落实。接到任务单后，要详细分析要求，了解工程范围，作好实地调查工作。同时，班组负责人要召集施工人员，讲解任务单中规定的主要指标及各种安全、质量、技术指标、明确具体任务。在施工中要经常检查、监督，对出现的问题要及时汇报并采取应急措施。各种原始数据和资料要认真记录和积累，为工程完工验收做好准备。

三、园林工程的技术管理

技术是人类为实现社会需要而创造和发展起来的手段、方法和技能的总称。它是技术工作中技术人才、技术设备和技术资料等技术要素的综合。

技术管理是指对企业全部生产技术工作的计划、组织、指挥、协调和监督，是对各项技术活动的技术要素进行科学管理的总和。搞好园林工程的技术管理工作，有利于提高园林工程企业技术水平，充分发挥现有设备能力，提高劳动生产率，降低园林工程产品成本，增强施工企业的竞争力，提高经济效益。

（一）技术管理的组成

施工企业的技术管理工作主要由施工技术准备、施工过程技术工作及技术开发工作3方面组成，归纳如图11－2所示。

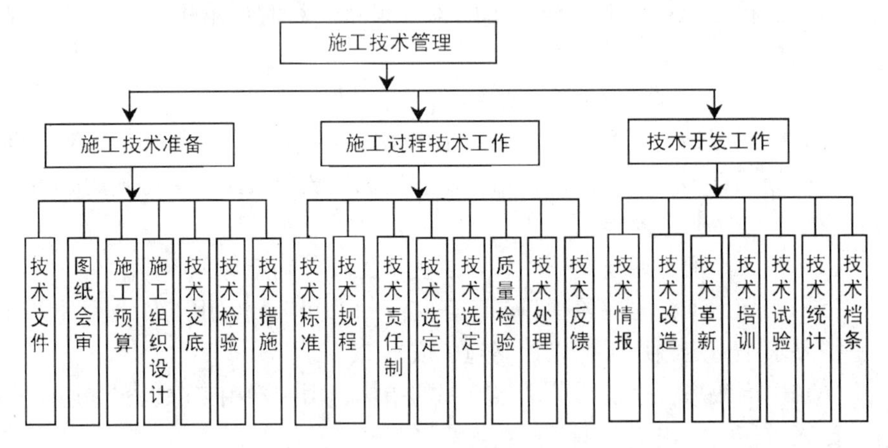

图11－2　技术管理构成

（二）技术管理的特点

由于园林工程自身的特点，在技术管理上要针对园林艺术性和生物性的要求，采取相应的技术手段，合理组织技术管理。

1. 技术管理的综合性

园林工程是艺术工程，是工程技术和生物技术与园林艺术的结合，要保证园林功能的发挥，必须重视各方面的技术工作。因此，施工中技术的运用不是单一的，而是综合的。

2. 技术管理的相关性

技术管理的相关性在园林工程施工中具有特殊意义。例如栽植工程的起苗、运苗、植苗与管护；园路工程的基层与面层；假山工程的基础、底层、中层、压顶等环节都是相互依赖，相互制约的。上道工序技术应用得好，保证了质量，就为下道工序打好基础，才能保证整个项目的质量。相反，上道工序技术出现问题，影响质量，就会影响下道工序的进行和质量，甚至影响全项目的完成和质量要求。

3. 技术管理的多样性

园林工程技术的应用主要是绿化施工和园林建筑施工，但两者所应用的材料是多样的，选择的施工方法是多样的，这就要求有与之相适应的不同工程技术，因此园林技术具有多样性。

4. 技术管理的季节性

园林工程施工多为露天施工，受气候等外界因素影响很大，季节性较强，尤其是土方工程，栽植工程等。应根据季节不同，采取不同的技术措施，使之能适应季节变化，创造适宜的施工条件。

（三）技术管理的内容

1. 建立技术管理体系，加强技术管理制度建设

要加强技术管理工作，充分发挥技术优势，施工单位应该建立健全技术管理机构，形成单位内纵向的技术管理关系和对外横向的技术协作关系，使之成为以技术为导向的网络管理体系。要在该体系中强化高级技术人员的领导作用，设立总工程师为核心的三级技术管理系统，重视各级技术人员的相互协作，并将技术优势应用于园林工程施工之中。

对于施工企业，仅仅建立稳定的技术管理机构是不够的，应充分发挥机构的职责，制订和完善技术管理制度，并使制度在实际工作中得到贯彻落实。为此，园林施工单位应建立以下制度：

（1）图纸会审管理制度：施工单位应认识到设计图纸会审的重要性。园林作品是综合性的艺术作品，它展示了作者的创作思想和艺术风格。因此，熟悉图纸是搞好园林施工的基础工作，应给予足够的重视。通过会审还可以发现设计与现场实际的矛盾，研究确定解决办法，为顺利施工创造条件。

（2）技术交底制度：施工企业必须建立技术交底制度，向基层组织交待清楚施工任务、施工工期、技术要求等，避免盲目施工，操作失误，影响质量，延误工期。

(3) 计划先导的管理制度：计划、组织、指挥、协调与监督是现代施工管理五大职能。在施工管理中要特别注意发挥计划职能。要建立以施工组织设计为先导的技术管理制度用以指导施工。

(4) 材料检查制度：材料、设备的优劣对工程质量有重要影响，为确保园林作品的施工质量，必须建立严格的材料检查制度。要选派责任心强、懂业务的技术人员负责这项工作，对园林施工中一切材料（含苗木）、设备、配件、构件等进行严格检验，坚持标准，杜绝不合格材料进场，以保证工程质量。

(5) 基层统计管理制度：基层施工单位多是施工队或班组直接进行生产施工活动，是施工技术直接应用或操作者。因此，应根据技术措施的贯彻情况，做好原始记录，作为技术档案的重要部分，也为今后的技术工作提供宝贵的经验。

技术统计工作也包括施工过程的各种数据记录及工程竣工验收记录。以上资料应整理成册，存档保管。

2. 建立技术责任制

园林建设工程技术性要求高，要充分发挥各级技术人员的作用，明确其职权和责任，便于完成任务。为此，应做好以下几方面工作：

(1) 落实领导任期技术责任制，明确技术职责范围：领导技术责任制是由总工程师、主任工程师和技术组长构成的以总工程师为核心的三级管理责任制。其主要职责是：全面负责单位内的技术工作和技术管理工作；组织编制单位内的技术发展规划，负责技术革新和科研工作；组织会审各种设计图纸，解决工程中技术关键问题；制定技术操作规程、技术标准及各种安全技术措施；组织技术培训，提高职工业务技术水平。

(2) 要保持单位内技术人员的相对稳定，避免频繁的调动，以利于技术经验的积累和技术水平的提高。

(3) 要重视特殊技术人员的作用：园林工程中的假山置石、盆景花卉、古建雕塑等需要丰富的技术经验，而掌握这些技术的绝大多数是老工人或老技术人员，要鼓励他们继续发挥技术特长，充分调动他们的积极性。同时要搞好传、帮、带工作，制定以老带新计划，使年轻人学习、继承他们的技艺，更好地为园林艺术服务。

3. 加强技术管理法制工作

加强技术管理法制工作是指园林工程施工中必须遵照园林有关法律法规及现行的技术规范和技术规程。技术规范是对建设项目质量规格及检查方法所做的技术规定；技术规程是为了贯彻技术规范而对各种技术程序操作方法、机具使用、设备安装、技术安全等诸多方面所做的技术规定。由技术规范、技术规程及法规共同构成工程施工的法律体系，必须认真遵守执行。

（1）法律法规：合同法、环境保护法、建筑法、森林法、风景名胜区管理暂行条例及各种绿化管理条例等。

（2）技术规范：公园设计规范；森林公园设计规范；建筑安装工程施工及验收规范；安装工程质量检验标准；建筑安装材料技术标准、架空索道安全技术标准等。

（3）技术规程：施工工艺规程；施工操作规程；安全操作规程；绿化工程技术规程等。

四、园林工程质量检验与评定

质量检验和评定是质量管理的重要内容，是保证园林作品能满足设计要求及工程质量的关键环节。质量检验应包含园林作品质量和施工过程质量两部分，前者应以安全程度、景观水平、外观造型、使用年限、功能要求及经济效益为主；后者则以工作质量为主 ，包括设计、施工、检查验收等环节。因此，对上述全过程的质量管理构成了园林工程项目质量全面监督的主要内容。

（一）质量检验相关的内容

质量检验是质量管理的重要环节，搞好质量检验，能确保工程质量，达到用最经济的手段创造出最佳的园林艺术作品的目的。因此，重视质量检验，树立质量意识，是园林工作者的起码素质条件。要做好这一工作，必须做好以下8方面的工作：

（1）对园林工程质量标准的分析和质量保证体系的研究；

（2）熟悉工程所需的材料、设备检验资料；

（3）施工过程中工作质量管理；

（4）与质量相关的情报系统工作；

（5）对所有采用的质量方法和手段的反馈研究；

（6）对技术人员、管理人员及工人的质量教育与培训；

（7）定期进行质量工作效果和经验分析、总结；

（8）及时对质量问题进行处理并采取相关措施。

（二）质量检验和评定的分析

1. 准备工作

要搞好质量检验和评定，必须做好以下几方面的准备工作：

（1）根据设计图纸、施工说明书及特殊工序说明事项等资料分析工程的设计质量，再依照设计质量确定相应的重点管理项目，最后确定管理对象（施工对象）的质量特性。

（2）按质量特性拟定质量标准，并注意确定质量允许误差范围。

（3）利用质量标准制定严格的作业标准和操作规程，做好技术交底工作。

（4）进行质检质评人员的技术培训。

2. 检查与评定方法

工程质量的判断方法很多，目前应用于园林工程施工中的质检方法主要有直方图、因果图、排列图、散布图和控制图五种。这几种方法均需取样本（通常 50～100 个样本），依据质量特性，绘制成必要的质量评价图用以对施工对象作出质量判断。

（1）直方图：这是一种通过柱状分布区间判断质量优劣的方法。主要用于材料、基础工程等试验性质量的检测。它以质量特性为横坐标，试验数据组成的度幅为纵坐标，构成直方图，可与标准分布直方图比较，以确定质量是否正常。图 11－3 是标准分布直方图，它是质量管理的重要曲线。

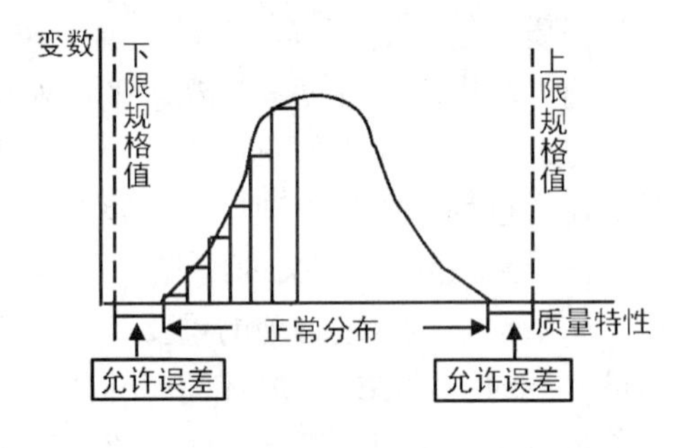

图 11－3　标准直方图

绘制出实际直方图后，与标准直方图比较，凡质量优良者，检测就在上下限规格线之间，分布平均值大致在两规格的中间，且直方图均衡对称。如果与标准管理曲线相差过大，说明存在质量问题，必须及时采取措施清除异常，使曲线恢复正常。

（2）因果图：因果图是通过质量特性和影响原因的相互关系判断质量好坏的方法，也称鱼刺图。可应用于各种工程项目质量检测。绘制因果图的关键是明确施工对象及施工中出现的主要问题。根据问题罗列出可能影响的原因，并通过评分或投票形式确定主导因子。图 11－4 是某喷水池施工中检验发现漏水的因果图。

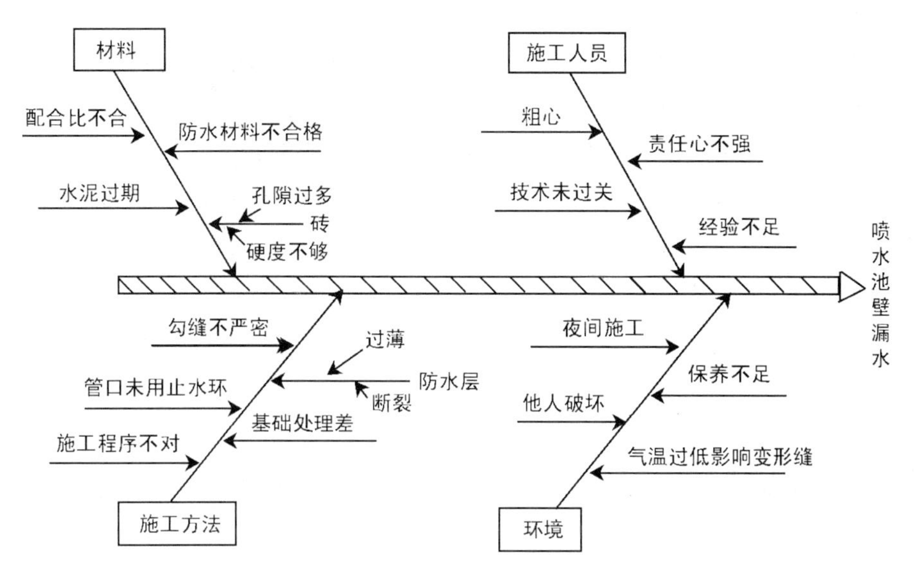

图 11－4 水池漏水因果

（3）排列图：排列图是一种常用的分析确定影响质量主要因素的判断图，尤其适于材料检验评定。排列图以判断的质量项目为横坐标，其频数和百分比分别为左右纵坐标，如图 11－5 所示。

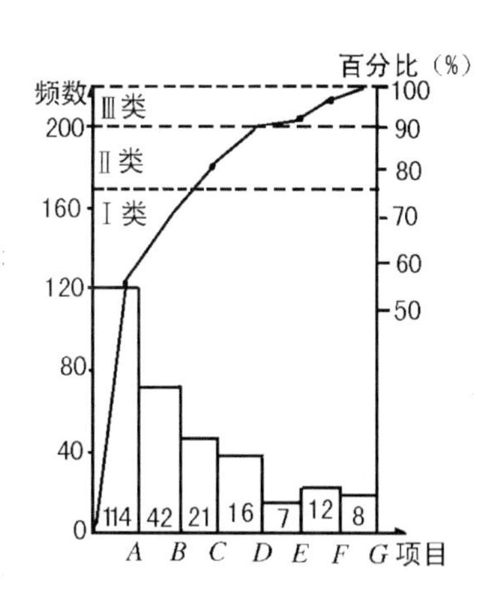

图 11－5 排列图

利用排列图判断质量，其主要因素不得超过 3 个，最好一个，且所列项目不宜过多。实际操作时，按累计百分比作出评定：0%～75%为Ⅰ类（主要因素），75%～90%为Ⅱ类（次要因素），90%～100%为Ⅲ类（一般因素）。此时，应对主要因素采取措施，以保证质量。

（4）散布图：散布图是分析两种质量特性间关系的点状图示方法。这种方法要抽取足够多的样本，按出现次数作雾状分析图，以此和标准散布图对照来确定质量状况。

（5）控制图：利用直方图、因果图、排列图及散布图判断质量简单实用，清晰明了，但难以掌握不同时间的质量状况和工程出现的质量异常情况。

控制图则是用于分析判断工程是否处于稳定状态的工程管理图。它通过时间的变动过程确定质量的变化情况，并分析要认定这些变化是由偶然因素还是同系统因素造成的。仅存在偶然因素时，质量特性多是典型分析，对工程质量影响较小，可预以忽视。当出现系统因素后，质量特性和典型分布极不协调，产生较大偏离，对工程质量影响很大，因而必须采取针对性措施，消除异常，确保工程施工正常状态。

控制图由中心线（CL）和上下控制界限（UCL、LCL）组成，如图 11－6 所示。

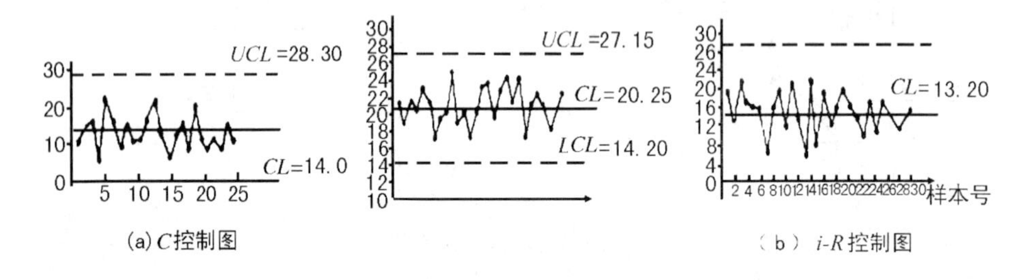

图 11－6　工程控制图

中心线即表示平均值的位置线；控制界限线是判断工程是否由于异常原因而产生误差的标准线，它按 3б（标准偏差的 3 倍）方式确定：

上界限线（UCL）＝平均值＋3б

下界限线（LCL）＝平均值－3б

采用控制图判断工程质量状况，按以下原则进行：

①凡控制图上的点落在控制界限内，则呈随机排列，连续 25 点在控制界限内或连续 35 点只有一点超出界限，或连续 100 点中至多两点超界的均视为正常。

②当 7 点中有连续 7 点排列于 CL 一侧，或 11 点有 10 点，14 点中有 12 点连续位于 CL 一侧，必须检查原因，采取措施。

③控制图中，凡点连续上升或下降或呈周期性阶段变动，说明出现异常，要查明原因。

④控制图中，凡 10 点中有 4 点连续靠近 CL，或连续 30 点中没有一点接近 CL，也说明工程状态不稳。

五、园林工程的安全生产与事故处理

（一）安全生产管理

安全生产管理是施工中避免发生事故，杜绝劳动伤害，保证良好施工环境的管理活动。它是保护职工安全健康的企业管理制度，是搞好工程施工的重要措施。因此，园林施工单位必须高度重视安全生产的管理，把安全工作落实到工程计划、设计、施工、检查等各个环节，把握施工中重要的安全管理要点，做到未雨绸缪，安全生产。为此，应做好以下几方面工作：

（1）各级领导和职工要强化安全意识，不得忽视任何环节的安全要求；加强劳动纪律，克服麻痹思想。

（2）建立完善的安全生产管理体系。要有相应的安全组织，配备专人负责。做到专管成线，群管成网。

（3）建立完善健全必要的安全制度，如安全技术教育制度、安全保护制度、安全技术措施制度、安全考勤制度和奖惩制度、伤亡事故报告制度及安全应急制度等。

（4）严格贯彻执行各种技术规范和操作规程。如苗木花卉安全越冬技术要求、电气安装安全规定、起重机械安全技术管理规程、建筑施工安全技术规程、交通安全管理制度、架空索道安全技术标准、防暑降温措施实施细则、矽尘危害工作管理细则及危险物安全管理制度等。

（5）制定具体的施工现场安全措施。必须详细、认真按施工工序或作业类别，譬如土方挖掘、脚手架、高空搬运、电气安装、机械操作、栽植过程中安全要求及苗木成活要求等制定相应的安全措施，并做好安全技术交底工作。现场内要建立良好的安全作业环境，例如悬挂安全标志，标贴安全宣传品，佩戴安全袖章、徽章，举办安全技术讨论会、演示会，召开定期安全总结会议等。

（二）事故处理

园林工程中应努力避免伤害事故和特性事故的发生。一旦出现安全事故时，就要以高度的责任感严肃认真对待，采取果断措施，防止事故扩大。

事故发生后，要首先抢救伤害人员，及时救治；同时应保护好事故现场，报告有关部门，组织人员进行事故调查，查明原因，分清责任；原因调查清楚后，要根据事故程度，严肃处理有关责任人员，并采取针对性措施，避免事故再次发生；要及时清理事故现场，做好事故记录工作。

思考练习题：

1. 园林工程施工管理的作用和主要内容有哪些？
2. 园林工程施工的准备工作应从哪几方面着手？
3. 要做好施工总平面图的管理工作，应考虑哪几方面的内容？
4. 施工过程中要检查哪些项目？试述检查的方法和注意事项。
5. 什么是施工调度？试述施工调度的方法。
6. 竣工验收前施工现场清理的内容有哪些？
7. 竣工验收应准备哪些资料？
8. 园林工程施工作业计划的依据和编制程序是什么？
9. 针对某一园林工程，请编制施工作业计划。
10. 园林工程施工单位应建立哪些技术管理制度？
11. 质量检验和评定方法有哪几种？
12. 针对某一园林工程中的苗木成活率低问题画出因果分析图。
13. 要做到安全生产，应做好哪几方面的工作？

第十二章

园林建设工程的施工监理

第一节 园林工程建设监理概述

“监”字有“自上而下”、“监视”的意思；“理”字有“治理、条理、道理、法理”的内涵。按照中国汉字的原意，“监”字仍为“自上而下”，“监视”之意；而“理”字则为“治理、条理、道理、法则”之内涵。在当今科学技术中，“监”可理解为对某种预定行为从旁观察或进行监测，其目的是为了督促其行为不得逾越预定的、合理的界限；“理”可理解为对一些相互关联和相互交错的行为进行调理，避免抵触，对抵触了的行为进行理顺，使其通畅，为相互矛盾的权益进行调理，避免冲突。如此看来，“监”和“理”的组合——监理，可解释为：对人们间的行为及权益进行监理和协调，其目的是促使人们相互密切配合，按规矩办事，顺利实现组织和个体的价值。显然，监理也是一种人们有组织的行为。而“监理”一词，在我国《辞源》和《辞海》里，均未作为一个词给予注解。由此可见，“监理”一词是现代应用性词汇。

所谓建设监理，就是指在工程建设中，设置专门机构，指定具有一定资质的监理执行者依据建设行政法规和技术标准，运用法律、经济或技术手段，对工程建设参与者的行为和他们的责、权、利进行必要的约束与协调，保证工程建设井然有序、顺利的进行，达到工程建设的目的并能以求取得最大投资效益的一项专门性工作。把执行这种职能的专门机构称为监理单位。

我国《工程建设监理规定》中明确规定：所谓工程建设监理是指监理单位受项目法人的委托，依据国家批准的工程项目文件、有关工程建设的法律、法规和工程建设监理合同及其他工程建设合同，对工程建设实施的监督管理。这可以说是对建设监理的高度概括，是建设监理的准确概念。

一、园林工程建设监理的特点

园林工程建设监理既具有一般工程建设监理的特点，同时又因其与其他工程的差异，而且具有自己独有的特点。

（一）园林工程建设监理是针对工程项目建设所实施的监督管理活动

园林工程建设监理活动是围绕工程项目来进行的，其对象为新建、改建和扩建的各种园林工程项目。这里所说的工程项目实际上是指建设项目。工程建设监理是直接为建设项目提供管理服务的行业。

（二）园林工程建设监理的行为主体是具有园林工程监理资质的监理单位

园林工程建设监理的行为主体是明确的，即监理单位。监理单位是指具有独立性、社会化、专业化特点的专门从事工程建设监理和其他技术服务活动的组织。只有监理单位才能按照独立、自主的原则，以“公正的第三方”的身份开展工程建设监理活动。非监理单位所进行的监督管理活动一律不能称为工程建设监理。

（三）园林工程建设监理的实施需要业主的委托和授权

园林工程建设监理的产生源于市场经济条件下社会的需求，始于业主的委托和授权。这种方式决定了在实施工程建设监理的项目中，业主与监理单位的关系是委托与被委托关系；决定了他们之间是合同关系，是一种委托与服务的关系。

（四）园林工程建设监理是有明确依据的工程建设行为

园林工程建设监理是严格的按照有关法律、法规和其他有关准则实施的。工程建设监理的依据是国家批准的工程项目建设文件、有关工程建设的法律和法规、工程建设监理合同和其他工程建设合同。

（五）现阶段园林工程建设监理主要发生在项目建设的实施阶段

也就是说，园林工程建设监理这种监督管理服务活动主要出现在园林工程项目建设的设计阶段（含设计准备）、招标阶段、施工阶段以及竣工验收和保修阶段、实施阶段的全过程中。

（六）工程建设监理是微观性质的监督管理活动

工程建设监理活动是针对一个具体的工程项目展开的。项目业主委托监理的目的就是期望监理的单位能够协助其实现项目投资目的。它是紧紧围绕着工程项目建设的各项投资活动和生产活动所进行的监督管理。对于园林工程建设监理，它的各项投资活动与生产活动不仅包括工程建设内容，同时还包含了生物栽种、造景艺术及栽培养护、管理等内容，因此形成了自己的独特的微观监理管理活动。

二、园林工程建设监理的性质

园林工程建设监理同其他工程建设监理一样都是一种特殊的工程建设活动。它与其他工程建设活动有着明显的区别和差异。这些区别和差异使得园林工程建设监理与其他园林工程建设活动之间划出了清楚的界限。也正是由于这个原因，园林工程建设监理在建设领域中成为我国一种独立的行业，其执行者必须具备独有的资质证书。园林工程建设监理具有以下性质：

（一）服务性

园林工程建设监理活动只是在园林工程项目建设过程中，利用自己对园林工程建设方面的知识（包括法律知识）、技能和经验为客户提供高智能监督管理服务以满足项目业主对项目管理的需要。

（二）独立性

从事园林工程建设监理活动的监理单位是直接参与工程项目建设的“三方当事人”之一。它与业主、承建商之间的关系是平等的、横向的。在园林工程建设项目中，监理单位是独立的一方。

（三）公正性、公平性

在提供监理服务的过程中，园林工程监理单位和监理工程师应当排除各种干扰，以公正的态度对待委托方和被监理方，对双方持公平的态度。

（四）科学性

我国《工程建设监理规定》指出：工程建设监理是一种高智能的技术服务，要求从事工程建设监理活动都必须遵循科学的准则。这就使得整个监理活动在科学指导下进行，从而具有科学性。

三、园林工程建设监理的内容

表 12－1 中简要列出了现阶段园林工程建设监理的内容。

表 12－1　园林工程建设监理的内容

建设监理阶段	监理工作内容
（一）建设项目准备阶段	（1）投资决策咨询； （2）进行建设项目的可行性研究和编制项目建议书； （3）项目评估。
（二）建设项目实施准备阶段	（1）组织审查或评选设计方案； （2）协助建设单位选择勘察、设计单位，签订勘察、设计合同并监督合同的实施； （3）审查设计概（预）算； （4）在施工准备阶段，协助建设单位编制招标文件，评审投标书，提出定标意见，并协助建设单位与中标单位签承包合同；核查施工设计图。
（三）建设项目施工阶段	（1）协助建设单位与承建单位编写开工报告； （2）确认承建单位选择分包单位； （3）审查承建单位提出的施工组织设计、施工方案； （4）审查承建单位提出的材料、设备清单及所列的规格与质量； （5）督促、检查承建单位严格执行工程承包合同和工程技术标准、规范； （6）调节建设单位与承建单位间的争议； （7）检查已确定的施工技术措施和安全防护措施是否实施； （8）主持协商工程设计的变更（超过合同委托权限的变更需报建设单位决定）； （9）检查工程进度和施工质量，验收分项、分部工程，签署工程付款凭证。
（四）建设项目竣工验收阶段	（1）督促整理合同文件和技术档案资料； （2）组织工程竣工预验收，提出竣工验收报告； （3）核查工程决算。
（五）建设项目保修维护阶段	负责检查工程质量状况，鉴定质量责任，督促和监督保修工作。

四、园林工程建设监理过程中应遵循的原则

（一）守法

守法，这是任何一个具有民事行为能力的单位和个人最起码的行为准则。作为专设机构的园林工程监理单位和执行者个人都不得例外。

（二）诚信

所谓诚信，简单的讲，就是忠诚老实、讲信用。为人处世要讲诚信，这是做人的基本品德，也是考核企业信誉的核心内容。诚信是监理单位经营活动基本准则的重要内容之一。

（三）公正

所谓“公正”，主要是指监理单位在处理业主与承建商之间的矛盾和纠纷时，要做到“一碗水端平”，不偏不依。

（四）科学

所谓科学，是指监理单位的监理活动要依据科学的方案，要运用科学的手段，要采取科学的方法。

五、园林工程建设监理单位的资质等级及业务范围

按照有关规定我国现阶段的园林工程建设监理单位的资质可分为甲级、乙级、丙级三级，其中：

（1）甲级：可以跨地区、跨部门监理一、二、三等的园林建设工程

（2）乙级：只能监理本地区、本部门 二、三等的园林建设工程

（3）丙级：只能监理本地区、本部门三等的园林建设工程

六、园林工程监理单位与工程建设各方的关系

监理单位受业主的委托，替代业主管理工程建设同时，它又要公正地监督业主与承建商签订的工程建设合同的履行，有着政府工程质量监督部门无法替代的作用。下面将着重介绍监理单位与政府工程质量监督部门以及与园林工程建设业主、承建商的关系。

（一）监理单位与政府工程质量监督站的区别

1. 性质上不同

工程质量监督站（质监站）是代表政府进行工程质量监督，是强制性的，其具有工程质量的认证权。

监理单位是按照业主的委托与授权，对工程项目建设进行全面的组织协调与监督，是服务性的；其不具备工程质量的认证权。

2. 工作的区域范围不同

工程质量监理站（质监站）只能在所辖行政区域内进行质监工作，而监理单位可以按照主管机构的规定，越出所在行政区域到国际上承揽业主委托的建设监理业务。

3. 工作的广度和深度不同

工程质量监督站进行工程质量的抽查和等级的认定，只把质量关，工作是

阶段性的。而后者的工作是全程而又深入具体的、不间断的跟踪检查、控制。

4. 工作依据和控制手段不同

工程质量监督站主要使用行政手段，工程质量不合格，则令其返工、警告、通报、罚款、降级等，而监理单位主要使用合同约束的经济手段，工程质量不合格亦可令其返工、停工，否则拒绝签字认可质量或不支付工程款。

（二）与业主的关系不同

按照法律规定，业主与监理单位之间是平等的，是一种协作关系，是授权与被授权的关系同时也是一种经济合同关系，是可以选择的。而质量监测单位与业主关系是一种行政管理关系，具有管理与被管理的关系。是不能选择的。

（三）与承建商的关系不同

监理单位与承建商之间是平等的、监理与被监理的关系，但不属管理关系。而质量监测站与承建商的关系是政府管理部门与施工企业之间的管理与被管理的关系。

第二节　园林工程建设监理业务的委托

一、园林工程监理业务委托的形式

（一）直接委托与招标优选

园林建设工程项目实施建设监理，建设单位可直接委托某一个具有园林工程建设项目监理资格的社会建设监理单位来承担（直接委托）；也可以采用招标的办法优选社会建设监理单位（招标优选）。

（二）全程监理与阶段监理

建设单位可以委托一个社会建设监理单位承担工程项目建设全过程的监理任务（全程监理）；也可以委托多个监理单位分别承担不同阶段的监理（阶段监理）。

二、园林工程监理业务委托的程序

园林建设单位在选择工程监理单位前，首先要向建设单位所在地区的上级主管部门申请，其次再确定监理业务委托的形式。

园林工程社会建设监理单位在接受监理委托后，应在开始实施监理业务前向受监工程所在地区县级以上人民政府建设行政主管部门备案，接受其监督管理。同时，建设单位要与社会建设监理单位签订监理委托合同。合同的主要内容包括监理工程对象、双方权力和义务，监理费用，争议问题的解决方式等。

依法成立的委托合同，是为建设单位和监理单位共同利益服务的，对双方都有法律约束力，双方当事人都必须全面履行合同规定的义务，且不得擅自解除和变更合同，当双方发生争议时，当以合同条款为依据进行仲裁。在此合同签订之前，建设单位要将与社会建设监理单位商定的监理权限，在与承建单位签订的承包合同中予以明确，以保证建设监理业务的顺利实施。

为了适应建设监理事业的发展，建设部已在全国范围内推行“工程建设监理委托合同示范文本”。该文本中有“工程建设监理委托合同”及附合同的“工程建设监理委托合同标准条件及专用条件”。详细内容参照附录七工程建设监理合同标准文本工程建设监理合同。

第三节 园林建设项目实施准备阶段的监理

园林建设项目实施准备阶段的各项工作是非常重要的，它将直接关系到建设的工程项目是否能达到优质、低耗和如期建成。有的园林建设工程项目工期延长、投资超支、质量欠佳，很大一部分原因是准备阶段的工作没有做好。在这个阶段中，由于一些建设单位是新组建起来的，组织机构不健全、人员配备不足、业务不熟悉，加上急于要把园林建设工程推入实施阶段，因此往往使实施准备阶段的工作做不充分而造成先天不足。

园林建设项目建设实施准备阶段包括组织准备、技术准备、现场准备、法律与商务准备，需要统筹考虑、综合安排等内容，对此均应实施监理。

虽然园林建设项目实施准备阶段的监理非常重要，但是目前我国的园林工程建设监理活动主要发生在园林建设工程的施工阶段，因此这里我们仅对园林建设项目实施准备阶段的监理做以简要的叙述具体内容见下表 12－2：

表 12-2　建设项目建设实施准备阶段的监理工作内容

分　项	主要内容
（一）建议	为建设单位对园林建设项目实施的决策提供专业方面的建议。主要有： 1. 协助建设单位取得建设批准手续； 2. 协助建设单位了解有关规则要求及法律限制； 3. 协助建设单位对拟建项目预见与环境之间的影响； 4. 提供与建设项目有关的市场行情信息； 5. 协助与指导建设单位做好施工方面的准备工作； 6. 协助建设单位与制约项目建设的外部机构的联络。
（二）勘察监理	园林建设工程勘察监理主要任务是确定勘察任务，选择勘察队伍，督促勘察单位按期、按质、按量完成勘察任务，提供满足工程建设要求的勘察成果。其工作内容主要是： 1. 编审勘察任务书； 2. 确定委托勘察的工作和委托方式； 3. 选择勘察单位、商签合同； 4. 为勘察单位提供基础资料； 5. 监督管理勘察过程中的质量、进度及费用； 6. 审定勘察成果报告，验收勘察成果。
（三）设计监理	园林建设工程设计监理是工程建设监理中很重要的一部分，其工作内容主要是： 1. 制定设计监理工作计划。当接受建设单位委托设计监理后，就要首先了解建设单位的投资意图，然后按了解的意图开展设计监理工作； 2. 编制设计大纲（或设计纲要）； 3. 与建设单位商讨确定对设计单位的委托方式； 4. 选择设计单位； 5. 参与设计单位对设计方案的优选； 6. 检查、督促设计进行中有关设计合同的实施，对设计进度、设计质量、设计的造价进行控制； 7. 设计费用的支付签署； 8. 设计方案与政府有关规定的协调统一； 9. 设计文件的验收。
（四）材料、设备等采购监理	1. 审查材料、设备等采购清单； 2. 对质量、价格等进行比选，确定生产与供应单位并与其谈判； 3. 对进场的材料，设备进行质量检验； 4. 对确定采购的材料、设备进行合同管理，不符合合同规定要求的提出合理索赔。
（五）现场准备	主要是拟定计划，协调与外部的关系，督促实施，检查效果。
（六）施工委托	1. 商定施工任务委托的方式； 2. 草拟工程招标文件，组织招标工作； 3. 参与合同谈判与签订。

第四节　园林建设工程施工阶段的监理

一、园林工程监理工程师对施工图的管理

施工图是园林工程施工的主要依据，因此在工程施工中，必须严格依图施工。由于工程承包合同中同时也对设计文件的提供、变更、归档做出一些规定，因此就需要对施工图加强管理；此外，施工图管理也是项目管理的一个重要内容和有效手段，对质量、进度、投资等的控制起到重要作用。委托建设监理的园林建设工程，监理工程师要注意这一管理工作。

现场监理工程师对施工图进行管理，必须抓住以下两方面工作：

（1）督促设计单位按照合同的规定，及时提供一定数量，配套的施工图。并规定施工图交接中有健全的手续，图纸的目录及数量均由双方签字。

（2）组织图纸的会审与技术交底。图纸会审是施工者在熟悉图纸过程中，对图纸中的一些问题和不完善之处，提出疑点或合理化建议．设计者对所提的疑点及合理化建议进行解释或修改，以使施工者了解设计的意图和减少图纸的差错，从而提高设计质量。

二、园林工程监理工程师对施工组织设计的审查

施工组织设计是由施工单位负责编制的，是选择施工方案、指导和组织施工的技术经济文件。施工单位可以根据自己的特长和工程要求，编制既能发挥自己特长，又能保证建设工程顺利施工的施工组织设计。如果施工组织设计质量欠佳，就不能达到指导施工的作用。为此，监理工程师要对施工单位编制的施工组织设计进行审查。

三、园林工程质量监理

（一）园林工程质量控制方式

一个委托监理的园林建设工程，如果属于全程监理，则监理工程师对质量的控制就要从项目可行性研究开始，贯穿项目规划、勘察、设计和施工的全过

程。工程进入施工准备阶段，监理工程师要对施工图实行管理和对施工组织设计进行审查；对工程拟采购的材料、设备清单进行审查、认可；对施工的人员、设备及拟采用的施工技术方案进行监督检查和审定。

当工程进入施工阶段，监理工程师对质量控制方式主要有以下两种：

1. 督促承建单位健全质量保证体乐

施工企业应建立健全质量保证体系，才能使建设的工程项目每一工序、每一分项、分部工程，每一单位工程均处于控制之中。因此监理工程师应特别注意参加建设的各个承建单位的质量保证体系是否健全。

2. 严格依据标准和合同规定进行检查

监理工程师按照委托合同的要求对工程质量逆行检查，每一个分项工程、乃至分项工程中某些重要工序，都要接受监理工程师的检查，只有经过监理工程师检查确认后，方能进行下一个分项工程或下一道工序的施工。未经监理工程师检查确认的，监理工程师可在承建单位提出的付款申请书上拒绝签证。监理工程师对工程质量检查的内容主要有：

(1) 是否按经过审定的施工组织设计（或施工方案）施工；

(2) 对一些隐蔽的工程进行预检；

(3) 对进场的材料、设备把好质量关；

(4) 对现场操作工人的操作质量进行巡视检查；

(5) 对一些分项工程中的主要工序进行质量检查；

(6) 对重要的、关键的分项工程、关键的设备安装进行微观的、严格的检查；

(7) 收集技术档案资料，作为工程质量评定的一个依据；

(8) 一旦发生质量事故，要参与事故的调查与处理；

(9) 检查施工的原始记录是否真实、完善；

(10) 参与竣工验收的检查和工程质量的评定工作，对每一个分项、分部以及单位工程的质量都要参与评定。

(二) 园林工程质量监理的职责

监理人员对施工质量的监理，除需在组织上健全，还必须建立相应的职责范围与工作制度，使监理人员明确在施工质量控制中的主要职责。一般规定的职责有：

(1) 负责检查和控制工程项目的质量，组织单位工程的验收，参加施工阶段的中间验收；

(2) 审查工程使用的材料、设备的质量合格证和复验报告，对合格的给予签证；

（3）审查和控制项目的有关文件；如承建单位的资质证件、开工报告、施工方案、图纸会审记录、设计变更，以及对采用的新材料、新技术、新工艺等的技术鉴定成果；

（4）审查月进度付款的工程数量和质量；

（5）参加对承建单位所制定的施工计划、方法、措施的审查；

（6）组织对承建单位的各种申请进行审查．并提出处理意见；

（7）审查质量监理人员的值班记录、日报。一方面作为分析汇总用，另一方面作为编写分项工程的周报使用；

（8）收集和保管工程项目的各项记录、资料，并进行整理归档；

（9）负责编写单项工程施工阶段的报告，以及季度，年度工作计划和总结；

（10）签发工程项目的通知以及违章通知和停工通知；

停工通知是监理人员的一个权力及控制质量的一个重要手段，但在使用中应慎重。如出现下列情况之一者，可发出停工通知：

①隐蔽工程未经监理人员检查验收即自行封闭掩盖；

②不按图纸或说明施工，私自变更设计内容；

③使用质量不合格的材料，或无质量证明、或未经现场复验的材料；

④施工操作严重违反施工验收规范的规定；

⑤已发生质量事故，未经分析处理即继续施工；

⑥对分包单位的资质不明；

⑦工程质量出现了明显的异常情况，但在原因不明又没有可靠措施情况下继续施工的。

（三）园林工程监理工程师对质量问题的处理

任何园林建设工程在施工中，都或多或少存在程度不同的质量问题。因此监理工程师一旦发现有质量问题时就要立即进行处理。

1. 处理的程序

首先对发现的质量问题以质量单形式通知承建单位，要求承建单位停止对有质量问题的部位或与其有关联的部位的下道工序施工。承建单位在接到质量通知单后，应向监理工程师提出“质量问题报告”，说明质量问题的性质及其严重程度，造成的原因。提出处理的具体方案。监理工程师在接到承建单位的报告后，即进行调查和研究，并向承建单位提出“不合格工程项目通知”，做出处理决定。

2. 质量问题处理方式

监理工程师对出现的质量问题，视情况分别作以下决定：

(1) 返工重做：凡是工程质量未达到合同条款规定的标准，质量问题亦较严重或无法通过修补使工程质量达到合同规定的标准。在这种情况下，监理工程师应该做出返工重做的处理决定。

(2) 修补处理：工程质量某些部分未达到合同条款规定的标准，但质量问题并不严重，通过修补后可以达到规定的标准，监理工程师可以做出修补处理的决定。

3. 处理质量问题方法

监理工程师对质量问题处理的决定是一项较复杂的工作，因为它不仅涉及工程质量问题，而且还涉及工期和工程费用的问题，因此，监理工程师应持慎重的态度对质量问题的处理做出决定。为此，在做出决定之前，一般采取以下方法，使处理决定能够更为合理。

(1) 实验验证。即对存在质量问题的项目，通过合同规定的常规试验以外的试验方法做进一步的验证，以确定质量问题的严重程度。并依据实验结果，进行分析后做出处理决定。

(2) 定期观察：有些质量问题并不是短期内就可以通过观测得出结论的，而是需要较长时期的观测。在这种情况下，可征得建设单位与承建单位的同意，修改合同延长质量责任期。

(3) 专家论证：有些质量问题涉及技术领域较广或是采用了新材料、新技术、新工艺等，有时往往根据合同规定的规范也难以决策。在这种情况下可邀请有关专家进行论证。监理工程师通过专家论证的意见和合同条件，做出最后的处理决定。

4. 园林工程监理工程师对工程质量监理的手段

(1) 旁站监理。就是监理人员在承建单位施工期间，全部或大部分时间是在现场，对承建单位的各项工程活动进行跟踪监理. 在监理过程中一旦发现问题，便可及时指令承建单位予以纠正。

(2) 测量。测量贯穿了工程监理的全过程。开工前、施工过程中以及已完的工程均要采用测量手段进行施工的控制。因此在监理人员中应配有测量人员，随时随地地通测量控制工程质量。并对承建单位送上的测量放线报验单进行查验并予结论。

(3) 试验。对一些工程项目的质量评价往往以试验的数据为依据。采用经验的方法、目测或观感的方法来对工程质量进行评价是不允许的。

(4) 严格执行监理的程序。在工程质量监理过程中，必须严格执行监理程序。也就是通过严格执行监理程序，以强化承建单位的质量管理意识，提高质量水平。

(5) 指令性文件。按国际惯例，承建单位应严格履行监理工程师对任何事项发出的指示。监理工程师的指示一般采用书面形式，因此也称为“指令性文件”。在对工程质量监理中，监理工程师应充分利用指令性文件对承建单位施工的工程进行质量控制。

(6) 拒绝支付。监理工程师对工程质量的控制不是像质量监督员采用行政手段，而是采用经济手段。监理工程师对工程质量控制的最主要手段，就是以计量支付确认为保承建单位任何工程款项的支付是要经监理工程师确认并开具证明。

以上六种手段，是园林工程监理工程师在工程质量监理中经常采用的，有时是单独采用，有时可同时采用其中的几种。

四、园林工程进度监理

对一个园林建设项目的施工进度进行控制，使其能顺利地在合同规定的期限内完成，也是监理工程师的主要任务之一。因为园林建设工程项目，特别是一些商业性、经营性、娱乐性或对环境有较大影响的园林建设项目，如果能在预定期限内完成，可使投资效益更快更充分地发挥，作为一个监理工程师在工程监理中，对工程质量、工程投资和工程进度都要控制，这三个方面是对立统一的关系。在一般情况，如进度加快就需要增加投资，也可能影响工程质量。但如由于质量的严格控制，不发生质量事故及不出现返工，又会加快工程进度。为此，监理工程师为使这三个目标均能控制得恰到好处，就要全面考虑，系统安排。

控制工程项目进度不仅是施工进度，还应该包括工程项目前期的进度，但由于目前我国实行的建设监理多是工程实施阶段中的监理，因此着重内容是如何控制工程施工进度。

工程项目进度控制是一个系统工程，它是要按照进度计划目标和组织系统，对系统各个方面的行为进行检查，以保证目标的实现。为此，工程项目进度控制的主要任务是：检查并掌握实际进度情况；把工程项目的实际进度情况与计划目标进行比较，分析进度较计划提前或拖后的原因；决定应该采取的相应措施和补救方法；及时调整计划，使总目标能以实现。监理工程师还应经常向建设单位提供有关工程项目进度的信息，协助建设单位确定进度的总目标。

(一) 影响园林工程施工进度的因素

通常影响园林建设工程项目施工进度的因素有以下几个方面：

1. 相关单位进度的影响

影响施工进度计划实施的不仅是承建单位，而往往涉及多个单位，如设计单位，物料供应单位以及与工程建设有关的运输部门、通讯部门、供电部门等。

2. 设计变更因素的影响

一个园林建设工程在施工过程中，会经常遇到设计变更；设计变更往往是实施进度计划的最大干扰因素之一。

3. 材料物资供应进度的影响

施工中往往发生需要使用的材料不能按期运抵施工现场，或运到现场后发现其质量不符合合同规定的技术标准，从而造成现场停工待料，影响施工进度。

4. 资金的影响

施工准备期间，往往就需要动用大量资金用于材料的采购，设备的订购与加工，如资金不足，必然影响施工进度。

5. 不利施工条件的影响

工程施工中，往往遇到比设计和合同条件中所预计的施工条件更为困难的情况，这些情况一出现，必会影响工程进度。

6. 技术原因的影响

技术原因往往也是造成工程进度拖延的一个因素。特别是承建单位对某些施工技术过低估其难度时或对设计意图及技术规范未全领会而导致工程质量出现问题，这些都会影响工程施工进度。

7. 施工组织不当的影响

由于施工现场多变，常会因劳动力或机具的调配不当而造成对工程进度的影响。

8. 不可预见因素的影响

如施工中出现恶劣天、自然灾害、工程事故等都将影响工程进度。

(二) 园林工程监理工程师对施工进度控制的任务与职责

1. 任务

监理工程师对施工进度控制的主要任务包括：

（1）适时发布开工令；

（2）审核批准承建单位提交的施工总进度计划及年、季、月的实施进度计划；

（3）严格控制关键工序，关键分项、分部工程或单位工程的工期；

（4）定期检查施工现场的实际进度与计划进度是否相符，如实际进度拖延时，应督促承建单位采取、有效措施加快进度，并修改施工进度计划以保证工程能够按期完成；

（5）协调好各承建单位之间的施工安排，尽量减少相互干扰；

（6）通过协调、督促，协助做好材料设备按计划供应；

（7）公正合理地处理好承建单位的工期索赔要求，尽可能减少对工期有重大影响的工程变更；

（8）及时协助建设单位和承建单位做好单位工程和全部工程的验收，使已完成的工程能够投入使用。

2. 职责

在控制工程施工进度中，监理工程师的职责概括说是督促、协调和服务，具体包括以下内容：

（1）控制工程总进度，审批承建单位提交的施工进度计划；

（2）监督承建单位执行进度计划，根据各阶段的主要控制目标做好进度控制，并根据承建单位完成进度的实际情况，签署月进度支付凭证；

（3）向承建单位及时提供施工图，规范标准以及有关技术资料；

（4）督促并协调承建单位做好材料、施工机具与设备等物资的供应工作；

（5）定期向建设单位提交工程进度报告，组织召开工程进度协调会议，解决进度控制中的重大问题，签发会议纪要；

（6）在执行合同中，做好工程施工进度计划实施中的记录。并保管与整理各种报告、批示，指令及其他有关资料；

（7）组织阶段验收与竣工验收。

五、园林工程投资监理

（一）园林工程投资控制的概念

对园林建设工程投资实施监理，其主要任务就是对项目投资进行有效的控制。

1. 投资的含义

园林建设项目投资（有称为建设工程造价），一般是指某项园林建设工程建成后所花费的全部费用。

2. 投资控制的含义与基本原理

（1）投资控制的含义：园林建设项目投资的有效控制是工程建设管理的一个重要内容。投资控制也就是在工程项目建设的全过程中（从决策阶段 → 设计阶段 → 项目发包阶段 → 项目建设实施阶段），把投资的发生控制在批准的投资限额以内，随时纠正发生的偏差，保证项目投资管理目标的实现。

（2）投资控制的基本原理：投资控制的基本原理是把计划的投资额作为工程项目投资控制的目标值；再把工程项目建设进展过程中的实际支出额与工程项目投资目标进行对比，通过对比发现并找出实际支出额与控制目标额之间的差距；从而采用有效措施加以控制。

3. 投资控制的目的

（1）使投资得到更高的价值，即利用一定限额内的投资获得更好的经济效益；

（2）使可能动用的资金，能够在施工过程中合理地分配；

（3）使投资支出总额控制在限定范围之内，并保证概算、预算和投标标价基本相符。

（二）园林工程监理工程师对投资的控制

1. 我国建设监理单位在对投资的控制方面的主要业务内容

（1）在建设前期阶段进行建设项目的可行性研究，对拟建设项目进行经济评价；

（2）在设计阶段，提出设计要求，用技术经济方法组织评价设计方案，协助选择勘察、设计单位，商签勘察、设计合同并组织实施，审查设计、概算等；

（3）在施工招标阶段，准备与发送招标文件，组织招标工，协助评审投标书，协助建设单位与中标单位签订承包合同；

（4）在施工阶段，审查承建单位提出的施工组织设计、施工技术方案和施工进度计划提出改进意见，督促、检查承建单位严格执行工程承包合同. 调解建设单位与承建单位之间的争议，检查工程进度与施工质量，验收分项、分部工程，签署工程付款凭证，审查工程结算，提出竣工验收报告等。

2. 授予监理工程师相应的权限

为保证监理工程师有效地控制投资，必须对监理工程师进行授权，且在合同文件中做出明确规定，并正式通知承建单位。对监理工程师的授权主要包括以下内容：

（1）审定批准承建单位制定的工程进度计划，督促承建单位按批准的进度计划完成工程。

（2）接收并检验承建单位报送的材料样品，根据检验结果批准或拒绝在该工程中使用这些材料。

（3）对工程质量按技术规范和合同规定进行检查，对不符合质量标准的工程提出处理意见，对隐蔽工程下一道工序的施工，必须在监理工程师检查认可后，方可进行施工。

（4）核对承建单位完成分项、分部工程的数量，或与承建单位共同测定这些数量，审定承建单位的进度付款申请表，签发付款证明。

（5）审查承建单位追加工程付款的申请书，签发经济签证并交建设单位审批。

（6）审查或转交给设计单位的补充施工详图，严格控制设计变更，并及时分析设计对控制投资的影响。

（7）做好工程施工记录，保存各种文件图纸，特别是注有实际施工变更情况的图纸，注意积累素材，为正确处理可能发生的索赔提供依据。

（8）对工程施工过程中的投资支出做好分析与预测，经常或定期向建设单位提交项目投资控制及其存在问题的报告。

（9）提倡主动监理，尽量避免工程已经完工后再检验，而要把本来可以预料的问题告诉承建单位，协助承建单位进行成本管理，避免不必要的返工而造成的成本上升。

3. 监理工程师对工程款的计量支付

在实施建设监理制中，由监理工程师承担起对工程进度、工程质量、工程投资的控制。特别是在投资控制中，监理工程师要通过对工程的准确计量支付工程价款。由于监理工程师掌握工程支付签认权，因而对承建单位的行为起到约束作用，能在施工的各个环节上发挥其监督和管理的作用。

（1）工程计量的程序：监理工程师通过计量来控制项目投资，是体现监理工程师公正地执行合同的重要环节，对于采用单价合同的项目，工程量的大小对项目投资控制起着很重要的影响。工程计量的一般程序是承建单位按协议条款约定的时间（承建单位完成的工程分项获得质量验收合格证后）向监理工程师提交已完成工程的报告，监理工程师必须在接到报告3天内按设计图纸核实已完成工程数量，并在计量24小时前通知承建单位，承建单位必须为监理工程师进行计量提供便利条件并派人参加予以确认。如承建单位无正当理由不参加计量，由监理工程师自行进行的计量结果亦视为有效，并作为工程价款支付的依据。但监理工程师在接到施工企业报告后 3 天内未进行计量，从第四天起，施工企业报告中开列的工程量即视为已被认可，可作为工程价款支付的依据。因此，无特殊情况，监理工程师对工程计量不能有任何拖延，另外，监理工程师在计量时必须按约定的时间通知承建单位参加，否则计量结果按合同规定视为无效。

(2) 注意事项：①严格确定计量内容。监理工程师进行计量必须根据具体的设计图纸以及材料和设备明细表中计算的各项工程的数量进行，并按照合同中所规定的计量方法、计量单位进行，监理工程师对承建单位超出设计图纸要求增加的工程量和自身原因造成返工的工程量，不予计量。②加强隐蔽工程的计量。对隐蔽工程的计量，监理工程师应在工程隐蔽之前，预先进行测算，测算结果有时要经设计、监理与承建单位三方或两方的认可，并予签字为凭作为结算的依据，以控制项目的投资。

4. 工程变更的控制

在施工过程中，会出现多种多样的变化，如经常出现的工程内容变化、工程量变化、施工进度变化，此外还会发生发包方与承包方在执行合同中的争执等许多问题。由于工程变更引起工程内容和工程量的变化，都可能使项目投资超出原来的预算投资。因此监理工程师为达到对投资的控制，对工程变更也更要严格的控制。

(1) 工程变更程序：工程变更可能来自多方面，为有效控制投资，不论任何一方提出的设计变更均应由监理工程师签发工程变更指令。而承建单位对监理工程师签发的工程变更指令中所要求的工程的项目、数量、质量等的变更，应照办，并按监理工程师的指令组织施工。

很多园林建设工程项目，经常是预算超概算、决算超预算。造成这种状况多是由于项目投资估算时，对项目计划、设计的深度、详度不够，从而造成项目实施过程中大量的超出批准投资数额。由此监理工程师在施工过程中必须严格控制设计变更，对扩大建设规模、增加建设内容、提高建设标准更应严加控制。对一些必须变更的，应先对工程量和工程造价的增减进行分析，在经过建设单位同意、设计单位审查签证并发出相应图纸和说明书后，监理工程师方可发出变更通知，调整原合同所确定的工程投资。当投资超支部分在预算费用中调剂有困难时，且原投资估算或设计总概算是报请主管部门批准的，还必须报经原审批部门批准后方可更改和发出变更通知。

（2）工程变更价款的确定：由监理工程师签发的工程变更令，如系设计变更或更改作为投资基础的其他合同文件，由此导致的经济支出和承建单位的损失，由建设单位承担，延误的工期相应顺延。因此监理工程师必须合理确定变更价款，控制投资支出。变更也有可能是由于承建单位的违约所致。此时引起的费用必须由承建单位承担。

合同价款的变更价格，一般在双方的协商时间内，由承建单位提出变更价格，报监理工程师批准后方可调整合同价款及竣工日期。

六、园林工程施工安全控制

（一）施工安全概念

“生产必须安全，安全为了生产”，说明安全与生产并不矛盾，而是统一的，在施工过程中如果不重视安全生产，往往会发生重大伤亡事故，不仅使工程不能顺利进行，而且会给建设单位及承建单位带来很大损失和在社会上造成不良影响；重视安全生产不仅能保证工程施工顺利地行，而且还可获得良好的社会效益、经济效益和环境效益。因此监理工程师必须重视安全控制。

（二）安全控制的主要内容

安全控制的主要内容如表12－3所示。从表12－3中可以看出安全生产既要管人，也要管物，还得管环境。

表12－3　安全生产控制内容

组成部分	控制对象	主要控制内容
安全法规	劳动者	安全生产责任制、安全教育、伤亡事故调查与处理
安全技术	劳动手段和劳动对象	安全检查安全技术管理
卫生	环境	

（三）园林工程监理工程师在安全控制中的主要工作

（1）协助承建单位贯彻、执行国家关于施工安全生产管理方面的方针、政策和规定，拟定安全生产管理规章制度和安全操作规程。从立法上、组织上加强安全生产的科学管理，实行专业管理和群众管理相结合。

（2）协助承建单位建立和完善有关安全生产制度，如安全责任制、安全管理制度、检查制度、教育制度和例会制度等。

（3）审查施工组织设计、施工方案和施工技术措施，同时审核安全技术措施方案。

（4）审核施工中采用的新工艺、新结构、新材料，新设备等方案，同时审核有无相应的安全技术操作规程。

（5）在旁站监理中发现有事故隐患时，应督促有关人员限期解决；对违章瞎指挥，违章作业的应立即制止。

（6）针对施工现场不安全的因素。研究采取有效的安全技术措施，消除不安全的因素，预防伤亡事故的发生。为此要做好安全控制的监督检查工作，及时参与组织伤亡事故的调查分析和处理。

（7）研究并制定施工过程中有损职工身体健康的职业病和职业性中毒的防范措施。

（8）重点控制“人的不安全行为”和“物的不安全状态”。

思考练习题：

1. 园林工程监理的特点是什么？工程监理有什么性质
2. 工程监理的内容有哪些？应遵循哪些原则？
3. 工程监理单位的资质分几级？其业务范围是什么？
4. 园林建设工程监理业务委托的形式及程序是什么？
5. 园林建设项目实施准备阶段的监理工作内容有哪些？
6. 监理工程师对工程质量检查的内容有哪些？
7. 质量监理的职责有哪些？监理工程师如何处理质量问题？
8. 监理工程师对质量监理的方法和手段是什么？
9. 谈谈园林工程进度的监理。
10. 投资控制的含义是什么？为保证监理工程师有效地控制投资，对监理工程师授权的内容是什么？
11. 监理工程师在安全控制中的主要工作有哪些？

第十三章

园林工程竣工验收与养护期管理

第一节　园林工程竣工验收概述

一、园林工程竣工验收的概念和作用

当园林工程按设计要求完成全部施工任务并可供开放使用时，施工单位就要向建设单位办理移交手续，这种接交工作称为项目的竣工验收。竣工验收既是项目进行移交的必须手续，又是通过竣工验收对建设项目成果的工程质量、经济效益等进行全面考核评估的过程。凡是一个完整的园林建设项目，或是一个单位的园林工程建成后达到正常使用条件的，都要及时组织竣工验收。

园林建设项目的竣工验收是园林建设全过程的一个阶段，它是由投资成果转为使用、对公众开放、服务于社会、产生效益的一个标志，因此竣工验收对促进建设项目尽快投入使用、发挥投资效益、对建设与承建双方全面总结建设过程的经验或教训都具有十分重要的意义和作用。

二、园林工程竣工验收的依据和标准

（一）竣工验收的依据

（1）上级主管部门审批的计划任务书、设计文件等；

（2）招投标文件和工程合同；

（3）施工图纸和说明、图纸会审记录、设计变更签证和技术核定单；

（4）国家或行业颁布的现行施工技术验收规范及工程质量检验评定标准；

（5）有关施工记录及工程所用的材料、构件、设备质量合格文件及验收报

告单；

（6）承接施工单位提供的有关质量保证等文件；

（7）国家颁布的有关竣工验收文件；

（二）竣工验收的标准

园林建设项目涉及多种门类、多种专业，且要求的标准也各异，加之其艺术性较强，故很难形成国家统一标准，因此对工程项目或一个单位工程的竣工验收，可采用分解成若干部分，再选用相应或相近工种的标准进行（各工程质量验评标准内容详见有关手册），一般园林工程可分解为土建设工程和绿化工程两个部分。

（1）土建工程的验收标准：凡园林工程、游憩、服务设施及娱乐设施等土建筑应按照设计图纸、技术说明书、验收规范及建筑工程质量检验评定标准验收，并应符合合同所规定的工程内容及合格的工程质量标准。不论是游憩性建筑还是娱乐、生活设施建筑，不仅建筑物室内工程要全部完工，而且室外工程的明沟、踏步斜道、散水以及应平整建筑物周围场地，都要清除障碍物，并达到水通、电通、道路通。

（2）绿化工程的验收标准：施工项目内容、技术质量要求及验收规范和质量应达到设计要求、验收标准的规定及各工序质量的合格要求，如树木的成活率、草坪铺设的质量、花坛的品种、纹样等。

第二节　园林工程竣工验收的准备工作

竣工验收前的准备工作，是竣工验收工作顺利进行的基础，承接施工单位、建设单位、设计单位和监理工程师均应尽早做好准备工作，其中以承接施工单位和监理工程师的准备工作尤为重要。

一、承接施工单位的准备工作

（一）工程档案资料的汇总整理

工程档案是园林工程的永久性技术资料，是园林工程项目竣工验收的主要依据。因此，档案资料的准备必须符合有关规定及规范的要求，必须做到准确、齐全，能够满足园林建设工程进行维修、改造和扩建的需要。一般包括以下内容：

（1）部门对该工程的有关技术决定文件；

（2）竣工工程项目一览表，包括名称、位置、面积、特点等；

（3）地质勘察资料；

（4）工程竣工图，工程设计变更记录，施工变更洽商记录，设计图纸会审记录；

（5）永久性准点位置坐标记录、建筑物、构筑物沉降观察记录；

（6）新工艺、新材料、新技术、新设备的试验、验收和鉴定记录；

（7）工程质量事故发生情况和处理记录；

（8）建筑物、构筑物、设备使用注意事项文件；

（9）竣工验收申请报告、工程竣工验收报告、工程竣工验收证明书、工程养护与保修证书等。

（二）施工自验

施工自验是施工单位资料准备完成后由项目经理组织领导下，由生产、技术、质量、预算、合同和有关的工长或施工员组成预验小组。根据国家或地区主管部门规定的竣工标准、施工图和设计要求、国家或地区规定的质量标准的要求，以及合同所规定的标准和要求，对竣工项目按分段、分层、分项地逐一进行全面检查，预验小组成员按照自己所主管的内容进行自检、并做好记录，对不符合要求的部位和项目，要制定修补处理措施和标准，并限期修补好。施工单位在自验的基础上，对已查出的问题全部修补处理完毕后，项目经理应报请上级再进行复检，为正式验收做好充分准备。

园林工程中的竣工验收检查主要有以下方面的内容：

（1）对园林建设用地内进行全面检查；

（2）对场区内外邻接道路进行全面检查；

（3）临时设施工程；

（4）整地工程；

（5）管理设施工程；

（6）服务设施工程；

（7）园路铺装；

（8）运动设施工程；

（9）游戏设施工程；

（10）绿化工程（主要检查高、中树栽植作业、灌木栽植、移植工程、地被植物栽植等）包括以下具体内容。

①对照设计图纸，是否按设计要求施工。检查植株数有无出入。

②支柱是否牢靠，外观是否美观。

③有无枯死的植株。

④栽植地周围的整地状况是否良好。

⑤草坪的栽植是否符合规定。

⑥草和其他植物或设施的接合是否美观。

（三）编制竣工图

竣工图是如实反映施工后园林工程的图纸。它是工程竣工验收的主要文件，园林施工项目在竣工前，应及时组织有关人员进行测定和绘制，以保证工程档案的完备和满足维修、管理养护、改造或扩建的需要。

1. 竣工图编制的依据

施工中未变更的原施工图，设计变更通知书，工程联系单，施工洽商记录，施工放样资料，隐蔽工程记录和工程质量检查记录等原始资料。

2. 竣工图编制的内容要求

（1）施工中未发生设计变更，按图施工的施工项目，应由施工单位负责在原施工图纸上加盖“竣工图”标志，可做为竣工图使用。

（2）施工过程中有一般性的设计变更，但没有较大结构性的或重要管线等方面的设计变更，而且可以在原施工图上进行修改和补充，可不再绘制新图纸，由施工单位在原施工图纸上注明修改和补充后的实际情况，并附以设计变更通知书、设计变更记录和施工说明。然后加盖“竣工图”标志，亦可做为竣工图使用。

（3）施工过程中凡有重大变更或全部修改的，如结构形式改变、标高改变、平面布置改变等，不宜在原施工图上修改补充时，应重新绘制实测改变后的竣工图，施工单位负责人在新图上加盖“竣工图”标志，并附上记录和说明作为竣工图。

竣工图必须做到与竣工的工程实际情况完全吻合，不论是原施工图还是新绘制的竣工图，都必须是新图纸，必须保证绘制质量，完全符合技术档案的要求，坚持竣工图的校对、审核制度，重新绘制的竣工图，一定要经过施工单位主要技术负责人的审核签字。

（四）进行工程与设备的试运转和试验的准备工作

一般包括：安排各种设施、设备的试运转和考核计划；各种游乐设施尤其关系到人身安全的设施，如缆车等的安全运行应是试运行和试验的重点。编制各运转系统的操作规程；对各种设备、电气、仪表和设施做全面的检查和校验；进行电气工程的全面负责试验，管网工程的试水、试压试验；喷泉工程试水等。

二、监理工程师的准备工作

园林建设项目实行监理工程的监理工程师，应做好以下竣工验收的准备工作：

（一）监理竣工验收的工作计划

监理工程师首先应提交验收计划，计划内容分竣工验收的准备、竣工验收、交接与收尾三个阶段的工作。每个阶段都应明确其时间、内容及标准的要求。该计划应事先征得建设单位、施工单位及设计等单位的意见，并达到一致。

1. 整理、汇集各种经济与技术资料

总监理工程师于项目正式验收前，指示其所属的各专业监理工程师，按照原有的分工，对各自负责管理监理监督的项目的技术资料进行一次认真的清理。大型的园林工程项目的施工期往往是 1－2 年或更长的时间，因此必须借助以往收集的资料，为监理工程师在竣工验收中提供有益的数据和情况，其中有些资料将用于对承接施工单位所编的竣工技术资料的复核、确认和办理合同责任，工程结算和工程移交。

2. 拟定竣工验收条件，验收依据和验收必备技术资料

拟定验收条件，验收依据和验收必备技术资料是监理单位必须要做的又一重要准备工作。监理单位应将上述内容拟定好后发给建设单位、施工单位、设计单位及现场的监理工程师。

（1）竣工验收条件

① 合同所规定的承包范围的各项工程内容均已完成。

② 各分部、分项及单位工程均已由承接施工单位进行了自检自验（隐蔽的工程已通过验收），且都符合设计和国家施工及验收规范及工程质量验评标准、合同条款的规范等。

③ 电力、上下水、通讯等管线等均与外线接通、联通试运行，并有相应的记录。

④ 竣工图已按有关规定如实地绘制，验收的资料已备齐，竣工技术档案按档案部门的要求进行整理。对于大型园林建设项目，为了尽快发挥园林建设成果的效益，也可分期、分批的组织验收，陆续交付使用。

（2）竣工验收的依据：列出竣工验收的依据，并进行对照检查。

(3) 竣工验收必备的技术资料：大中型园林建设工程进行正式验收时，往往是由验收委员会（验收小组）来验收。而验收委员会（验收小组）的成员经常要先进行中间验收或隐蔽工程验收等，以全面了解工程的建设情况。为此，监理工程师与承接施工单位主动配合验收委员会（验收小组）的工作，验收委员会（验收小组）对一些问题提出的质疑，应给予解答。需给验收委员会（验收小组）提供的技术资料主要有：

① 竣工图；

② 分项、分部工程检验评定的技术资料（如果是对一个完整的建设项目进行竣工验收，还应有单位工程竣工验收的技术资料）。

(4) 竣工验收的组织

一般园林建设工程项目多由建设单位邀请设计单位、质量监督及上级主管部门组成验收小组进行验收。工程质量由当地工程质量监督站核定质量等级。

第三节　竣工验收程序

一个园林工程项目的竣工验收，一般按以下程序进行：

一、竣工项目的预验收

竣工项目的预验收，是在施工单位完成自检自验并认为符合正式验收条件，在申报工程验收之后和正式验收之前的这段时间内进行的。委托监理的园林工程项目，总监理工程师即应组织其所有各专业监理工程师来完成。竣工预验收要吸收建设单位、设计、质量监督人员参加，而施工单位也必须派人配合竣工验收工作。

由于竣工预验收的时间长，又多是各方面派出的专业技术人员，因此对验收中发现的问题多在此时解决，为正式验收创造条件。为做好竣工预验收工作，总监理工程师要提出一个预验收方案，这个方案含预验收需要达到的目的和要求；预验收的重点；预验收的组织分工；预验收的主要方法和主要检测工具等，并向参加预验收的人员进行必要的培训，使其明确以上内容。

预验收工作大致可分为以下两大部分：

（一）竣工验收资料的审查

认真审查好技术资料，不仅是满足正式验收的需要，也是为工程档案资料的审查打下基础。

1. **技术资料主要审查的内容**

（1）工程项目的开工报告；

（2）工程项目的竣工报告；

（3）图纸会审及设计交底记录；

（4）设计变更通知单；

（5）技术变更核定单；

（6）工程质量事故调查和处理资料；

（7）水准点、定位测量记录；

（8）材料、设备、构件的质量合格证书；

（9）试验、检验报告；

（10）隐蔽工程记录；

（11）施工日志；

（12）竣工图（13）质量检验评定资料；

（14）工程竣工验收有关资料。

2. **技术资料审查方法**

（1）审阅。边看边查，把有不当的及遗漏或错误的地方记录下来，然后再对重点仔细审阅，作出正确判断，并与承接施工单位协商更正。

（2）校对。监理工程师将自己日常监理过程中所收集积累的数据、资料，与施工单位提交的资料一一校对，凡是不一致的地方都记载下来，然后再与承接施工单位商讨，如果仍然不能确定的地方，再与当地质量监督站及设计单位来佐证资料的核定。

（3）验证。若出现几个方面资料不一致而难一确定时，可重新测量实物予以验证。

（二）工程竣工的预验收

园林工程的竣工预验收，在某种意义上说，它比正式验收更为重要。因为正式验收时间短促不可能详细、全面地对工程项目一一查看，而主要依靠对工程项目的预验收来完成。因此所有参加预验收的人员均要以高度的责任感，并在可能的检查范围内，对工程数量、质量进行全面地确认，特别对那些重要部位和易于遗忘的都应分别登记造册，作为预验收的成果资料，提供给正式验收中的验收委员会参考和承接施工单位进行整改。

预验收主要进行以下几方面工作：

1. 组织与准备

参加预验收的监理工程师和其他人员，应按专业或区段分组，并指定负责人。验收检查前，先组织预验收人员熟悉有关验收资料，制定检查方案，并将检查项目的各子目及重点检查部位以表或图列示出来。同时准备好工具、记录、表格，以供检查中使用。

2. 组织预验收

检查中，分成若干专业小组进行，划定各自工作范围，以提高效率并可避免相互干扰。

园林建设工程的预验收，要全面检查各分项工程。检查方法有以下几种：

（1）直观检查。直观检查是一种定性的、客观的检查方法，采用手摸眼看的方式，需要有丰富经验和掌握标准熟练的人员才能胜任此工作。

（2）测量检查。对上述能实测实量的工程部位都应通过实测量获得真实数据。

（3）点数。对各种设施、器具、配件、栽植苗木都应一一点数、查清、记录，如有遗缺不足的或质量不符合要求的，都应通知承接施工单位补齐或更换。

（4）操纵动作。实际操作是对功能和性能检查的好办法，对一些水电设备、游乐设施等应起动检查。

（5）上述检查之后，各专业组长应向总监理工程师报告检查验收结果。如果查出的问题较多较大，则应指令施工单位限期整改并再次进行复验，如果存在的问题仅属一般性的，除通知承接施工单位抓紧整修外，总监理工程师即应编写预验报告一式三份，一份交施工单位供整改用；一份备正式验收时转交验收委员会；一份由监理单位自存。这份报告除文字论述外，还应附上全部预验检查的数据。与此同时，总监理工程师应填写竣工验收申请报告送项目建设单位。

二、正式竣工验收

正式竣工验收是由国家、地方政府、建设单位以及单位领导和专家参加的最终整体验收。大中型园林建设项目的正式验收，一般由竣工验收委员会（或验收小组）的主任（组长）主持，具体的事务性工作可由总监理工程师来组织实施。正式竣工验收的工作程序是：

（一）准备工作

（1）向各验收委员会单位发出请柬，并书面通知设计、施工及质量监督等有关单位。

（2）拟定竣工验收的工作议程，报验收委员会主任审定。

（3）选定会议地点。

（4）准备好一套完整的竣工和验收的报告及有关技术资料。

（二）正式竣工验收程序

（1）由各验收委员会主任主持验收委员会会议。会议首先宣布验收委员会名单，介绍验收工作议程及时间安排，简要介绍工程概况，说明此次竣工验收工作的目的、要求及做法。

（2）由设计单位汇报设计施工情况及对设计的自检情况。

（3）由施工单位汇报施工情况以及自检自验的结果情况。

（4）由监理工程师汇报工程监理的工作情况和预验收结果。

（5）在实施验收中，验收人员或先后对竣工验收技术资料及工程实物进行验收检查；也可分为两组，分别对竣工验收的技术资料及工程实物进行验收检查。在检查中可吸收监理单位、设计单位、质量监督人员参加。在广泛听取意见、认真讨论的基础上，统一提出竣工验收的结论意见，如无异议，则予以办理竣工验收证书和工程验收鉴定书。

（6）验收委员会主任或副主任宣布验收委员会的验收意见，举行竣工验收证书和鉴定书的签字仪式。

（7）建设单位代表发言。

（8）验收委员会会议结束。

三、工程质量验收方法

园林建设工程质量的验收是按工程合同规定的质量等级，遵循现行的质量评定标准，采用相应的手段对工程分阶段进行质量认可与评定。

（一）隐蔽工程验收

隐蔽工程是指那些在施工过程中上一工序的工作结束，被下一工序所掩盖，而无法进行复查的部位。例如种植坑、直埋电缆等管网。因此，对这些工程在下一工序施工以前，现场监理人员应按照设计要求、施工规范，采取必要的检查工具，对其进行检查验收。如果符合设计要求及施工规范规定，应及时签署隐蔽工程记录交承接施工单位归入技术资料；如不符合有关规定，应以书面形式告诉施工单位，令其处理，处理符合要求后再进行隐蔽工程验收与签证。

隐蔽工程验收通常是结合质量控制中技术复核、质量检查工作来进行，重要部位改变时可摄影以备查考。

隐蔽工程验收项目及内容以绿化工程为例包括：苗木的土球规格、根系状况、种植穴规格、施基肥的数量、种植土的处理等。

（二）分项工程验收

对于重要的分项工程，监理工程师应按照合同的质量要求，根据该分项工程施工的实际情况，参照质量评定标准进行验收。

在分项工程验收中，必须按有关验收规范选择检查点数，然后计算出基本项目和允许偏差项目的合格或优良的百分比，最后确定出该分项工程的质量等级，从而确定能否验收。

（三）分部工程验收

根据分项工程质量验收结论，参照分部工程质量标准，可得出该工程的质量等级，以便决定能否验收。

（四）单位工程竣工验收

通过对分项、分部工程质量等级的统计推断，再结合对质保资料的核查和单位工程质量观感评分，便可系统地对整个单位工程作出全面的综合评定，从而决定是否达到合同所要求的质量等级，进而决定能否验收。

第四节　园林工程项目的交接

园林工程的交接，一般主要包含工程移交和技术资料移交两大部分内容。

一、工程移交

一个园林工程项目虽然通过了竣工验收，并且有的工程还获得验收委员会的高度评价，但实际中往往是或多或少地还可能存在一些漏项以及工程质量方面的问题。因此监理工程师要与承接施工单位协商一个有关工程收尾的工作计划，以便确定正式办理移交。由于工程移交不能占用很长的时间，因而要求施工单位在办理移交工作中力求使建设单位的接管工作简便。当移交清点工作结束后，监理工程师签发工程竣工交接证书见表 13 - 1。签发的工程交接书一式三份，建设单位、承接施工单位、监理单位各一份。工程交接结束后，承接施工单位即应按照合同规定的时间抓紧完成对临建设施的拆除和施工人员及机械的撤离工作，并做到工完场地清。

二、技术资料的移交

园林建设工程的主要技术资料是工程档案的重要部分。因此在正式验收时就应提供完整的工程技术档案，由于工程技术档案有严格的要求，内容又很多，往往又不仅是承接施工单位一家的工作，所以常常只要求承接施工单位提供工程技术档案的核心部分，而整个工程档案的归整、装订则留在竣工验收结束后，由建设单位、承接施工单位和监理工程师共同来完成。在整理工程技术档案时，通常是建设单位与监理工程师将保存的资料交给承接施工单位来完成，最后交给监理工程师校对审阅，确认符合要求后，再由承接施工单位档案部门按要求装订成册，统一验收保存。此外，在整理档案时一定要注意份数备足，具体内容见表 13－1、表 13－2。

表 13－1 竣工移交证书

工程名称： 合同号： 监理单位：

致建设单位____________________： 兹证明____________________号竣工报验单所报工程 ____________________已按合同和监理工程师的指示完成，从 ____________________开始，该工程进入保修阶段。 附注：（工程缺陷和未完成工程） 监理工程师： 日期：
总监理工程师的意见： 签名： 日期

注：本表一式三份，建设单位、承接施工单位和监理单位各一份。

表 13－2　移交技术资料内容一览表

工程阶段	移交档案资料内容
项目准备 施工准备	1. 申请报告，批准文件 2. 有关建设项目的决议、批示及会议记录； 3. 可行性研究、方案论证资料； 4. 征用土地、拆迁、补偿等文件； 5. 工程地质（含水文、气象）勘察报告； 6. 概预算； 7. 承包合同、协议书、招投标文件； 8. 企业执照及规划、园林、消防、环保、劳动等部门审核文件。
项目施工	1. 开工报告； 2. 工程测量定位记录； 3. 图纸会审、技术交底； 4. 施工组织设计等； 5. 基础处理、基础工程施工文件；隐蔽工程验收记录； 6. 施工成本管理的有关资料； 7. 工程变更通知单，技术核定单及材料代用单； 8. 建筑材料、构件、设备质量保证单及进场试验单； 9. 栽植的植物材料名单、栽植地点及数量清单； 10. 各类植物材料已采取的养护措施及方法； 11. 假山等非标工程的养护措施及方法； 12. 古树名木的栽植地点、数量、已采取的保护措施； 13. 水、电、暖、气等管线及设备安装施工记录和检查记录； 14. 工程质量事故的调查报告及所采取措施的记录； 15. 分项、单项工程质量评定记录； 16. 项目工程质量检验评定及当地工程质量监督站核定的记录； 17. 其他（如施工日志）等； 18. 竣工验收申请报告。
竣工验收	1. 竣工项目的验收报告； 2. 竣工决算及审核文件； 3. 竣工验收的会议文件； 4. 竣工验收质量评价； 5. 工程建设的总结报告； 6. 工程建设中的照片、录像以及领导、名人的题词等； 7. 竣工图（含土建、设备、水、电、暖、绿化种植等）。

第五节 园林工程的回访、养护及保修保活

园林工程项目交付使用后，在一定期限内施工单位应到建设单位进行回访，对该项工程的相关内容实行养护管理和维修。对由于施工责任造成的使用问题，应由施工单位负责修理，直至达到能正常使用为止。

回访、养护及维修，体现了承包者对工程项目负责的态度和优质服务的作风，并在回访、养护及保修的同时，进一步发现施工中的薄弱环节，以便总结经验、提高施工技术和质量管理水平。

一、回访的组织与安排

在项目经理领导下，由生产、技术、质量及有关方面人员组成回访小组，必要时，邀请科研人员参加，回访时，由建设单位组织座谈会或听取会，听取各方面的使用意见，认真记录存在问题，并查看现场，落实情况，写出回访记录或回访记要。通常采用下面三种方式进行回访。

（一）季节性回访

一般是雨季回访屋面、墙面的防水情况，自然地面、铺装地面的排水组织情况，植物的生长情况；冬季回访植物材料的防寒措施搭建效果，池壁驳岸工程有无冻裂现象等。

（二）技术性回访

主要了解园林施工中所采用的新材料、新技术、新工艺、新设备的技术性能和使用后的效果；新引进的植物材料的生长状况等。

（三）保修期满前的回访

主要是保修期将结束，提醒建设单位注意各设施的维护、使用和管理，并对遗留问题进行处理。

（四）绿化工程的日常管理养护

保修期内对植物材料的浇水、修剪、施肥、打药、除虫、搭建风障、间苗、补植等等日常养护工作，应按施工规范，经常性地进行。

二、保修保活的范围和时间

（一）保修、保活范围

一般来讲，凡是园林施工单位的责任或者由于施工质量不良而造成的问题，都应该实行保修。

（二）养护保修保活时间

自竣工验收完毕次日起，绿化工程一般为一年，由于竣工当时不一定能看出栽植的植物材料的成活，需要经过一个完整的生长期的考验，因而一年是最短的期限。土建工程和水、电、卫生和通风等工程，一般保修期为一年，采暖工程为一个采暖期。保修期长短也可依据承包合同为准。

三、经济责任

园林工程一般比较复杂，修理项目往往由多种原因造成，所以，经济责任必须根据修理项目的性质、内容和修理原因诸多因素，由建设单位、施工单位和监理工程师共同协商处理。一般分为以下几种：

（1）养护、修理项目确实由于施工单位施工责任或施工质量不良遗留的隐患，应由施工单位承担全部检修费用。

（2）养护、修理项目是由建设单位和施工单位双方的责任造成的，双方应实事求是地共同商定各自承担的修理费用。

（3）养护、修理项目是由于建设单位的设备、材料、成品、半成品等的不良等原因造成的，应由建设单位承担全部修理费用。

（4）养护、修理项目是由于用户管理使用不当，造成建筑物、构筑物等功能不良或苗木损伤死亡时，应由建设单位承担全部修理费用。

四、养护、保修、保活期阶段的管理

实行监理工程的监理工程师在养护、保修期内的监理内容，主要检查工程状况、鉴定质量责任、督促和监督养护、保修工作。

养护保修期内监理工作的依据是有关建设法规、有关合同条款（工程承包合同及承包施工单位提供的养护、保修证书）。如有些非标施工项目，则可以合同方法与承接单位协商解决。

（一）保修、保活期内的监理方法

1. 工程状况的检查

（1）定期检查：当园林建设项目投入使用后，开始时每旬或每月检查 1 次，如 3 个月后未发现异常情况，则可每 3 个月检查 1 次，。如有异常情况出现时则缩短检查的间隔时间。当经受暴雨、台风、地震、严寒后，监理工程师应及时赶赴现场进行观察和检查。

（2）检查的方法：检查的方法有访问调查法、目测观察法、仪器测量法 3 种，每次检查不论使用什么方法都要详细记录。

（3）检查的重点：园林建设工程状况的检查的重点应是主要建筑物、构筑物的结构质量，水池、假山等工程是否有不安全因素出现。在检查中要对结构的一些重要部位、构件重点观察检查，对已进行加固的部位更要进行重点观察检查。

（二）养护、保修、保活工作

养护、保修工作主要内容是对质量缺陷的处理，以保证新建园林项目能以最佳状态面向社会，发挥其社会、环保及经济效益。监理工程师的责任是督促完成养护、保修的项目，确认养护、保修质量。各类质量缺陷的处理方案，一般由责任方提出、监理工程师审定执行。如责任方为建设单位时，则由监理工程师代拟，征求实施的单位同意后执行。

（三）养护、保修、保活工作的结束

监理单位的养护、保修责任为 1 年，在结束养护保修期时，监理单位应做好以下工作：

（1）将养护、保修期内发生的质量缺陷的所有技术资料归类整理。

（2）将所有期满的合同书及养护、保修书归整之后交还给建设单位。

（3）协助建设单位办理养护、维修费用的结算工作。

（4）召集建设单位、设计单位、承接施工单位联席会议，宣布养护、保修期结束。

思考练习题：

1. 园林工程竣工验收的依据和标准是什么？
2. 园林工程竣工验收时整理工程档案应汇总哪些资料？
3. 园林工程竣工验收应检查哪些内容？
4. 编制竣工图的依据及内容要求有哪些？
5. 竣工验收对技术资料的主要审查内容有哪些？

6. 正式竣工验收的准备工作和验收程序是什么？
7. 竣工验收时对工程质量如何验收？
8. 园林工程项目的交接包括哪几方面内容？技术资料移交的内容有哪些？
9. 谈谈养护、保修、保活期阶段的管理。

附录一

投标书模式

××省建设工程施工投标书

建设项目名称：
投标单位联系人：
投标单位电话：
投标单位邮编：

投 标 单 位：（公章）
法定代表人：（印鉴）

年 月 日

一、综合说明

二、标价

工程结构类型：　　　　　　　　　　建筑面积：

单位工程名称		项目直接费（元）	综合间接费（元）	材料差价（元）	营业税（元）	造价合计（元）	经济指标（元）
投标报价							
人工土方							
机械土方							
土建							
给排水	项目费						
	主材费						
采暖	项目费						
	主材费						
电气	项目费						
	主材费						
通风	项目费						
	主材费						
通讯	项目费						
	主材费						
共用天线	项目费						
	主材费						
煤气管道	项目费						
	主材费						
预算价总合价							
说明							

三、投标主材数量及差价

材料名称	规格	单位	数量	预算单价（元）	市场单价（元）	单价差价（元）	差价合计（元）

四、工期和质量

工程项目	工程量（M）	工程类别	国家定额工期（天）	投标合同工期（天）	质量等级

五、对招标文件及合同主要条款的承诺及补充意见

六、保证工期、质量、安全的主要技术、组织措施

七、上年度企业实绩（主要包括取得的优良工程、守合同重信誉和先进施工企业等，并附证件复印件）

八、工程开、竣工日期

九、主要工程施工方法、技术组织措施和形象进度

十、选用的主要施工机械

注：1. 投标书应附详细的施工图预算书。

2. 投标书所有内容均不得涂改，确需涂改时，涂改处需加盖法定代表人或委托人的印鉴，否则无效。

3. 上述表内写不下的内容可另附页。

附录二

园林建设工程施工招标文件

园林建设工程施工招标实例

一、招标邀请书

××公司：

××公园工程由××市××区人民政府投资兴建。工程建设前期准备工作已经完成，施工现场四通一清，建设资金已经落实，施工图设计已全部完成，具备工程施工招标条件。为加快建设速度，确保工程质量，本工程现采取邀请招标方式，择优聘请施工单位。

工程简要情况如下：

1. 工程概况　××公园位于××市××区××路，为居住区级公园，由××园林工程设计所设计，总建面积 67991m^2。公园用地平衡表见招标文件之“图纸”部分；工程地质勘察报告和土壤检测报告及该市气象、水文条件等资料见招标文件之“参考资料”部分。

2. 工程内容　依据设计图纸，本招标工程内容包括××公园建设工程的：

（1）土山及整理地形工程

（2）假山工程

（3）给排水及喷灌工程

（4）供电及照明工程

（5）水池及暗池工程

（6）喷泉工程

（7）铺装广场及园路工程

（8）园林小品及设施工程

（9）管理房及公厕工程（单层砖混结构）

（10）仿古亭工程

（11）绿化工程

3. 工程承包及结算方式　本工程采取包工包料的承包制，中标后另行签订发包合同；按中标价一次包死。对于建设过程中发生的设计变更，根据增减数量按实际调整。在合同履行期内，如遇国家统一调整预算定额和材料价格时，承包单位按文件规定及时交发包单位签证后双方按规定执行。

4. 材料供应　工程所有建筑材料、绿化材料等由承包单位自行组织采购、加工订货。

5. 工期　本工程从××年××月整理地形工程开工日起，按日历天计算，工期不超过12个月。

6. 工程质量　本工程严格按我国现行施工验收规范和质量评定标准检查验收。全部工程质量合格，中心广场铺装、水池、暗池及喷泉工程质量要求达到优良。

7. 请贵公司接到邀请书后，前往________购买招标文件（________元/套）。

8. 所有投标书必须于______年______月______日______时之前送达下列地址：____________，并必须同时交纳数量为2%投标价的投标保证金。

9. 开标仪式定于______年______月______时在下列地点举行：__________，投标人可派代表出席。

××单位（盖章）

年　　月　　日

二、投标须知

1. 招标时间表：

（1）发售招标文件：日期____时间：____地址：__________

（2）标前会：日期____时间：____地址：__________

（3）现场考察：日期____时间：____地址：__________

（4）投标截止：日期____时间：____地址：__________

（5）开标：日期____时间：____地址：__________

2. 投标保证金金额：____2%____投标价。

3. 预付款百分比：___2%___合同价。
4. 废标条件：
（1）标书未密封；
（2）无单位和法定代表人或其指定代理的印鉴；
（3）未按规定的格式填写标书，内容不全或字迹模糊、辨认不清；
（4）标书逾期送达；
（5）投票单位未参加开标会议。

三、合同条件

参见《建设工程施工合同条件》，此处从略。

四、技术规范

本项工程采用施工技术标准、规范和验评标准为：
1. 施工现场临时用电安全技术规范（JGJ46－88）
2. 建设工程施工现场供用电安全规范（GB50194－93）
3. 土方与爆破工程施工及验收规范（GBJ201－83）
4. 建筑安装工程质量检验评定统一标准（GBJ300－88）
5. 建筑工程质量检验评定标准（GBJ301－88）
6. 建筑机械使用安全技术规程（JGJ33－86）
7. 建筑工程冬期施工规程（JGJ104－97）
8. 建筑基坑支护技术规程（JGJ120－99）
9. 建筑施工安全检查标准（JGJ59－99）
10. 地基与基础工程施工及验收规范（GBJ202－83）
11. 建筑地基处理技术规范（JGJ79－91）
12. 建筑桩基技术规范（JGJ94－94）
13. 混凝土及预制混凝土构件质量控制规程（CECS40－92）
14. 砌体工程施工及验收规范（GB50203－98）
15. 屋面工程技术规范（GB50207－94）
16. 预制混凝土构件质量检验评定标准（GBJ321－90）
17. 钢筋焊接接头试验方法（JGJ27－86）
18. 混凝土质量控制标准（GB50164－92）

19. 混凝土强度检验评定标准（GBJ107－87）
20、普通混凝土用砂质量标准及检验方法（JGJ52－92）
21. 普通混凝土用碎石或卵石质量标准及检验方法（JGJ53－92）
22. 地下工程防水技术规范（GBJ108－87）
23. 混凝土强度检验评定标准（GBJ107－87）
24. 砖石工程施工及验收规范（GBJ203－83）
25. 古建筑修建工程质量检验评定标准（南方地区）（CJJ70－90）
26. 古建筑修建工程质量检验评定标准（北方地区）（CJJ39－91）
27. 木结构工程施工及验收规范（GBJ206－83）
28. 混凝土结构工程施工及验收规范（GB50204－92）
29. 柔毡屋面防水工程技术规程（CECS29－91）
30、防水卷材屋面工程质量标准及验收暂行规定（HBJ7－85LYX－603）
31. 采暖与卫生工程施工及验收规范（GBJ242－82）
32. 建筑采暖卫生与煤气工程质量检验评定标准（GBJ302－88）
33. 电气装置安装工程电缆线路施工及验收规范（GB50168－92）
34. 电气装置安装工程接地装置施工及验收规范（GB50169－92）
35. 电气装置安装工程盘、柜及二次回路结线施工及验收规范（GB50171－92）
36. 电气装置安装工程母线装置施工及验收规范（GBJ149－90）
37. 电气装置安装工程低压电器施工及验收规范（GB50254－96）
38. 电气装置安装工程 1kV 及以下配线工程及验收规范（GB50258－96）
39. 电气装置安装工程电气照明装置施工及验收规范（GB50259－96）
40、建筑电气安装工程质量检验评定标准（GBJ303－88）
41. 建筑装饰工程施工及验收规范（JGJ73－91）
42. 城市绿化工程施工及验收规范（CJJ/T82－99）
43. 联锁型路面砖路面施工及验收规程（CJJ79－98）

五、铺助资料

主要施工设备表

设备名称	型号	数量	制造时间	拥有或租用	功率	备注

主要人员表

人员名称	资格经历及现任职业和职务综述
办事处人员： 合伙人/主任 其他主要人员	
现场人员： 现场经理 副经理 部门主管工程师 施工监督员 其他主要人员	

分包人员表

分包项目名称	工程类别	估算值	分包人名称、地址	以往做过的类似工程经历

工程形象进度表

工程编号	1月	2月	3月	4月	5月	6月	7月	8月	9月	10月	11月	12月	…

六、工程量清单

1. 说明

（1）本工程量清单应与投标须知、合同条件、技术规范及图纸同时使用。

（2）工程量清单列明的数量是根据设计图纸计算的。支付以设计图和接监理工程师指示完成的实际数量为依据。

（3）有标价的工程量清单中的单价与费用，应包括所有的材料费、设备费、人工费。劳务费、监理费、管理费、临时工程、安装费、维护费、所有税款、利润以及合同明示或暗示的所有一般风险、责任和义务等的费用。

（4）有标价的工程量清单中的每一项目须填入单价或费用。承包人没有填写单价或费用的项目，其费用视为已分配在相关工程项目的单价与费用之中。

（5）有标价的工程量清单所列各项目中，应计入符合合同条件规定的全部费用。未列项目其费用应视为已分配在相关工程项目的单价与费用之中。

2. 工程量清单包含下列各工程量分表

清单表1：土山及整理地形工程

清单表2：假山工程

清单表3：给排水及喷灌工程

清单表4：供电及照明工程

清单表5：水池及暗地工程

清单表6：喷泉工程

清单表7：铺装广场、园路工程

清单表8：园林小品及设施工程

清单表9：管理房及公厕工程

清单表10：仿古亭工程

清单表11：绿化工程

工程量清单汇总表

清单表1　土山及整理地形工程量表

编号	项目名称	简要说明	计量单位	工程数量	单价（元）	总价（元）
1	土山及整理地形工程	堆土经碾压后达到设计的标高和坡度要求；土质要求见设计说明	m^3	42000		
合计金额：						

清单表2　假山工程量表

编号	项目名称	简要说明	计量单位	工程数量	单价（元）	总价（元）
1	假山工程	石材为花岗石	吨	1127		
合计金额：						

清单表3　给排水及喷灌工程量表

编号	项目名称	简要说明	计量单位	工程数量	单价（元）	总价（元）
1	给排水及喷灌管线	埋深1m	m	3150		
2	喷灌喷头	伸缩式	个	125		

（续）

编号	项目名称	简要说明	计量单位	工程数量	单价（元）	总价（元）
3	排水井		座	1		
4	防冬给水井		座	12		
合计金额：						

清单表 4　供电及照明工程量表

编号	项目名称	简要说明	计量单位	工程数量	单价（元）	总价（元）
1	电缆敷设	6mm^2 内	m	4470		
2	电缆敷设	16mm^2 内	m	60		
3	配电箱		台	6		
4	庭院灯		盏	62		
5	射灯		盏	2		
6	草坪灯		盏	37		
7	地灯		盏	48		
合计金额：						

清单表 5　水池及暗池工程量表

编号	项目名称	简要说明	计量单位	工程数量	单价（元）	总价（元）
1	水池（池底、池壁贴广场砖		m^2	2033.8		
2	水池（池底铺砌卵石		m^2	296.5		
3	喷泉暗池		m^2	21		
合计金额：						

清单表 6　喷泉工程量表

编号	项目名称	简要说明	计量单位	工程数量	单价（元）	总价（元）
1P	管道土方		m	292		
2	喷泉全套设备安装及调试	管线、喷头型号见设计	套	1		
3	水处理（净化）设备	处理能力见设计说明	套	1		
合计金额：						

清单表7　铺装广场、园路工程量表

编号	项目名称	简要说明	计量单位	工程数量	单价（元）	总价（元）
1	广场砖路面		m^2	2336		
2	花岗岩路面		m^2	655		
3	水刷豆石路面		m^2	2467		
4	混凝土砖路面		m^2	11028		
5	青石板路面		m^2	470		
6	混凝土道牙		m	1947		
合计金额：						

清单表8　园林小品及设施工程量表

编号	项目名称	简要说明	计量单位	工程数量	单价（元）	总价（元）
1	汀步	花岗岩剁斧面	m^2	62.55		
2	挡墙、花池坐凳	花岗岩砌筑	m^2	530		
3	装饰石球		个	12		
4	景墙		座	1		
5	步桥		座	1		
6	儿童游戏设施		套	2		
7	树池覆盖铸铁格栅		个	75		
8	路椅		个	20		
9	果皮箱		个	15		
10	公用电话亭		座	2		
合计金额：						

清单表9　管理房及公厕工程量表

编号	项目名称	简要说明	计量单位	工程数量	单价（元）	总价（元）
1	管理房及公厕工程		m^2	339		
2	化粪池		座	1		
合计金额：						

清单表 10　仿古亭工程量表

编号	项目名称	简要说明	计量单位	工程数量	单价（元）	总价（元）
1	仿古亭工程		座	1		
合计金额：						

清单表 11　绿化工程量表

编号	项目名称	简要说明	计量单位	工程数量	单价（元）	总价（元）
1	油松高 3～3.5m		株	33		
2	白皮松高 3－3.5m		株	26		
3	桧柏高 3～3.5m		株	70		
4	华山松高 3～3.5m		株	24		
5	云杉高 3～3.5m		株	19		
6	银杏胸径 7～8cm		株	92		
7	小叶白蜡胸径 7～8cm		株	135		
8	毛白杨胸径 7～8cm		株	56		
9	栾树胸径 6～7cm		株	53		
10	臭椿胸径 7～8cm		株	12		
11	法桐胸径 7～8cm		株	57		
12	馒头柳胸径 7～8cm		株	23		
13	国槐胸径 7～8cm		株	53		
14	元宝枫胸径 6～7cm		株	18		
15	合欢胸径 6～7cm		株	28		
16	玉兰胸径 7～8cm		株	53		
17	樱花胸径 5～6cm		株	33		
18	紫叶李胸径 4～5cm		株	6		
19	柿子胸径 5～6cm		株	3		
20	太平花高 1.2～1.5m		株	12		
21	棣棠高 1.2～1.5m		株	21		
22	碧桃高 1.2～1.5m		株	23		
23	连翘高 1.2～1.5m		株	19		
24	丁香高 1.2～1.5m		株	26		
25	紫薇高 1.5～1.8m		株	13		
26	天目琼花高 1.2～1.5m		株	12		
27	红叶小檗高 0.8～1m		株	35		
28	迎春 4 年生		株	41		

（续）

编号	项目名称	简要说明	计量单位	工程数量	单价（元）	总价（元）
29	牡丹 5 年生		株	792		
30	芍药 5 年生		株	792		
31	鸢尾 4 芽		株	1408		
32	大花萱草 4 芽		株	1408		
33	宿根福禄椤 4 年生		株	1408		
34	北京小菊 4 年生		株	1408		
35	金焰绣线菊 4 年生		株	1408		
36	金山绣线菊 4 年生		株	1408		
37	冷季型草		m^2	45383		
合计金额：						

工程量清单汇总表

序号	项 目 名 称	金额（元）	备　注
1	土山及整理地形工程		
2	假山工程		
3	给排水及喷灌工程		
4	供电及照明工程		
5	水池及暗池工程		
6	喷泉工程		
7	铺装广场、园路工程		
8	园林小品及设施工程		
9	管理房及公厕工程		
10	仿古亭工程		
11	绿化工程		
合计金额：			
投标总价：			

七、设计图纸及技术说明书（部分图纸见附图 1 至附图 4，其余图纸略）

八、参考资料（略）

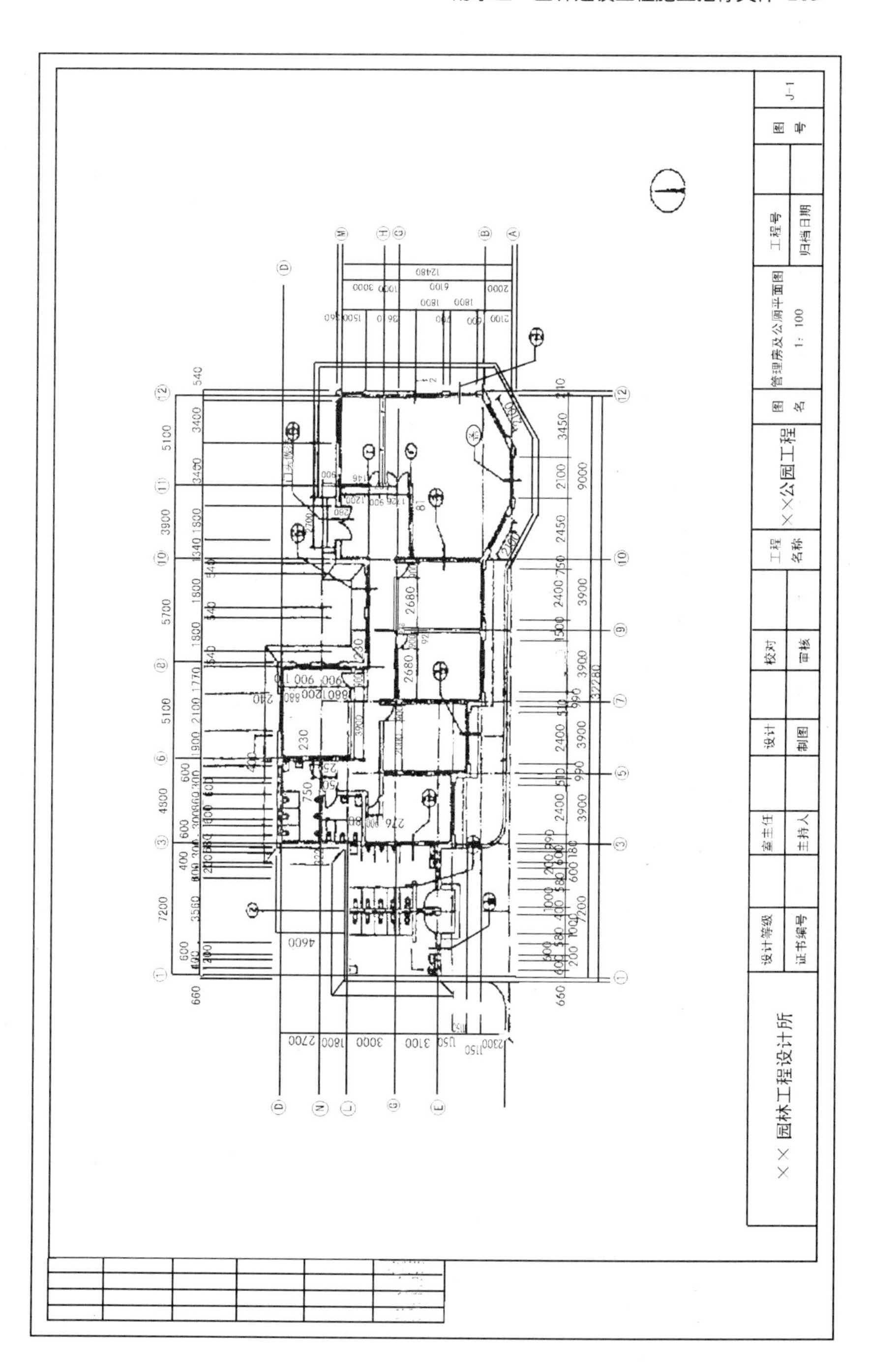

图号
J-1
工程号
归档日期
图名
管理房及公厕平面图
1：100
工程名称
××公园工程
校对
审核
设计
制图
室主任
主持人
设计等级
证书编号
××园林工程设计所

附图 1

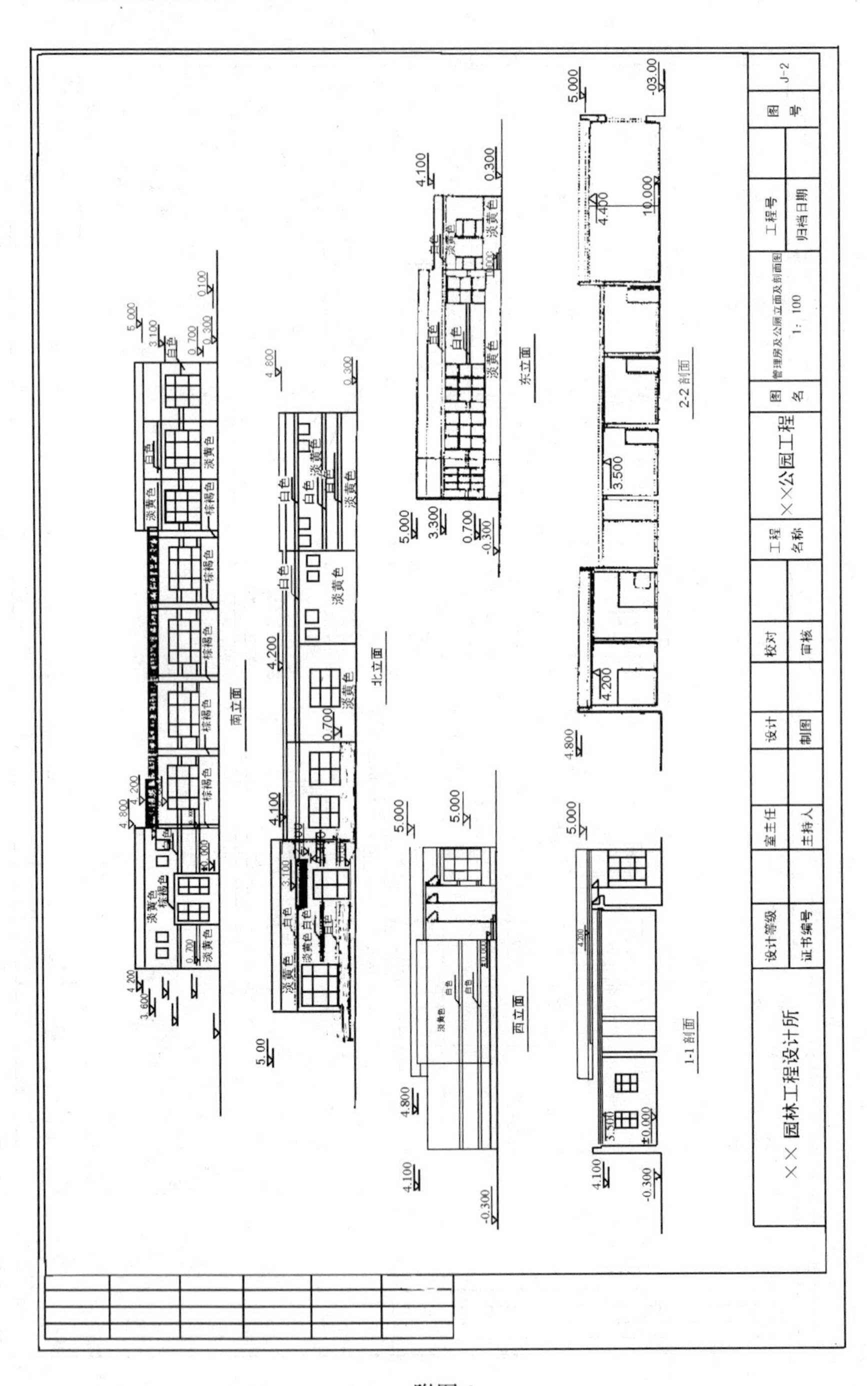
南立面
北立面
东立面
西立面
1-1剖面
2-2剖面
××园林工程设计所
设计等级
证书编号
室主任
主持人
设计
制图
校对
审核
工程名称
××公园工程
图名
管理房及公厕立面及剖面图
1：100
工程号
归档日期
图号
J-2

附图 2

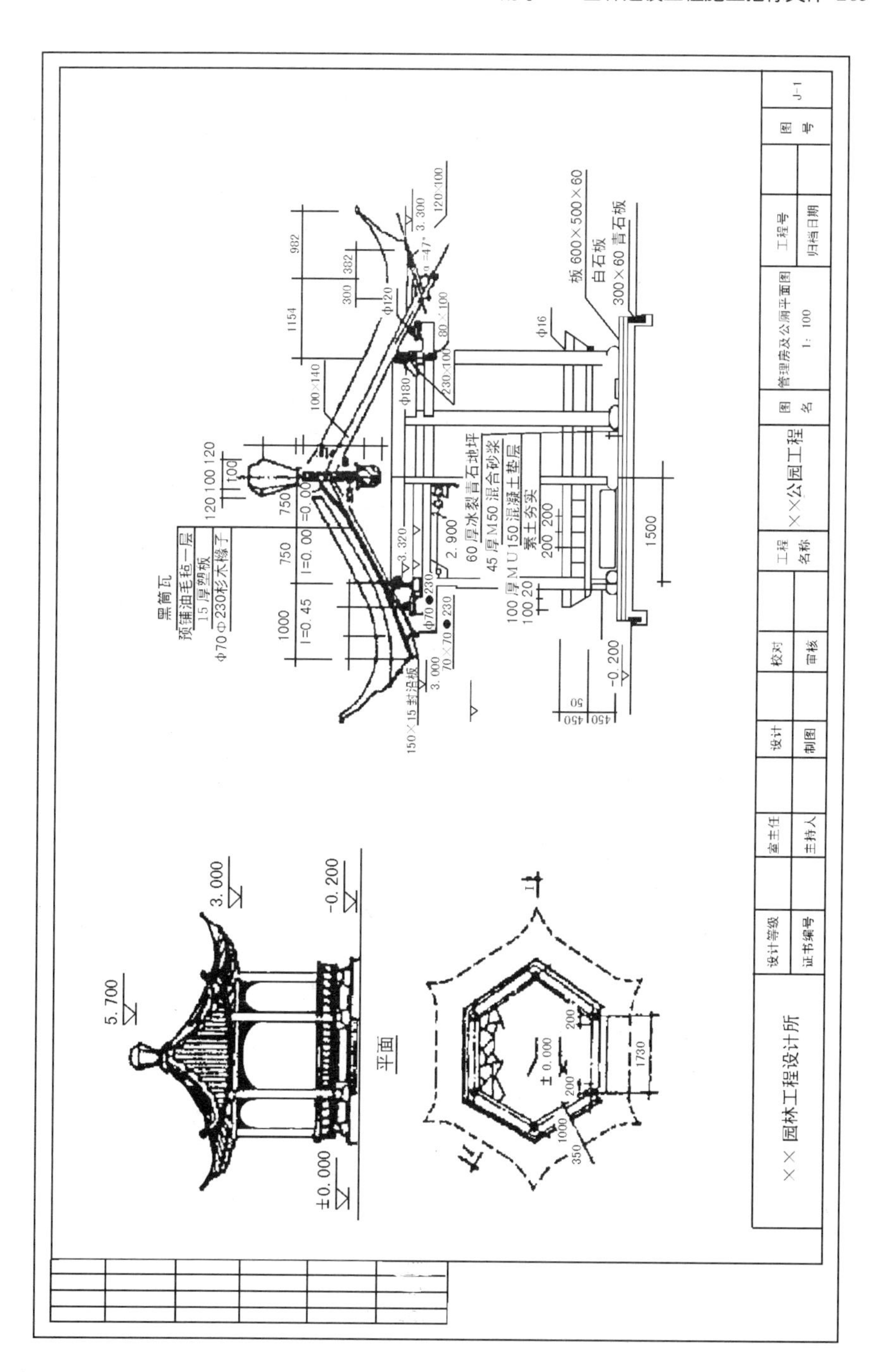
××园林工程设计所
××公园工程
管理房及公厕平面图
1：100
J-1
平面
黑筒瓦
预铺油毛毡一层
15厚望板
Φ70Φ230杉木椽子
60厚冰裂青石地坪
45厚M50混合砂浆
150混凝土垫层
素土夯实
白石板
300×60青石板
150×15封沿板

附图 3

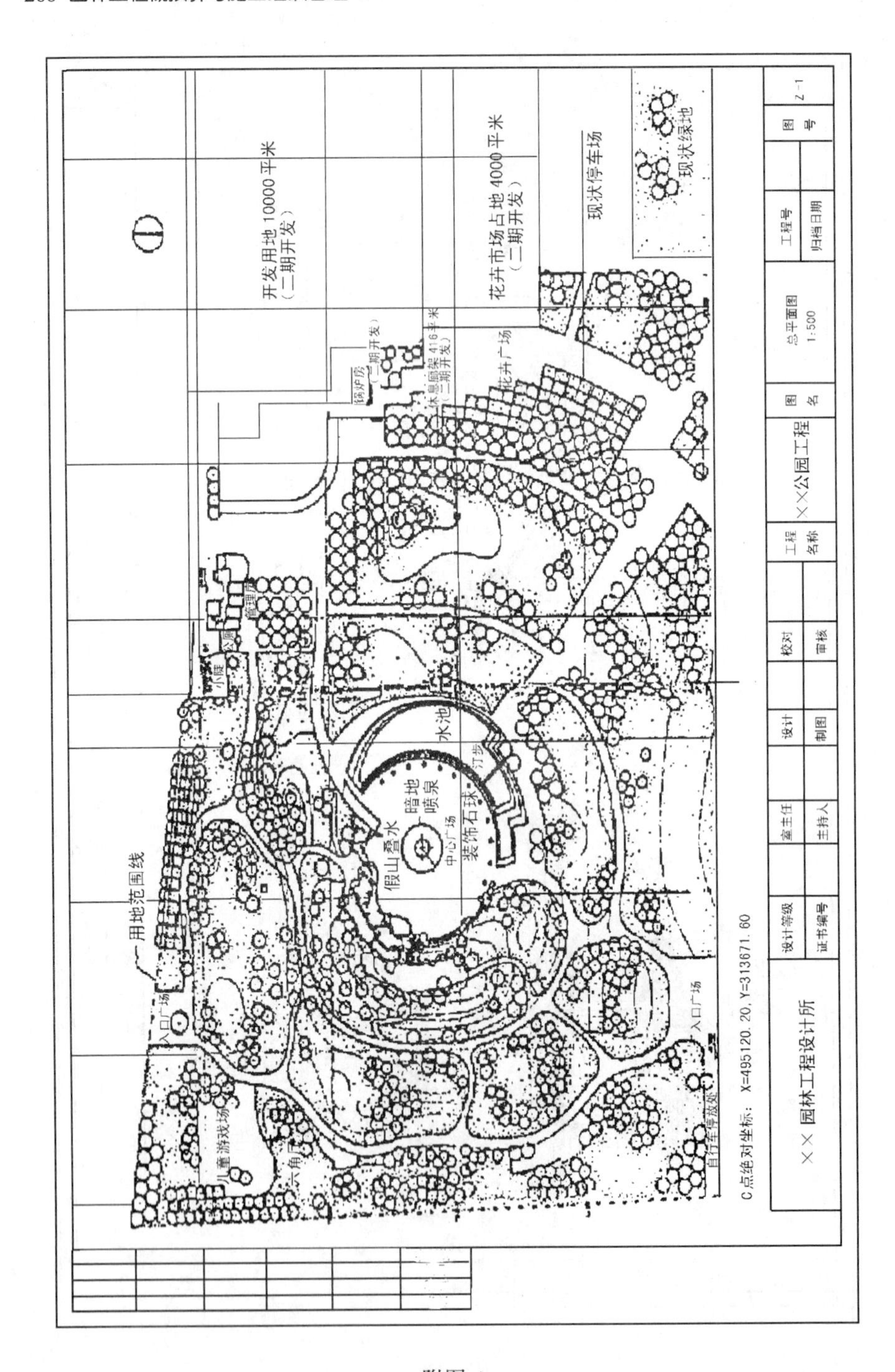
开发用地10000平米
（二期开发）
花卉市场占地4000平米
（二期开发）
现状停车场
现状绿地
锅炉房
（二期开发）
休息廊架416平米
（二期开发）
花卉广场
管理房
公厕
小卖
用地范围线
假山叠水
暗地喷泉
中心广场
装饰石球
水池
汀步
入口广场
入口广场
儿童游戏场
六角亭
自行车停放处
C点绝对坐标：X=495120.20，Y=313671.60
××园林工程设计所
设计等级
证书编号
室主任
主持人
设计
制图
校对
审核
工程名称
××公园工程
图名
总平面图
1:500
工程号
归档日期
图号
Z-1

附图 4

附录三

园林建设工程施工合同范例

某市秦龙小区小游园施工合同

建设单位（以下简称甲方）：××市××房地产有限责任公司

施工单位（以下简称乙方）：××市园林工程公司

根据“中华人民共和国经济合同法”和“建筑安装工程合同条例”等有关规定，为明确双方在施工过程中的权利、义务和经济责任，经双方协商同意签订本合同。

第一条　工程概况

1. 工程名称：秦龙小区小游园绿地工程。

2. 工程地点：××大街秦龙小区内。

3. 施工范围：绿地面积0.65hm^2。主要包括栽植工程、亭廊（含花架）工程、喷泉水景工程、置石工程、铺路工程、小品工程、不锈钢围栏工程及灯饰工程。

第二条　工程造价及承包方式

1. 工程造价：经双方确定本工程造价为人民币28万元。

2. 承包方式：采用大包干、即包工、包料、包工期。在承包范围内如遇材料变动，承包总价不变。

如因设计变更或甲方主观变动而引起工程量变化的，变更范围内费用由甲方负责。工程所需交纳的税金已含在工程造造价内，由乙方交纳。

第三条　工程质量

1. 乙方按施工图和设计技术说明书、并根据国家有关的绿地工程施工验收规范要求进行施工，保证工程质量。

2. 乙方应对全部现场操作、施工方法、措施的可靠性、安全性负完全责任。现场设专职质量、安全检查员，建立自检制度，做好自检记录。

3. 乙方所使用材料、设备及施工工艺应符合设计要求。

第四条　工期

1. 工期为3个月。开工期为20××年×月×日。

2. 如遇以下情况者，工期相应顺延。

(1) 开工前甲方不能按时交出同施工场地，清理障碍，接通水电。

(2) 甲方原因或设计变更。

第五条　甲方责任

1. 向有关部门报建，申领开工执照。

2. 做好工程范围内三通一平，清除影响施工的障碍物。

3. 合同签定后，按要求提交技术资料，包括施工图三套、工程总平面图二套

4. 组织设计单位施工图交底会审，提供测量基线、水准基点。

5. 委派现场工地代表，加强与乙方的联系，负责质量检查和监督，处理设计施工技术等问题。

6. 按规定对主要工序进行中间检查验收。

7. 按合同规定向乙方支付费用

(1) 合同签立生效后三天内预付工程备料款，按总工程造价的20%核对，合人民币5.6万元。预付款的折扣办法为工程完成50%时开始折扣，且于竣工前全部扣清。

(2) 工程进度款分三次支付，第一次在施工至第25天，按总造价25%支付，计7万元；第二次在工程完成85%时，按总造价55%支付（含备料款），计15.40万元；其余待工程全部正式验收签证后在保养期内分二次支付，竣工时支付造价的15%，保养期满，甲乙双方验收后一次结清。

第六条　乙方责任

1. 按图纸要求，做好施工总平面布置，编制施工组织设计及总进度计划，提交甲方三份。及时配备机具、材料、组织技术力量和劳动力。

2. 按施工图规范，保质、保量、保工期，保安全完成施工任务。验收签定后三个月为绿化种植保养期，六个月为园林建筑小品保养期。在保养期内出现质量问题，由乙方负责。

3. 指定工程负责人，按规定处理技术、质量、安全等一切有关问题。

4. 负责本工程现场的保卫工作及劳动保护。

5. 按规定向甲方提供工程进度表。

第七条　竣工验收

1. 竣工验收按国家规定程序办理。乙方在工程全部竣工前5天和甲方先进行预验收，符合质量标准，经甲方同意，乙方正式交竣工报告。

2. 甲、乙双方一切的工程报告、进度计划、工期统计月报、施工会签等文件，需交甲方一式三份。

3. 工程已具备了竣工验收条件，甲方不能按期予以验收和接管，其看管

维护费由甲方负责。

4. 在验收中发现质量不符合合同要求或剩余部分尾工时，乙方要按质检规定的时间内完成。如不能按规定时间完成影响使用，甲方扣留 5% 的工程款。

第八条　奖惩规定

1. 工期奖：按照国家绿地建设评定标准，工程质量优良，工期每提前一天，甲方奖给乙方工期奖每天 500 元，工期奖最高奖不超过人民币 5000 元。

2. 罚款：乙方工期每延误一天，罚款 500 元，罚款最高额不超过人民币 5000 元。

3. 乙方在保证工程质量和不降低设计标准的前提下，提出修改设计的合理化建议，经甲方和设计单位同意，其节约价值，甲、乙双方各得 50%。乙方采用新技术、新材料、新工艺等措施，节约的资金全部归乙方所有。

第九条　附则

1. 本合同经法律公正，由公证处监督执行。

2. 本合同如有未尽事宜，经协商可由甲乙双方签定附则规定，共同遵守。如单方面不履行本合同造成对方损失，则由责任方承担。

3. 执行合同中如有意见分歧，应协商解决，如不达不成统一意见，则申请仲裁机关仲裁。

4. 本合同一式十份，具有同等法律效力。甲方执三份，乙方执七份，分别报送相关部门。

5. 本合同自双方正式签字后生效，至工程竣工验收，工程造价款结清后失效。

甲方（盖章）　　　　　　乙方（盖章）

甲方代表（签字）　　　　乙方代表（签字）

本工程代表（签字）　　　本工程代表（签字）

年　月　日　　　　　　　年　月　日

公证机关（盖章）

公证意见：

公证经办人

年　月　日

附录四

园林建设工程施工组织设计实例

某游船码头、茶室的施工组织设计

具体说明某游船码头、茶室的施工组织设计。

（一）工程概况

本工程位于北京市某公园内，游船码头除出租游船外还没有 300m² 的茶室，建筑为一层，总高 5.3m，现场地势坡度 15%，一边临水（图 1 至图 4）。

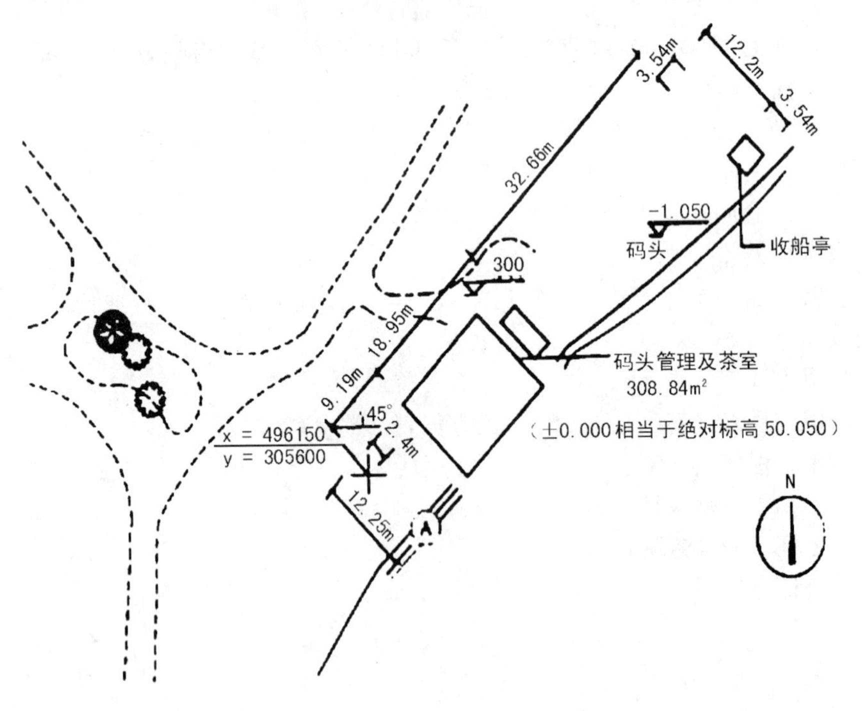

图 1　总平面

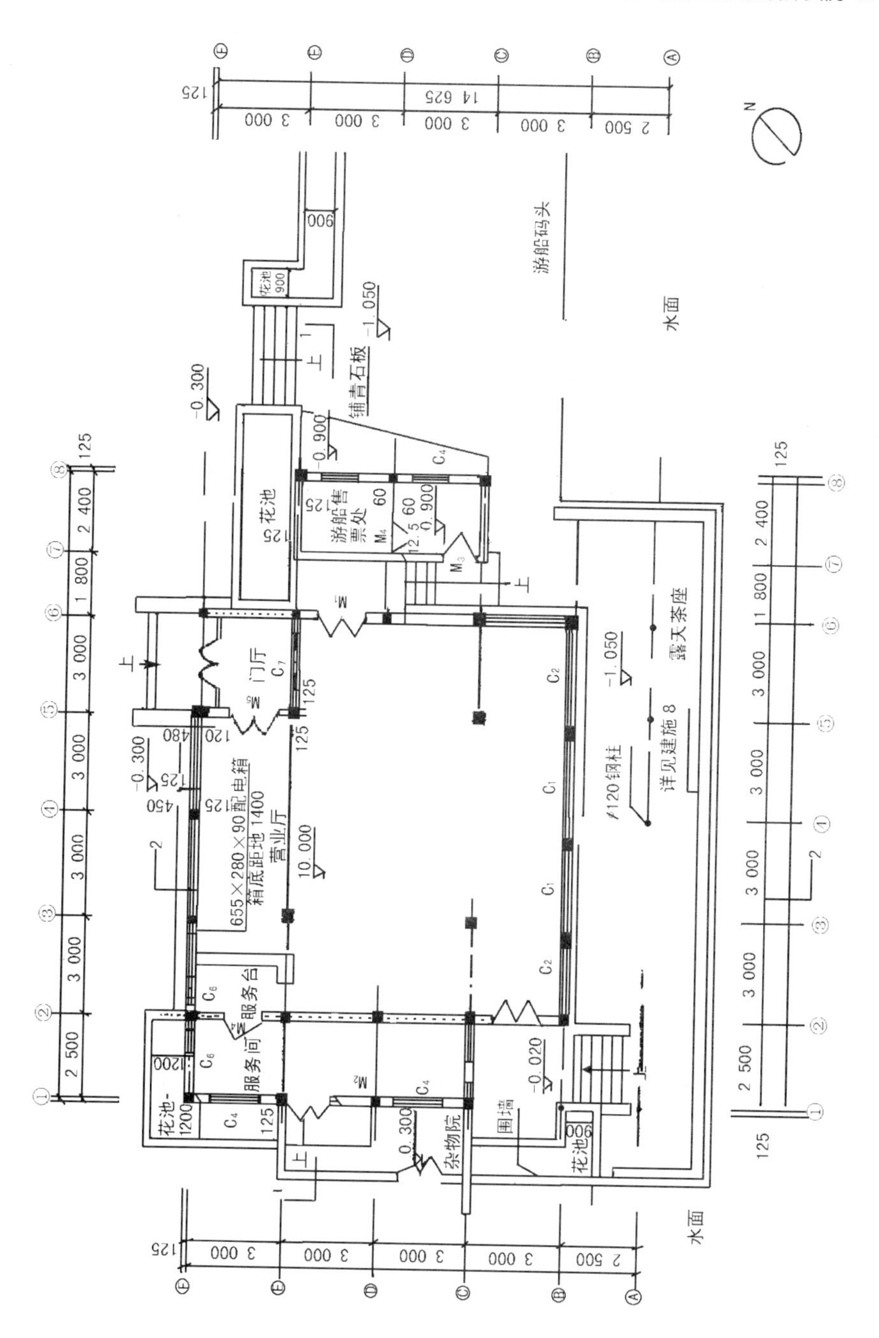
游船码头
水面
铺青石板
花池
游船售票处
门厅
营业厅
655×280×90配电箱
箱底距地1400
服务台
服务间
杂物院
围墙
露天茶座
ϕ120钢柱
详见建施8
水面

图2 平面图

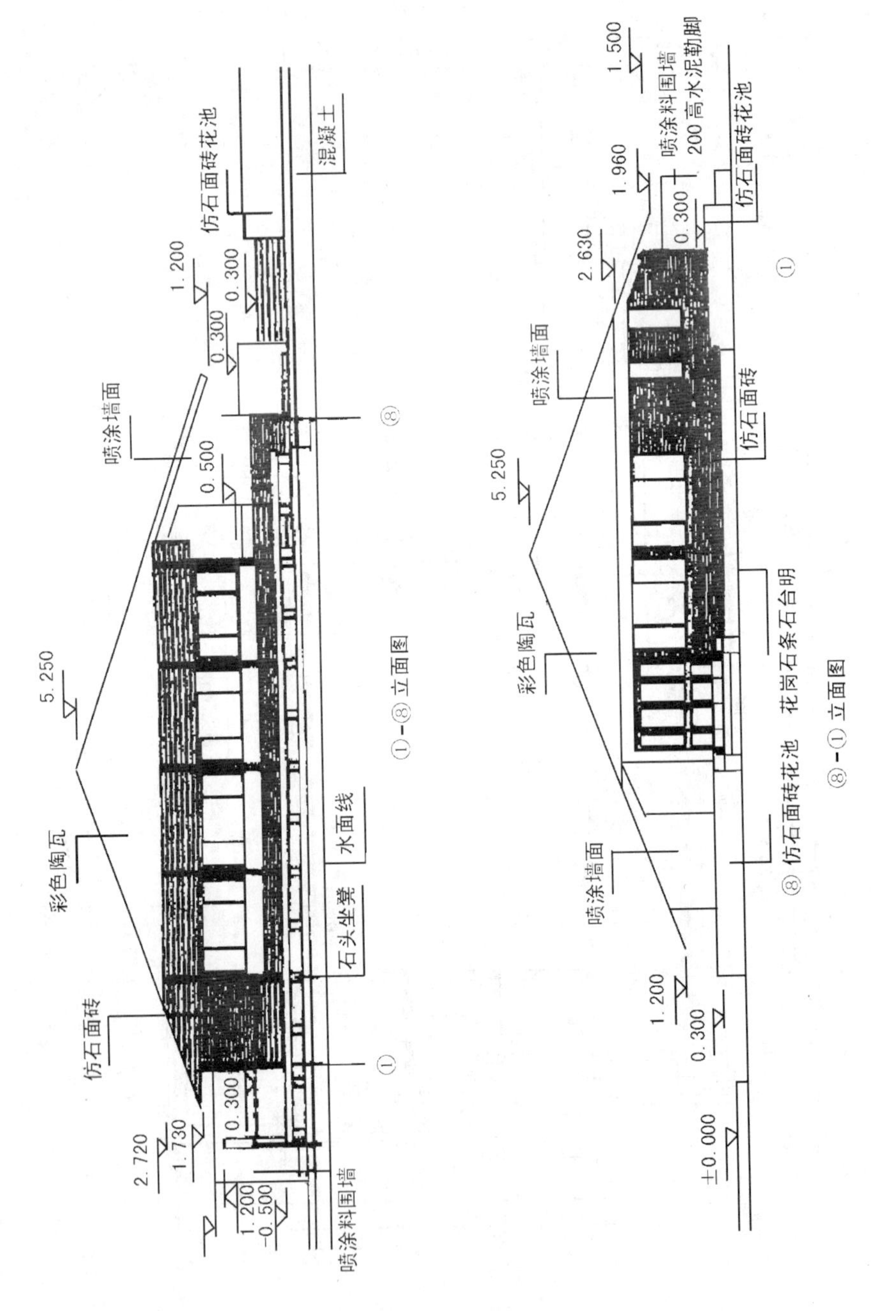

5.250
彩色陶瓦
喷涂墙面
仿石面砖
仿石面砖花池
混凝土
1.200
0.300
0.300
0.500
石头坐凳
水面线
2.720
1.730
0.300
1.200
-0.500
喷涂料围墙
⑧
①
①-⑧立面图
1.500
喷涂料围墙
200高水泥勒脚
1.960
2.630
0.300
仿石面砖花池
喷涂墙面
仿石面砖
5.250
彩色陶瓦
花岗石条石台明
⑧ 仿石面砖花池
喷涂墙面
1.200
0.300
±0.000
⑧-①立面图

图3　立面图

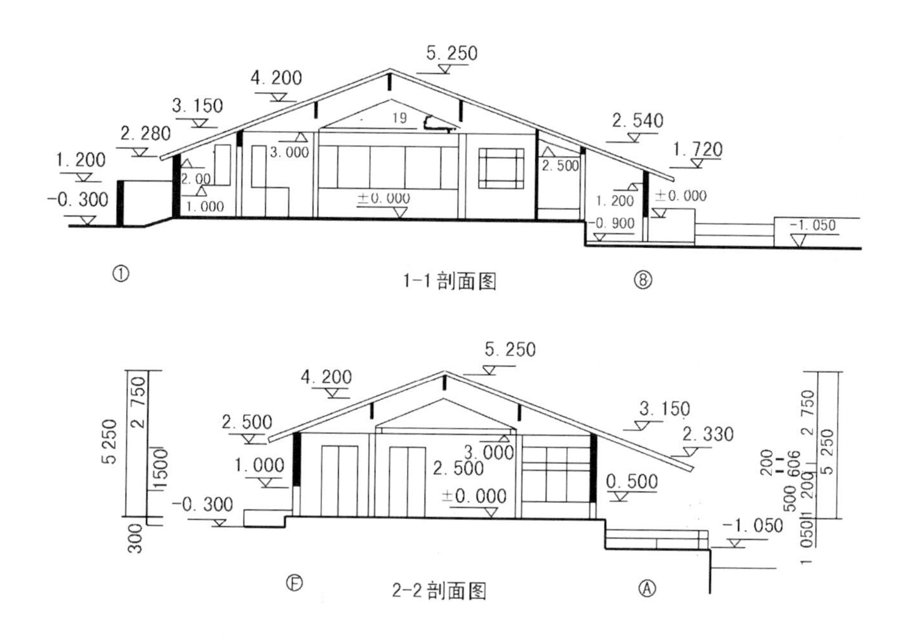

图 4　剖面图

1. 结构概况　本工程采用砖混结构体系，墙 240 厚；屋面为现浇混凝土板；基础为钢筋混凝土独立基础，下为碎石垫层，混凝土强度等级为 C20；砂浆标号为 75 号。

2. 装修概况　室内均为水泥地面，白灰砂墙面，有水泥墙裙；外墙窗间为仿石面砖，其他为喷涂墙面；屋面为彩色陶瓦。

3. 工期要求　开工期定于 3 月 16 日，至 6 月底竣工，总工期为 90 个工作日。

4. 自然条件　施工期间各月均为正常气温。现场地势坡度 15%，地下无障碍物，三类场地，正常水位 -1.50m。

5. 技术经济条件　本工程为公园新建项目，施工中需用的水、电均可从已有电路、水网引出；交通运输方便；由于工程位于公园内，内有管理人员的食堂，工人食宿可就近解决；全部预制构件（门窗、石坐凳等）均在场外加工定货，现场不设加工厂；建筑材料和劳动力均满足工程要求。

6. 工程特点分析　本工程由于采用一般结构和装修，工人操作较熟悉，便于组织流水作业，但工期较紧，仅有90个工作日；内外装修工作量不大，但外墙装修要求较高，工期较长。由于临水，基础施工准备工作较长，同时要缩短基础与主体工程工期，以便在雨季到来之前完工。

（二）施工方案

1. 施工准备

①围堰、抽水，挡土墙（驳岸）施工。由于是临水建筑，临水挡土墙（驳岸）的施工质量显得特别重要，这将影响到基础的安全和施工质量。

②平整场地，布置运输道路。由于场地坡度为15%，该工程室内外有0.9m高差，为加快施速度，采用边平整、边定位放线的方案，为及早开槽挖坑做准备；现场要统一辗压，现场根据条件设环行道路与原有道路连通，由于平整主体施工避开了雨季，且主体工期较短，故采用简单临时道路做法；路基采用加厚素土夯实，路面用碎石加沙土组成，顶面比自然地面高25～30cm，道路两侧须设排水沟，并依现场地势做成一定坡度。

③接通施工用水、用电。

④搭设搅拌机棚及其他必要的工棚，组织部分材料、机具、构件进场，并按指定地定存放。

⑤结合正式工程将现场各种管线做好，有利于土方一次平衡，并力争为主体施工服务。

2. 基础工程

①基础为混凝土独立基础，坑底标高－2.00m，地圈梁槽底标高为－0.80m。采用人工挖土方，坑宽按1 0.33放坡至底，每边留工作面30cm，人工修整。因为挖土方早，且场地较小，施工速度快，故挖土方时不分段，以便有充分的时间做基础施工准备。各工序时间计算见施工计划部分（表1）。

②施工顺序为：挖坑挖槽→打钎验坑槽→碎石垫屋→钢筋混凝土基础→地圈梁→柱生根→回填土。由于基底标高在地下水位以下，需要考虑地下水位影响及地基局部处理问题。可在围堰内安排抽水机抽水以降低地下水位。

③地梁施工采用先砌两侧砖放脚的做法，即应用砖模的方法，节约模板、方便施工，并保证地梁与基础的整体性，构造柱按图纸要求生根在地梁上。

④回填土应室内外同时进行。在等待柱拆模时，应抓紧时间做好上下水管线，以便回填后，将首层地面灰与C10混凝土垫层一并做出，为主体施工创造好条件。

表1 施工准备及基础施工进度计划

序号	施工过程名称	施工进度（d）																	
		1	2	3	4	5	6	7	8	9	10	11	12	13	14	15	16	17	18
1	施工准备	—	—	—	—	—	—	—	—	—	—								
2	人工挖土										—	—							
3	碎石垫层											—	—						
4	基础											—	—	—	—				
5	地梁													—	—	—			
6	柱														—	—	—		
7	回填土															—	—	—	
8	地面垫层															—	—	—	—

3. 主体结构工程

（1）机械选择。根据现场情况及建筑屋的外形、高度，可采用人工吊垂直运输材料。另选两台 JG－250 型搅拌机，一台拌砂机，另一台搅拌混凝土。

（2）主要施工方法。主体施工工序包括砌砖墙，现浇混凝土圈梁、柱、梁、板、过梁，现浇屋面板等。施工以瓦工砌砖及结构吊装作业为主，木工和混凝土工按需要配备即可。

①脚手架：采用外部桥式架子配合内操作平台的方案，砌筑采用外平台架，内桥架可用来辅助砌墙工作，并作为内装修脚手架用。

②砌砖墙：垂直与水平运输均采用葫芦吊，在集中吊上来的砖或砂浆槽的楼板位置下要加设临时支撑，选用 10 个内平台架砖砌，为使劳力平衡，瓦工采用单班作业，具体安排见施工进度计划。

③钢筋混凝土圈梁、柱、屋面板：由于外墙圈梁与结构面标高一致，故结合结构吊装采用圈梁硬架支模方法，又因现浇混凝土量不大，采用圈梁、柱、梁混凝土同时浇筑的方案；构造柱的钢筋在砌墙前绑扎，圈梁钢筋在建筑物上绑扎，在扣板前安放好。

屋面梁浇好在制作屋面板钢筋及浇屋面板。各工序时间见施工时度计划（表2）

4. 装修工程　装修工程包括屋面、室外和室内三部分。屋面工程在主体封顶后立即施工，做完屋面防水层之前拆搭，利用内桥架做外装修（采用先外后内方案）；为缩短工期，室内隔墙及水泥地面在外装修完成屋面即可插入，以保

表 2　主体结构施工进度计划

序号	施工过程名称	施工进度（d）																	
		20	22	24	26	28	30	32	34	36	38	40	42	44	46	48	50	52	54
1	柱钢筋																		
2	砌砖墙																		
3	柱梁模板																		
4	梁钢筋																		
5	浇混凝土																		
6	屋面钢筋																		
7	浇混凝土																		

证地面养护时间。

(1) 屋面工程。平屋做完要经自然养护并充分干燥（5 ~ 6d）后再做防水层，屋面防水层及彩色陶瓦上料用外桥架，屋面装修用料提前备好（确保按时拆架）。

(2) 室外装修。采用水平向下的施工流向，施工顺序为：抹灰→外墙仿石面砖→勾缝、抹灰→喷涂墙面。而后转入做地面，确保地面养护期不少于 7d。散水等外装修在工程收尾、外架子拆除后进行施工，以免相互交叉影响室内装修。

(3) 室内装修。为缩短工期，在五层甲单元地面做完并经 8d 养护后，即可进行室内墙面抹灰，待地面工程一结束，全部抹灰工进入室内抹灰；抹灰后要待墙面充分干燥（不少于 7d）后进行顶棚、墙面喷浆。为加快施工速度，安门窗扇，顶、墙喷浆，门窗油漆与安玻璃等项工作进行搭接流水，立体交叉作业，详见进度计划（注：安完玻璃后进行最后一道泛油）。

水、电气、卫生设备的安装要在结构与装修进行的同时穿插进行，土建工程要为其创造条件，以确保竣工验收。

（三）施工进度计划

1. 基础施工阶段进度安排　工程从 3 月 16 日开始进场做施工准备，时间为 10d，所以正式开挖时间定为 3 月 26 日。为缩短工期，基坑挖土采用二班制，除挖土外，其他工序采用分段流水施工，基础阶段施工进度计划见表 1。

2. 主体施工阶段进度安排　主体结构施工砌砖分两步架（相当两个施工层），主体施工进度计划表 2。

3. 装修施工阶段进度安排　装修工程进度安排见表 3。

表 3　装修工程施工时度计划

序号	施工过程名称	施工进度（d）																	
		56	58	60	62	64	66	68	70	72	74	76	78	80	82	84	86	88	90
1	屋顶陶瓦	—	—	—	—														
2	外墙贴面砖				—	—	—												
3	外墙抹灰					—	—	—	—										
4	外墙喷涂								—	—									
5	水泥地面	—	—	—	—	—	—												
6	安装顶棚									—	—	—	—						
7	顶棚抹灰												—	—	—	—			
8	内墙抹灰													—	—	—	—		
9	安装门窗														—	—	—		
10	门窗油漆															—	—	—	
11	安装玻璃																—	—	—

附录五

园林建设企业资质等级标准

建 设 部
关于印发《建筑企业资质等级标准》(试行)的通知

(建建［1995］666号)

一、《古建筑工程施工企业资质等级标准》

古建筑工程施工企业的资质等级标准分为一、二、三、四级。

一级企业

1. 企业近10年承担过2项以上单体仿古建筑面积在600平方米或国家重点文物保护单位的主要古建筑修缮工程的施工，工程质量合格。

2. 企业经理具有10年以上从事施工管理工作或5年以上从事古建筑施工管理工作的经历；具有本专业高级职称的总工程师；具有高级专业职称的总会计师；具有中级职称以上的决经济师。

3. 企业有职称的工程、经济、会计、统计等人员不少于80人，其中具有工程系列职称的不少于50人；工程系列职称的人员中，包括建筑师在内的中、高级职称的不少于15人。

4. 企业具有一级资质的项目经理不少于5人。

5. 企业资本金1000万元以上，生产经营用固定资产原值600万元以上。

6. 企业具有相应的施工机械设备；企业专业技术工种齐全（包括砧细工、木雕工、石雕工、砧刻工、泥塑工、彩绘工、细木工、推光漆工、匾额工、砌花街工）。

1. 企业年完成建筑业总产值3000万元以上，建筑业增加值1000万元以上。

二级企业

1. 企业近10年承担过单体仿古建筑300平方米以上或省级以上重点文物保护单位的主要古建筑修缮工程的施工2项以上，工程质量合格。

2. 企业经理具有8年以上从事施工管理工作或3年以上从事古建筑施工管理工作的经历；具有本专业高级职称的总工程师；具有中级专业职称以上的总会计师；具有中级职称以上的总经济师。

3. 企业有职称的工程、经济、会计、统计等人员不少于50人，其中具有工程系列职称的不少于30人；工程系列职称的人员中，包括建筑师在内的中、高级职称的不少于8人。

4. 企业具有二级资质以上的项目经理不少于5人。

5. 企业资本金500万元以上，生产经营用固定资产原值300万元以上。

6. 企业具有相应的施工机械设备；企业专业技术工种基本齐全（包括砧细工、木雕工、石雕工、砧刻工、泥塑工、彩绘工、细木工、推光漆工、匾额工、砌花街工）。

7. 企业年完成建筑业总产值1500万元以上，建筑业增加值500万元以上。

三级企业

1. 企业近5年承担过2项以上单体仿古建筑100平方米以上或县级以上重点文物保护单位的主要古建筑修缮工程的施工，工程质量合格。

2. 企业经理具有5年以上从事施工管理工作或2年以上从事古建筑施工管理工作的经历；具有本专业中级职称以上的技术负责人；具有助理会计师职称以上的财务负责人。

3. 企业有职称的工程、经济、会计、统计等人员不少于30人，其中具有工程系列职称的不少于18人；工程系列职称的人员中，须具有建筑师。

4. 企业具有三级资质以上的项目经理不少于3人。

5. 企业资本金250万元以上，生产经营用固定资产原值150万元以上。

6. 企业具有相应的施工机械设备；企业专业技术工种基本齐全（包括砧细工、木雕工、石雕工、砧刻工、泥塑工、彩绘工、细木工、推光漆工、匾额工、砌花街工）。

2. 企业年完成建筑业总产值600万元以上，建筑业增加值200万元以上。

四级企业

1. 企业承担过仿古建筑和古建筑修缮工程的施工，工程质量合格。

2. 企业经理具有2年以上从事管理工作的经历；具有本专业助理工程师职称以上的技术负责人；具有会计员职称以上的财务负责人。

3. 企业有职称的工程、经济、会计、统计等人员不少于15人，其中具有工程系列职称的不少于18人；工程系列职称的人员中，须具有助理建筑师。

4. 企业具有四级资质以上的项目经理不少于2人。

5. 企业资本金80万元以上，生产经营用固定资产原值50万元以上。

6. 企业具有相应的施工机械设备；企业专业技术工种基本齐全（包扎砧细工、木雕工、石雕工、砧刻工、泥塑工、彩绘工、细木工、推光漆工、匾额工、砌花街工）。

7. 企业上年完成建筑业　总产值200万元以上，建筑业增加值60万元以上。

承包工程范围：

一级企业：可承担各种规模及类型的仿古建筑及古建筑修缮工程的施工。

二级企业：可承担800平方米以下的单体仿古建筑工程及古建筑修缮工程的施工。

三级企业：可承担400平方米以下的单体仿古建筑工程及古建筑修缮工程的施工。

四级企业：可承担100平方米以上的单体仿古建筑工程及古建筑修缮工程的施工。

二、《城市园林绿化企业资质标准》（建城［1995］383号文件）

一级企业

1. 具有8年以上城市园林绿化经营经历。

近5年承担过面积为60000平方米以上的园林绿化综合性工程，并完成栽植、铺植、整地、建筑及小品、花坛、园路、水体、水景、喷泉、驳岸、码头、园林设施及设备安装等工程，经验收，工程质量合格。

具有大规模园林绿化苗木、花卉、盆景、草坪的培育、生产、养护和经营能力。

具有高水平园林绿化技术咨询、培训和信息服务能力。在本省（自治区、直辖市）或周围地区内有较强的技术优势、影响力和辐射力。

2. 企业经理具有8年以上从事园林绿化经营管理工作的经历，企业具有园林绿化专业高级技术职称的总工程师，中级以上专业职称的总会计师、经济师。

3. 企业有职称的工程、经济、会计、统计、计算机等专业技术人员，占企业年平均职工人数的10%以上，不少于20人；具有中级以上技术职称的园林工程师不少于7名，建筑师、结构工程师及水、电工程师都不少于1名。企业主要技术工种骨干全部持有中级以上岗位合格证书。

4. 企业专业技术工种除包括绿化工、花卉工、草坪工、苗圃工、养护工以外，还应包括瓦工、木工、假山工、石雕工、水景工、木雕工、花街工、电工、焊工、钳工等，三级以上专业技术人员占企业年平均职工人数的25%以上。

5. 企业技术设备拥有高空修剪车、喷药车、洒水车、挖掘机、打坑机、各种工程模具、模板、绘图仪和信息处理系统等。

6. 企业固定资产现值和流动资金在1000万元以上，企业年总产值在1000万元以上，经济效益良好，利润率20%以上。

7. 企业所承担的工程，培育的植物品种，或技术开发项目获得部级以上奖励或获得国际性奖励。

二级企业

1. 具有6年以上园林绿化经营经历。

近4年承担过面积为30000平方米以上的综合性工程施工，或具有园林绿化苗木、花卉、盆景、草坪的培育、生产、养护和经营能力。

具有园林绿化技术咨询、培训和信息服务能力。在本市具有较强的技术优势和影响力。

2. 企业经理具有6年以上从事园林绿化经营管理工作的经历；企业具有园林绿化专业中级以上技术职称的总工程师，财务负责人具有助理会计师以上职称。

3. 企业有职称的工程、经济、会计、统计等专业技术人员，占企业年平均职工人数的10%以上，不少于15人；具有中级以上技术职称的园林工程师不少于5名，建筑师及水、电工程师各1名、企业主要技术工种全部持有中级岗位合格证书。

4. 企业专业技术工种应包括绿化工、花卉工、草坪工、养护工、瓦工、木工、假山工、石雕工、水景工、木雕工、电工、焊工、钳工等，三级以上专业技术人员占企业年平均职工人数的15%以上。

5. 企业技术设备拥有高空修剪车、喷药车、挖掘机、打坑机、各种工程模具、模板、绘图仪、微机等。

6. 企业固定资产现值和流动资金在 500 万元以上。年总产值在 500 万元以上。利润率 20%以上。

7. 企业所承担的工程，培育的品种或技术开发项目获得省级以上奖励。

三级企业

1. 具有 4 年以上园林绿化经营经历。

近 3 年承担过面积为 10000 平方米以上综合性工程施工，或具有园林绿化苗木、花卉、盆景、草坪培育、生产、养护和经营能力。

2. 企业经理具有 4 年以上园林绿化经营管理工作的资历，企业技术负责人具有园林绿化专业中级以上职称，财务负责人具有助理会计师以上职称。

3. 企业有职称的工程、经济、会计、统计等专业技术人员，占企业年平均职工人数的 10%以上，不少于 12 人；具有中级以上技术职称的园林工程师不少于 3 名，建筑师 1 名，企业主要技术工种全部持有中级岗位合格证书。

4. 企业专业技术工种应包括绿化工、花卉工、草坪工、养护工、瓦工、木工、假山工、水景工、电工等，三级以上专业技术人员占企业年平均职工人数的 10%以上。

5. 企业技术设备拥有修剪车、喷药车、挖掘机、抗坑机、各种工程模具、模板、绘图仪、微机等。

6. 企业固定资产现值和流动资金在 100 万元以上。年总产值在 100 万元以上。

三级以下企业资质标准由各市城市园林绿化行政主管部门参照上述规定自行规定。

各级城市园林绿化企业营业范围：

1. 一级企业可在全国或国外承包各种规模及类型城市园林绿化工程，可从事城市绿化苗木、花卉、盆景、草坪等植物材料的生产经营、可兼营技术咨询、信息服务等业务。

2. 二级企业可跨省区承包 50 公顷以下城市园林绿化综合工程，可从事城市园林绿化植物材料生产经营、技术咨询、信息服务等业务。

3. 三级企业可以在省内承包 20 公顷以下城市园林绿化工程，可兼营城市园林绿化植物材料。

附录六

建设工程施工现场管理规定

建设工程施工现场管理规定

（1991年12月5日中华人民共和国建设部15号令发布）

第一章　总　则

第一条　为加强建设工程施工现场管理，保障建设工程施工顺利进行，制定本规定。

第二条　本规定所称建设工程现场，是指进行工业和民用项目的房屋建筑、土木工程、设备安装、管线敷设等施工活动，经批准占用的施工场地。

第三条　一切与建设工程施工活动有关的单位和个人，必须遵守本规定。

第四条　国务院建设行政主管部门归口负责全国建设工程施工现场的管理工作。

国务院各有关部门负责其直属施工单位施工现场的管理工作。

县级以上地方人民政府建设行政主管部门负责本行政区域内建设工程施工现场的管理工作。

第二章　一般规定

第五条 建设工程开工实行施工许可证制度。建设单位应当按照批准的开工项目向工程所在地县级以上地方人民政府建设行政主管部门办理施工许可证手续。申请施工许可证应当具备下列条件：

（一）设计图纸供应已落实；

（二）征地拆迁手续已完成；

（三）施工单位已确定；

（四）资金、物资和为施工服务的市政公用设施等已落实；

（五）其他应当具备的条件已落实。

未取得施工许可证的建设单位不得擅自组织开工。

第六条 建设单位批准取得施工许可证后，应当自批准之日起两个月内组织开工；因故不能按期开工的，建设单位应在期满前向发证部门说明理由，申请延期。不按期开工又不按期申请延期的，已批准的施工许可证失效。

第七条 建设工程开工前，建设单位或者发包单位应当指定施工现场总代表人，施工单位应当指定项目经理，并分别将总代表人和项目经理的姓名及授权事项书面通知对方，同时报第五条规定的发证部门备案。

在施工过程中，总代表人或者项目经理发生变更的，应当按照前款规定重新通知对方和备案。

第八条 项目经理全面负责施工过程中的现场管理，并根据工程规模、技术复杂程度和施工现场的具体情况，建立施工现场管理责任制，并组织实施。

第九条 建设工程实行总包和分包的，由总包单位负责施工现场的统一管理，监督检查分包单位的施工现场活动，分包单位应当在总包单位的统一管理下，在其分包范围内建立施工现场管理责任制，并组织实施。

总包单位可以受建设单位的委托，负责协调该施工现场内由建设单位直接发包的其他单位的施工现场活动。

第十条 施工单位必须编制建设施工组织设计。建设工程实行总包和分包的，由总包单位负责编制施工组织设计或者分阶段施工组织设计。分包单位在总包单位的总体部署下，负责编制分包工程的施工组织设计。

施工组织设计按照施工单位隶属关系及工程的性质、规模、技术繁简程度实行分级审批。具体审批权限由国务院各有关部门和省、自治区、直辖市人民政府建设行政主管部规定。

第十一条 施工组织设计应当包括下列主要内容：

（一）工程任务情况；

（二）施工总方案、主要施工方法、工程施工进度计划、主要单位工程综合进度计划和施工力量、机具及部署；

（三）施工组织技术措施，包括工程质量、安全防护以及环境污染防护等各种措施。

（四）施工总平面布置图；

（五）总包和分包的分工范围及交叉施工部署等。

第十二条　建设工程施工必须按照批准的施工组织设计进行。在施工过程中确需对施工组织设计进行重大修改的，必须报经原批准部门同意。

第十三条　建设工程施工应当在批准的施工场地内组织进行。需要临时征用施工场地或者临时占用道路的，应当依法办理有关批准手续。

第十四条　由于特殊原因，建设工程需要停止施工两个月以上的，建设单位或施工单位应当将停工原因及停工时间向当地人民政府建设行政主管部门报告。

第十五条　建设工程施工中需要进行爆破作业的，必须经上级主管部门审查同意，并持说明使用爆破器材的地点、品名、数量、用途、四邻距离的文件和安全操作规程，向所在地县、市公安局申请《爆破物品作用许可证》，方可使用。进行爆破作业时，必须遵守爆破安全规程。

第十六条　建设工程施工中需要架设临时电网、移动电缆等，施工单位应当向有关主管部门提出申请，经批准后在有关专业技术人员指导下进行。

施工中需要停水、停电、封路而影响到施工现场周围地区的单位和居民时，必须经有关主管部门批准，并事先通告受影响的单位和居民。

第十七条　施工单位进行地下工程或者基础工程施工时，发现文物、古化石、爆炸物、电缆等应当暂停施工，保护好现场，并及时向有关部门报告，在按照有关规定处理后，方可继续施工。

第十八条　建设工程竣工后，建设单位应当组织设计、施工单位共同编制工程竣工图，进行工程质量评议，整理各种技术资料，及时完成工程初验，并向有关主管部门提交竣工验收报告。

单项工程竣工验收合格的，施工单位可以将该项工程移交建设单位管理。全部工程验收合格后，施工单位方可解除施工现场的全部管理责任。

第三章　文明施工管理

第十九条　施工单位应当贯彻文明施工的要求，推行现代管理方法，科学组织施工，做好施工现场的各项管理工作。

第二十条　施工单位应当按照施工总平面布置图设置各项临时设施。堆放大宗材料、成品、半成品和机具设备，不得侵占场内道路及安全防护等设施。

建设工程实施总包和分包的，分包单位确需进行改变施工总平面布置图活动的，应当先向总包单位提出申请，经总包单位同意后方可实施。

第二十一条 施工现场必须设置明显的标牌，标明工程项目名称、建设单位、设计单位、施工单位、项目经理和施工现场总代表人的姓名、开、竣工日期，施工许可证批准文号等。施工单位负责施工现场标牌的保护工作。

施工现场的主要管理人员在施工现场应当佩戴证明身份的证卡。

第二十二条 施工现场的用电线路、用电设施的安装和作用必须符合安装规范和安全操作规程，并按照施工组织设计进行架设，严禁任意拉线接电。施工现场必须设有保证施工安全要求的夜间照明；危险潮湿场所的照明及手持照明灯具，必须采用安全要求的电压。

第二十三条 施工机械应当按照施工总平面布置图规定的位置和线路设置，不得任意侵占场内道路。施工机械进场必须经过安全检查，经检查合格的方能使用，施工机械操作人员必须建立机组责任制，并依照有关规定持证上岗，禁止无证人员操作。

第二十四条 施工单位应该保证施工现场道路畅通，排水系统处于良好的使用状态；保持场容场貌的整洁，随时清理建筑垃圾。在车辆、行人通行的地方施工，应当设置沟井坎穴覆盖物和施工标志。

第二十五条 施工单位必须执行国家有关安全生产和劳动保护的法规，建立安全生产责任制，加强规范化管理，进行安全交底、安全教育和安全宣传、严格执行安全技术方案。施工现场的各种安全设施和劳动保护器具，必须定期进行检查和维护，及时消除隐患，保证其安全有效。

第二十六条 施工现场应当设置各类必要的职工生活设施，并符合卫生、通风、照明等要求。职工的膳食、饮水供应等应当符合卫生要求。

第二十七条 建设单位或施工单位应当做好施工现场安全保卫工作，采取必要的防盗措施，在现场周边设立围护设施。施工现场在市区的，周围应当设置遮挡围栏，临街的脚手架也应当设置相应的围护设施。非施工人员不得擅自进入施工现场。

第二十八条 非建设行政主管部门对建设工程施工现场实施监督检查时，应当通过或者会同当地人民政府建设行政主管部门进行。

第二十九条 施工单位应当严格按照《中华人民共和国消除条例》的规定，在施工现场建立和执行防火管理制度，设置符合消除要求的消防设施，并保持好的备用状态。在容易发生火灾的地区施工或者储存、使用易燃易爆器材时，施工单位应当采取特殊的消除安全措施。

第三十条　施工现场发生的工程建设重大事故的处理，依照《工程建设重大事故报告和调查程序规定》执行。

第四章　环境管理

第三十一条　施工单位应当遵守国家有关环境保护的法律规定，采取措施控制施地现场的各种粉尘、废气、废水、固体废弃物以及噪声、振动对环境的污染和危害。

第三十二条　施工单位应当采取下列防止环境污染的措施：（一）妥善处理泥浆水，未经处理不得直接排入城市排水设施和河流。

（二）除设有符合规定的装置外，不得在施工现场熔融沥青或者焚烧油毡、油漆以及其他产生有毒有害烟尘和恶臭气体的物质。

（三）使用密封式的圈筒或者采取其他措施处理高空废弃物。

（四）采取有效措施控制施工过程中的扬尘。

（五）禁止将有毒有害废弃物用作土方回填。

（六）对产生噪声、振动的施工机械，应采取有效控制措施、减轻噪声扰民。

第三十三条　建设工程施工由于受技术、经济条件限制，对环境的污染不能控制在规定范围内的，建设单位应当会同施工单位事先报请当地人民政府建设行政主管部门和环境保护行政主管部门批准。

第五章　罚　则

第三十四条　违反本规定有下列行为之一的，由县级以上地方人民政府建设行政主管部门根据情节轻重，给予警告、通报批评、责令限期改正、责令停止施工整顿、吊销施工许可证，并可以罚款：

（一）未取得施工许可证而擅自开工的；

（二）施工现场的安全设施不符合规定或者管理不善的；

（三）施工现场的生活设施不符合卫生要求的；

（四）施工现场管理混乱，不符合保卫、场容等管理要求的；

（五）其他违反本规定的行为。

第三十五条 违反本规定，构成治安管理处罚的，由公安机关依照《中华人民共和国治安管理处罚条例》处罚；构成犯罪的，司法机关依法追究其刑事责任。

第三十六条 当事人对行政处罚决定不服的，可以在接到处罚通知之日起十五日内，向作出处罚决定机关的上一级机关申请复议，对复议决定不服的，可以在接到复议决定之日起向人民法院起诉；也可直接向人民法院起诉。逾期不申请复议，也不向人民法院起诉，又不履行处罚决定的，由作出处罚决定的机关申请人民法院强制执行。

对治安管理处罚不服的，依照《中华人民共和国治安管理处罚条例》的规定处理。

第六章　附　则

第三十七条 国务院各有关部门和省、自治区、直辖市人民政府建设行政主管部门可以根据本规定制定实施细则。

第三十八条 本规定由国务院行政主管部门负责解释。

第三十九条 本规定自 1992 年 1 月 1 日起施行。原国家建工总局 1981 年 5 月 11 日发布的《关于施工管理的若干规定》与本规定相抵触，按照本规定执行。

附录七

工程建设监理合同标准文本

工程建设监理合同

____________（以下简称“业主”）与____________（以下简称监理单位）经过双方协商一致签订本合同。

一、委托监理单位监理的工程（以下简称“本工程”）概况如下：

工程名称：

工程地点：

工程规模：

总 投 资：

监理范围：

二、本合同中的措词和用语与所属的监理合同条件及有关附件同义。

三、下列文件均为本合同的组成部分：

①监理委托函或中标函；

②工程建设监理合同标准条件；

③工程建设合同专用条件；

④在实施过程中共同签署的补充与修正文件。

四、监理单位同意，按照本合同的规定，承担本工程合同专用条件中议定范围内的监理单位。

五、业主同意按照本合同注明的期限、方式、币种，向监理单位支付酬金。

合同的监理业务自年________月________日________日开始实施，至年________月________日________完成。

本合同正本一式两份，具有同等法律效力，双方各执一份。副本________

份，各执________份。

业主：（签章）	监理单位：（签章）
法定代表人：（签章）	法定代表人：（签章）
地址：	地址：
开户银行：	开户银行：
帐号：	帐号：
邮编：	邮编：
电话：	电话：
________年________月________日	年________月________日
签于________	________签于

工程建设监理单位合同标准条件

词语定义、适用语言和法规

第 1 条　下列名词和用语，除上文另有规定外，具有如下含义。

(1)“工程”是指业主委托实施监理的工程。

(2)“业主”是指承担直接投资责任的、委托监理业务的一方，以及其合法继承人。

(3)“监理单位”是指承担监理业务和监理责任的一方，以及其合法继承人。

(4)“监理机构”是指监理单位派驻本工程现场实施监理业务的组织。

(5)“第三方”是的指除业主、监理单位以外与工程建设有关的当事人。

(6)“工程建设监理”包括正常的监理工作、附加工作和额外工作。

(7)“日”是指一个午夜至下一个午夜间的时间段。

(8)“月”是根据公历从一个月份中任何一天开始到下一个月相应日期的前一天的时间段。

第 2 条　工程建设监理合同适用的法规是国家的法律、行政法规，以及专用条件中议定的部门规章或工程所在地的地方法规、地方规章。

第 3 条　监理合同的书写、解释和说明，以汉语为主导语言。当不同语言文本发生不同解释时，以汉语合同文本为准。

监理单位的义务

第 4 条　向业主报送委派的总监理工程师及其监理机构主要成员名单、监理规划，完成监理合同专用条件中约定的监理工程范围内的监理业务。

第 5 条　监理机构在履行本合同的义务期间，应运用合理的技能，为业主提供与其监理水平相适应的咨询意见，认真、勤奋地工作。帮助业主实现合同预定的目标，公正地维护各方的合法权益。

第 6 条　监理机构使用业主提供的设施和物品属于业主财产。在监理工作完成或中止时，应将其设施在剩余的物品库存清单提交给业主，并按合同议定的时间和方式移交此类设施和物品。

第 7 条　在本合同期内或合同终止后，未征得有关方同意，任何一方不得泄露与本工程、本合同业务活动有关保密资料。

业主的义务

第 8 条　业主应负责工程建设的所有外部关系的协调，为监理工作提供外部条件。

第 9 条　业主应在双方议定的时间内免费向监理机构提供与工程有关的为监理机构所需要的工程资料。

第 10 条　业主应在议定的时间内就监理单位书面提交并要求作出决定的一切事宜作出书面决定。

第 11 条　业主应授权一名熟悉本工程情况、能迅速作出决定的常驻代表，负责监理单位联系。更换常驻代表要提前通知监理单位。

第 12 条　业主应将授予监理单位的监理权力，以及监理机构主要成员的职能分工，及时书面通知已选定的第三方，并与第三方签订的合同中予以明确。

第 13 条 业主应为监理机构提供如下协助：（1）获取本工程使用的原材料、构配件、机械设备等生产厂家名录。

（2）提供与本工程有亲的协作单位、配合单位的名录。

第 14 条　业主免费向监理机构提供合同专用条件议定的设施，对监理单位自备的设施给予合理的经济补偿。

第 15 条　如果双方协定，由业主免费向监理机构提供职员和服务人员，则应在监理合同专用条件中增加与此相应的条款。

监理单位的权利

第 16 条　业主在委托的工程范围内，授予监理单位以下监理权力：（1）选择工程总设计单位和施工总承包单位的建设权；

（2）选择工程分包设计单位和施工分包单位的确认权与否决权。

（3）工程建设有关事项包括工程规模、设计标准、规划设计、和产工艺设计和使用功能要求，向业主的建议权。

(4) 工程结构设计和其他专业设计中的技术问题，按照安全和优化的原则，自主向设计单位提出建议，并向业主提出书面报告；如果由于拟提出的建议会提高工程造价，或延长工期，应事先取得业主的同意；

(5) 工程施工组织设计和技术方案，按照保质量、保工期和降低成本的原则，自主向承建单位提出建议，并向业主提出书面报告；如果由于拟提出的建议会提高工程造价、延长工期，应事先取得业主的同意。

(6) 工程建设有关的协作单位的组织协调的主持权，重要协调事项应事先向业主报告；

(7) 报经业主同意后，发布开工令、停工令、复工令；

(8) 工程上使用的材料和施工质量的检验权。对于不符合设计要求及国家质量标准的材料设备，有权通知承建商停止使用；不符合规范和质量标准的工序、分项分部工程和不安全的施工作业，有权通知承建商停工整改、返工。承建商取得监理机构复工令后才能复工。发布停、复工令应事先向业主报告，如在紧急情况下不能事先报告时，则应在24小时内向业主作出书面报告。

(9) 工程施工进度的检查、监督权，以及工程实际竣工日期提前或超过工程承包合同规定的竣工期限的确定认权；

(10) 在工程承包合同议定的工程价格范围内，工程款支付的审核和签认权，以及结算工程款的复核确认权与否定权。

第17条　监理机构在业主授权下，可对任何第三方合同规定的义务提出变更。如果由此严重影响了工程费用，或质量、划度，则这种变更须经业主事先批准。在紧急情况下不能事先报业主批准时，监理机构所作的变更也应尽快通知业主。在监理过程发发现承建商工作不力，监理机构可提出调换有关人员的建议。

第18条　在委托的工程范围内，业主或第三方对对方的任何意见和要求(包括索赔要求)，都必须首先向监理机构提出，由监理机构研究处置意见，再同双方协商确定。当业主和第三方发生争议时，监理机构应根据自己的职能，以独立的身份判断，公正地进行调解。当其双方的争议由政府建设行政主管部门或仲裁机关进行调解和仲裁时，应提供作证的事实材料。

业主的权利

第19条　业主有选定工程总设计单位或总承包单位，以及与其订立合同的签字权；

第20条　业主对工程规模、设计标准、规划设计、生产工艺设计使用功能要求的认定权，以及对工程设计变更的审批权。

第 21 条　监理单位调换总监理工程师须经业主同意；

第 22 条　业主有权要求监理机构提交监理工作月度报告及监理业务范围内的专项报告。

第 23 条　业主有权要求监理单位更换不称职的监理人员，直至终止合同。

监理单位的责任

第 24 条　监理单位的责任期即监理合同有效期。在监理过程中，如果因工程建设进展的推迟或延误而超过议定的日期，双方应进一步议定相应延长的合同期。

第 25 条　监理单位在责任期内，应当履行监理合同中议定的义务。如果因监理单位过失而造成经济损失，应向业主进行赔偿。累计赔偿总额不应超过监理酬金总数（除去税金）。

第 26 条　监理单位对第三方违反合同规定的质量要求和完工（交图、交货）时限，不承担责任。

因不可抗力导致监理合同不能全部或部分履行，监理单位不承担责任。

第 27 条　监理单位向业主提出赔偿要求不成立时，监理单位应补偿由于该索赔所导致业主的各种费用支出。

业主的责任

第 28 条 业主应履行监理合同议定的义务，如有违反则应承担其责任，并赔偿给监理单位造成的经济损失。

第 29 条　业主如果向监理单位提出的赔偿要求不成立，则应补偿由该索赔所引起的监理单位的各种费用支出。

合同生效、变更与终止

第 30 条　本合同自签字之日起生效。

第 31 条　当由于业主或第三方的原因使监理工作受到阻碍或延误，以致增加了工作量或持续时间，则监理单位应将此情况与可能产生的影响及时通知业主。由此增加的工作量视为附加工作，完成监理业务的时间应相应延长，并得到额外的酬金。

第 32 条　在监理合同签订后，实际情况发生变化，使得监理单位不能全部或部分执行监理业务时，监理单位应立即通知业主。该监理业务的完成时间应予延长。当恢复执行监理业务时，应增加不超过 42 天的时间用于恢复执行监理业务。并按双方议定的数量支付监理酬金。

第 33 条　业主如果要求监理单位全部或部分暂停执行监理业务或终止监理合同，则应在 56 天前通知监理单位，监理单位应立即安排停止执行监理业务。

当业主认为监理单位无正当理由而又未履行监理义务时，可向监理单位发出指明其未履行义务的通知。若业主在21天内没收到满意答复，可在第一个通知发出后35天内进一步发出终止监理合同的通知。

第34条　监理单位在应获得监理酬金之日起30天内仍未能收到支付单据，而业主又未对监理单位提出任何书面意见时，或根据第32条或第33条已暂停执行监理业务时限超过半年时，监理单位可向业主发出终止合同的通知。如果14天后未提到业主答复，可进一步发出终止合同的通知，如果42天内仍未得到业主答复，可终止合同，或自行暂停或继续暂停执行全部或部分监理业务。

第35条　监理单位并非由于自己的原因而暂停或终止执行监理业务，其善后工作以恢复执行监理业务的工作，应视为额外工作，有权得到额外的时间和酬金。

第36条　合同的终止并不应损害或影响各方面应有的权利以及责任或索赔。

监理酬金

第37条　正常的监理业务、附加工作和额外工作的酬金，按照监理合同专用条件议定的方法计取，并按议定时间和数额支付。

第38条　如果业主在规定的支付期限内未支付监理酬金，自规定支付之日起，应向监理单位补偿应付的酬金利息。利息额按规定支付期限最后一日银贷款利息率乘以拖欠酬金时间计算。

第39条　支付监理酬金所采用的货币币种、汇率由合同专用条件议定。

第40条　如果业主对监理单位提交的支付通知书中酬金或部分酬金项目提出异议，应在24小时内向监理单位发出异议通知，但业主不得拖延其他无异议酬金项目的支付。

其　他

第41条　委托的工程建设监理若须要监理人员出外考察，经业主同意其所需费用随时向业主实报实销。

第42条　监理单位如须另聘专家咨询或协助，在监理业务范围内其费用由监理单位承担，监理业务范围以外，其费用业主承担。

第43条　监理机构在监理工作中提出的合理化建议，使业主得到了经济效益，业主给予适当的物质奖励。

第44条　未经对方的书面同意，监理单位及职工不应接受监理合同议定以外的与监理工程项目有关的报酬。

监理单位不得参与可能与合同规定与业主的利益相冲突的任何活动。

争议的解决

第46条 因违反或终止合同而引起的对损失和损害的赔偿，业主与监理单位之间应协商解决，如未能达成一致，可提交主管部门协调，仍不能达成一致时，根据双方议定提交仲裁机关仲裁，或向人民法院起诉。

工程建设监理合同专用条件

第2条 本合同适用的法规及监理依据；

第4条 监理业务；

第8条 外部条件包括：

第9条 双方议定的业主应提供的工程资料及提供时间：

第10条 业主应在________________内对监理单位书面提交并要求作出决定的事宜作出书面答复。

第14条 业主免费为各监理机构提供如下设施：

监理单位自备的，业主给予经济补偿的设施如下：

第15条 在监理期间，业主免费向监理机构提供________名职员，由总监理工程师安排其工作，并免费提供________名服务人员。

第25条 监理单位在责任期内如果失职，同意按以下办法承担责任，并进行赔偿：赔偿金＝直接经济损失×酬金比度（扣除税金）

第37条 业主同意按以下的计取方法、支付时间与金额，支付监理单位的酬金。

业主同意按以下计算方法支付时间与金额，支付额外工作酬金；

第39条 双方同意用____________支付酬金，按汇率计付。

第43条 奖励办法：

第46条 工程建设监理合同在履行过程中发生争议，经业主与监理单位双方协商解决。协商不成时，双方同意由______仲裁委员会仲裁（双方不在本合同中约定仲裁机构，事后又没有达成书面仲裁协议的，可向人民法院起诉）。

附加协议条款：

《工程建设监理合同》使用说明

《工程建设监理合同》包括《工程建设监理合同标准条件》和《工程建设监理合同专用条件》（以下简称为《标准条件》、《专用条件》）。

《标准条件》适用于各个工程项目建设监理委托，各个业主和监理单位都应遵守。《专业条件》是各个工程项目根据自己的个性和所处的自然和社会环境，由业主和监理单位协商一致后进行填写。双方如果认为需要，还可在其中增加议定的补充和修正条款。

现对《专业用条件》的填写说明如下：

《专用条件》应对应《标准条件》的顺序进行填写。

例如：

"第2条"，要根据工程的具体情况，填写所适用的部门、地方法规、规章。

"第4条"，在协商和写明其"监理工程范围"时，一般要与工程项目总概算、单位工程概预算所涵盖的工程范围相一致，或与工程总承包合同、分包合同所涵盖工程范围相一致。

在写明"监理业务"时，首先要写明是承担哪个阶段的监理业务，或设计阶段的监理业务，或施工和保修阶段的监理业务，或全过程的监理业务；其次要详细写明委托阶段内每项具体监理工作，应当避免遗漏。其办法可按照《建设监理规定》中所列的监理内容和《监理大纲》所列的监理内容进一步细化。

如果业主还要求监理单位承担一些咨询业务和事条性工作，也应在本条款中详细列出。例如，建设项目可行性研究、编制概预算、编制标底、提供改造交通、供水、供电设施的技术方案等。又例如，办理购地拆迁，提供临时设施的设计和监督其施工等。

"第14条"，在填写业主提供的设施和监理单位自备的设施时，一般是指下列设施中的设施与设备：①检测试验设备；②测量设备；③通信设备；④交通设备；⑤气象设备；⑥照相录相设备；⑦电算设备；⑧打字复印设备；⑨办公用房；⑩生活用房。

在写明业主给予监理单位自备设施经济补偿时，一般写明补偿金额。其计算方法为：补偿金额＝设施在工程上使用时间占折旧年限的比率×设施原值＋管理费。

"第15条"，如果双方同意，可在专用条件中设立此条款。在填写此条款时应写明提供的人数和时间。

"第26条"，在写明"监理任务酬金"时，按国家物价局和建设部（92）价费字479文《工程建设监理费有关规定的通知》的规定计收。其支付时间写明某年某月某日支付数额。

在写明"附加工作酬金"时，应写明如果业主未按原议定提供职员或服务员，或设施，业主应按监理实际用于这方面的费用给以完全补偿。还应写明，如果由于业主或第三方的阻碍或延误而使监理单位发生附加工作，也应支付酬金。计算方法为：酬金＝附加工作日数×监理任务日平均酬金额。在写明其支付时间时，应写明在其发生后的某时间内支付。

在写明“额外工作酬金”时，应写明如果并非监理单位的原因所发生的监理任务暂停，其暂停时间和用于恢复执行监理任务的时间为额外时间。如果中途中止委托合同而必须进行的善后工作时间也属于额外工作时间。额外工作时间均应收取酬金。其计算方法为：酬金＝额外工作日期×监理任务日平均金额。在写明其支付时间时，应写明在其后的某时间支付。

“第 43 条”，如果双方同意，可以在专用条件中设立此款。在填写此条款时应写明在什么情况下业主给予奖励以及奖励办法。例如，由于监理单位的合理化建议而使业主获得实际经济利益，其奖励办法可参照国家颁布的合理化建议奖励办法。

主要参考文献

1. 梁尹任. 园林建设工程. 北京：中国城市出版社，2000. 1。

2. 董国安等. 园林工程. 北京：中国林业出版社，1999. 8。

3. 马月吉. 怎样编制与审核工程预算. 北京：中国建筑工业出版社，1984。

4. 于中诚. 建筑工程定额与预算. 北京：中国建筑出版社，1995。

5. 余辉. 城乡建筑工程预算员必读. 北京：中国计划出版社，1992。

6. 张舟. 仿古建筑工程及园林工程定额与预算. 北京：中国建筑工业出版社，1999。

7. 田录复. 编制建筑与装饰工程预算问答. 北京：中国建筑工业出版社，1995。

8. 陕西省建筑经济定额办公室. 全国仿古建筑及园林工程预算定额陕西省价目表第一、三册，1992。

9. 陕西省建筑厅. 陕西省建筑工程、安装工程、仿古园林工程及装饰工程费用定额，1999。

10. 孟兆祯等. 园林工程. 北京：中国林业出版社，1996

11. 唐学山等. 园林设计. 北京：中国林业出版社，1997

12. 《园林工程》编写组. 园林工程. 北京：中国林业出版社，1999

13. 钱昆润，葛筠圃. 建筑施工组织与设计. 南京：东南大学出版社，1989

14. 卢谦等. 建筑工程招标投标工作手册. 北京：中国建筑工业出版社，1987

15. 郭正兴，李金根. 建筑施工. 南京：东南大学出版社，1996

16. 江景波，赵志缙. 建筑施工. 上海：同济大学出版社，1995

17. 周维权. 中国古典园林史. 北京：清华大学出版社，1990

18. 周初梅. 园林建筑设计与施工. 北京：中国农业出版社，2002